CO_2 - Eine Herausforderung für die Menschheit

Springer
*Berlin
Heidelberg
New York
Barcelona
Budapest
Hongkong
London
Mailand
Paris
Santa Clara
Singapur
Tokio*

Peter Gehr · Catherine Kost
Gunter Stephan (Hrsg.)

CO_2 - Eine Herausforderung für die Menschheit

Mit 63 Abbildungen
und 21 Tabellen

Springer

Professor Dr. phil. Peter Gehr
Universität Bern
Anatomisches Institut, Abt. für Histologie
Bühlstraße 26, Postfach, CH-3000 Bern 9, Schweiz

Dr. phil. nat. Catherine Kost
Universität Bern
Geobotanisches Institut
Altenbergrain 21, CH-3013 Bern, Schweiz

Professor Dr. rer. pol. Gunter Stephan
Universität Bern
Volkswirtschaftliches Institut
Abteilung Angewandte Mikroökonomie
Gesellschaftsstraße 49, CH-3012 Bern, Schweiz

ISBN 3-540-61660-8 Springer-Verlag Berlin Heidelberg New York

Die Deutsche Bibliothek - CIP-Einheitsaufnahme
CO2 - eine Herausforderung für die Menschheit : mit 21
Tabellen / Peter Gehr ... (Hrsg.). - Berlin; Heidelberg; New
York; Barcelona; Budapest; Hongkong; London; Mailand;
Paris; Santa Clara; Singapur; Tokio : Springer 1997
ISBN 3-540-61660-8
NE: Gehr, Peter [Hrsg.]

Dieses Werk ist urheberrechtlich geschützt. Die dadurch begründeten Rechte, insbesondere die der Übersetzung, des Nachdruckes, des Vortrags, der Entnahme von Abbildungen und Tabellen, der Funksendungen, der Mikroverfilmung oder der Vervielfältigung auf anderen Wegen und der Speicherung in Datenverarbeitungsanlagen, bleiben auch bei nur auszugsweiser Verwertung, vorbehalten. Eine Vervielfältigung dieses Werkes oder von Teilen dieses Werkes ist auch im Einzelfall nur in den Grenzen der gesetzlichen Bestimmungen des Urheberrechtsgesetzes der Bundesrepublik Deutschland vom 9. September 1965 in der jeweils gültigen Fassung zulässig. Sie ist grundsätzlich vergütungspflichtig. Zuwiderhandlungen unterliegen den Strafbestimmungen des Urheberrechtsgesetzes.

© Springer-Verlag Berlin Heidelberg 1997
Printed in Germany

Die Wiedergabe von Gebrauchsnamen, Handelsnamen, Warenbezeichnungen usw. in diesem Werk berechtigt auch ohne besondere Kennzeichnung nicht zu der Annahme, daß solche Namen im Sinne der Warenzeichen- und Markenschutz-Gesetzgebung als frei zu betrachten wären und daher von jedermann benutzt werden dürften.

SPIN 10548717   42/2202-5 4 3 2 1 0 - Gedruckt auf säurefreiem Papier

Vorwort

Ein simples chemisches Molekül - CO_2 - hat sich zu einer Verbindung von höchster politischer und wirtschaftlicher Brisanz entwickelt. Der in den letzten Jahrzehnten weltweit rapide Anstieg des Energiekonsums und die damit verbundene Zunahme der Verbrennung fossiler Brennstoffe, führte in einer kurzen Zeitspanne zu einer in der Erdgeschichte noch nie dagewesenen Kohlendioxid (CO_2)-Konzentration in der Atmosphäre. Die Folgen des „menschlichen CO_2-Experiments" sind äusserst komplex, schwierig abzuschätzen und stellen auch die Wisssenschaft vor neue Aufgaben. Ergab sich früher mit der Antwort auf eine Frage, aus der Sache heraus, gleichzeitig eine neue Fragestellung, werden heute von aussen Fragen und Probleme an die Forschung herangetragen. CO_2, einst ein rein naturwissenschaftliches Phänomen, ist ein Beispiel dieser veränderten Situation. Im Zusammenhang mit dem Begriff „Treibhauseffekt" ist es ins Zentrum der öffentlichen Diskussion gerückt. Gefragt sind Angaben über Auswirkungen des kontinuierlichen Anstiegs sowie konkrete Strategien und Handlungsanweisungen zur Reduktion der CO_2-Emissionen.

Die grosse Herausforderung besteht darin, ein so komplexes System in seinen Wirkungsmechanismen zu verstehen. Es genügt nicht mehr, das einzelne Phänomen isoliert zu betrachten. Vielmehr muss das Erfassen der Komplexität des Zusammenwirkens verschiedener Faktoren, Ziel der Untersuchung sein. Dies verlangt ein interdisziplinäres Vorgehen, denn das Zusammenfügen der Elemente, die zum Verständnis komplexer Vorgänge benötigt werden, kann nicht mehr durch einzelne spezialisierte Personen bewerkstelligt werden. Ebenso sind Kooperation und Kommunikation mit Wirtschaft und Staat unerlässlich, denn Interessensausgleich und Transparenz sind notwendige Voraussetzungen für eine erfolgreiche Zusammenarbeit.

Unter dem Titel „CO_2 eine Herausforderung für die Menscheit", organisierte das Forum für Allgemeine Ökologie der Universität Bern im April 1995 ein zweitägiges internationales Symposium in Interlaken. Führende Persönlichkeiten aus Wissenschaft, Politik, Wirtschaft und öffentlicher Verwaltung wurden miteinander ins Gespräch gebracht mit dem Ziel, Strategien und Handlungsmöglichkeiten zur Lösung des komplexen globalen Problems zu erörtern. Insbesondere folgende Fragen zur CO_2-Problematik wurden aus verschiedenen Blickwinkeln beleuchtet und diskutiert:

Wie wirkt sich die erhöhte CO_2-Konzentration auf das globale und lokale Klima aus? Welche Folgen ergeben sich daraus für die Vegetation und die Biosphäre? Wie genau lassen sich mittels Computermodellen künftige Veränderungen vorhersagen? Welche Rolle kommt dem Staat, der Wirtschaft und der Gesellschaft bei der Reduktion des CO_2-Ausstosses zu? Kann ein nationaler Alleingang aus wirtschaftlicher Sicht sinnvoll sein? Welches sind Möglichkeiten und Grenzen biologischer und technischer Mittel zur Senkung der CO_2-Emissionen? Lässt sich die von der Industrie geforderte weltweite Implementierung moderner ökologieverträglicher Technologien realisieren?

Dieser erweiterte Symposiumsband ist ein Beitrag dazu, die vielschichtige und herausfordernde Auseinandersetzung mit „dem CO_2-Problem" einer breiten Öffentlichkeit zugänglich zu machen.

Unser herzlicher Dank gilt allen beteiligten Autoren sowie allen weiteren Mitarbeiterinnen und Mitarbeitern, die zum Gelingen dieses Buches beigetragen haben.

Mai 1996, P. Gehr, C. Kost, G. Stephan

Inhaltsverzeichnis

Vorwort V

Inhaltsverzeichnis VII

Globale Klimaänderungen aufgrund des anthropogenen 1
Treibhauseffektes und konkurrierender Einflüsse
Ch.-D. Schönwiese

Klimaschwankungen und Kohlenstoffkreislauf 15
Th. Stocker

Modellierung des Kohlenstoffkreislaufs im Industriezeitalter 30
M. Heimann

Aufstellung zukünftiger Klimaszenarien für den Alpenraum 47
H. Wanner, M. Beniston

Lässt sich das CO_2-Problem biologisch managen? 61
Ch. Körner, J. Paulsen

Die Landwirtschaft im Vorfeld von Klimaänderung und 72
CO_2-Anstieg
J. Fuhrer, St. Flückiger

Simulierte Auswirkungen von postulierten Klimaveränderungen 94
auf die Waldvegetation im Alpenraum
F. Kienast, B. Brzeziecki, O. Wildi

Perspektiven einer nachhaltigen und umweltgerechten Wirtschaft 112
H.Ch. Binswanger

Einsicht in ökologische Zusammenhänge und Umweltverhalten 120
A. Diekmann, A. Franzen

Klimapolitische Massnahmen der Schweiz 139
M. Nauser, G. Verdan

Klimapolitik in der Schweiz: Nationaler Alleingang oder Warten 148
auf internationale Kooperation?
G. Stephan

Die CO_2-Steuer im politischen Umfeld 159
K. Schüle

Steuern zur CO_2-Minderung in der Europäischen Union 169
H. Welsch

Ökonomisch-energietechnische Aspekte aus industrieller Sicht 179
E. Somm

No Regrets Strategien in der Klimadiplomatie 190
E.U. von Weizsäcker

Literatur (Zusammenstellung) 195
Autorenverzeichnis.. 206

Globale Klimaänderungen aufgrund des anthropogenen Treibhauseffektes und konkurrierender Einflüsse

Christian-Dietrich Schönwiese

Institut für Meteorologie und Geophysik, D-60054 Frankfurt am Main

1. Einführung

Seit die Erde existiert, und das sind nunmehr 4,6 Milliarden Jahre, gibt es globale Klimaänderungen der vielfältigsten Art, und das wird auch in Zukunft so bleiben. In die öffentliche Diskussion geraten ist das Klima aber weniger wegen der immer genauer gelungenen Rekonstruktion der historischen und prähistorischen Klimavariationen mit allen ihren regionalen und jahreszeitlichen Besonderheiten, sondern wegen der menschlichen Einflußnahme und der daraus insbesondere für die Zukunft resultierenden Gefahren. Die von der Komplexizität der Klimaprozesse überforderten Medien haben etwa seit der Entdeckung des "Ozonlochs" (1985, hier nicht behandelt) in notwendigerweise stark vereinfachender, aber leider nicht selten auch überzogener und teilweise verfälschender Art von der "Klimakatastrophe" berichtet. Gewisse Interessengruppen, denen Klimaschutzmaßnahmen nicht ins Konzept passen, schlagen seit einigen Jahren mit dem anderen Extrem des "Klimaschwindels" zurück. Vor diesem Hintergrund ist es sinnvoll und notwendig, sich die Grundtatsachen, aber auch die Unsicherheiten des "Treibhauseffektes" bewußt zu machen und sie - das ist mindestens genauso wichtig - in den Kontext der dazu in Konkurrenz stehenden Klimasteuerungsmechanismen zu stellen (Details siehe u. a. IPCC-Berichte 1990, 1992, 1994, 1996; Schönwiese und Diekmann, 1987; Schönwiese 1992, 1995a).

Dabei ist es aufschlußreich, sich in einer Retrospektive zunächst vor Augen zu führen, daß die "Treibhaus"-Diskussion wissenschaftlich alles andere als neu ist. Bereits 1827 haben J. Fourier und 1861 J. Tyndall den natürlichen "Treibhauseffekt" physikalisch korrekt erklärt: Bestimmte atmosphärische Spurengase wie Wasserdampf (H_2O), Kohlendioxid (CO_2) u. a., vgl. Tab. 1, besitzen Absorptionsbanden im Bereich der terrestrischen Wärmeausstrahlung, was zu einer partiellen Rückstrahlung dieser Wärme ohne Kompensation durch entsprechende Schwächung der solaren Einstrahlung führt. Die in vielen Physik- bzw. Klimalehrbüchern (Roedel, 1992; Schönwiese, 1994) nachzulesende Folge ist eine von dieser positiven Strahlungsbilanz bewirkte Erwärmung der unteren

Atmosphäre (Troposphäre) und Abkühlung der Stratosphäre (ca. 10 - 50 km Höhe). Das System Erde-Atmosphäre reagiert also mit einem neuen Strahlungsgleichgewicht bei verändertem vertikalem Temperaturprofil. Konventionell (IPCC, 1994) wird der bodennahe atmosphärische "Treibhauseffekt" mit einer Erhöhung der dortigen globalen Mitteltemperatur um + 33 K angegeben (d. h. + 15 °C, wie gemessen, statt - 18 °C), alternativ (Roedel, 1992) mit rund 15 - 20 K.

Tab. 1: Übersicht der wichtigsten Charakteristika der Treibhausgase (IPCC 1994, 1996, ergänzt); $Gt = 10^9$, $Mt = 10^6$ Tonnen, $ppm = 10^{-6}$, $ppb = 10^{-9}$ Volumenanteile.

Spurengas, Symbol	Anthropogene Emission, 1994	Konzentration 1994/vorind.[2]	"Treibhauseffekt"	
			natürlich	anthropogen[4]
Kohlendioxid, CO_2	29 Gt a^{-1}	358/280 ppm	22%	61%
Methan, CH_4	400 Mt a^{-1}	1,72/0,7 ppm	2,5%	15%
FCKW[1]-11	0,4 Mt a-1	0,3/0 ppb	-	11%
FCKW -12		0,5/0 ppb		
Distickstoffoxid, N_2O	~15 Mt a^{-1}	0,31/0,28 ppm	4%	4%
Ozon, (untere Atm.), O_3	~0,5 Gt a^{-1}	~30 ppb[3]	7%	9%
Wasserdampf, H_2O	?	~2,6 %[3]	62%	
Weitere			2,5%	

[1] Fluorchlorkohlenwasserstoffe (engl. CFC = chlorofluorocarbons)
[2] ca. 1800
[3] Stark variabel, angegeben ist die mittlere bodennahe Konzentration
[4] 100 Jahre Zeithorizont

2. Problemkaskade

Bereits 1896 hat S. Arrhenius erkannt, daß anthropogene CO_2-Emissionen durch die Nutzung fossiler Energie die atmosphärischen Gegebenheiten ändern müssen und dazu erste Berechnungen angestellt (zu historischen Retrospektiven siehe u. a. Bach, 1982; Schönwiese, 1992). Das Problem, vor dem wir heute stehen, läßt sich in einer Kaskade von Fragen und entsprechenden Modellrechnungen erfassen, wie sie in Abb. 1 schematisch zusammengefaßt sind.

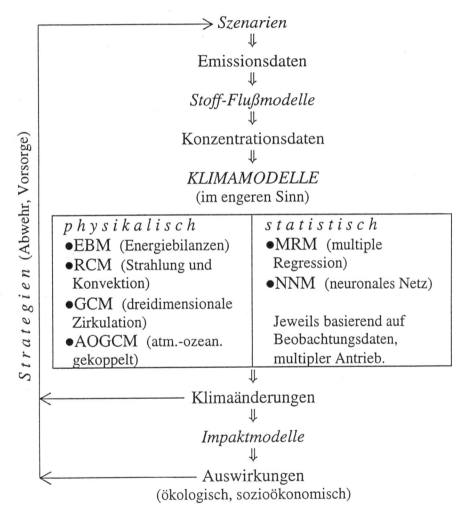

Abb. 1 Hierarchie der Modelle zum anthropogenen Treibhausproblem, Schema (Schönwiese, 1995b).

Dabei steht am Anfang die Frage, wie sich die Menschheit in Zukunft verhalten wird und welche Treibhausgasemissionen daraus resultieren werden. Da es dafür unterschiedliche Möglichkeiten gibt, sind insbesondere vom IPCC (1990, 1992, 1996) eine Reihe von Szenarien, d. h. in Zukunft möglichen alternativen Entwicklungspfaden, aufgestellt worden. Am einfachsten ist dabei ein Trendfortschreibungsszenario, vom IPCC (1990) als "A" bzw. "business-as-usual" (worst case) bezeichnet, auf das hier deswegen Bezug genommen wird, weil dazu eine Reihe von Klimamodellrechnungen vorliegen. Dabei wird bis ungefähr zum Jahr 2025 eine Verdoppelung der äquivalenten CO_2-Konzentration (ca. 600 ppm) gegenüber dem vorindustriellen Niveau angenommen (nach entsprechenden späteren IPCC-Szenarien (1992, 1996) ca. 2030 -2050). Die äquivalente CO_2-Konzentration kommt dabei durch Addition der weiteren, in CO_2-Daten umgerechneten Treibhausgasbeiträge zur CO_2-Konzentration zustande.

Die aus den Szenarien resultierenden Emissionsdaten finden zunächst Eingang in Stoff- Flußmodelle, um die Speicher- und Flußgrößen (Atmosphäre-Ozean-Boden-Vegetation) zu berechnen und insbesondere abzuschätzen, welchen Konzentrationsverlauf die Treibhausgaskonzentrationen in der Atmosphäre nehmen werden, aber auch, um die vergangenen Konzentrationsverläufe zu verstehen. Wie ein Blick auf Tab. 1 zeigt, liefert zum anthropogenen Treibhauseffekt CO_2 den weitaus größten Beitrag. In Konsequenz dazu behandelt Heimann in diesem Band die Modellierung des globalen Kohlenstoffkreislaufs, Stocker die entsprechenden klimarelevanten Aspekte der prähistorischen und historischen Vergangenheit. Aus solchen Modell- bzw. Meßdaten resultieren dann die in den Klimamodellen (im engeren Sinn) benötigten atmosphärischen Konzentrationsdaten.

Die mit Hilfe dieser Klimamodelle abgeschätzten Klimaänderungen, wie sie im folgenden betrachtet werden sollen, beenden aber keineswegs die genannte Kaskade von Fragen und Modellen. Es folgen nämlich die Fragen, welche ökologischen, ökonomischen und sozialen Folgen den Klimaänderungen zuzuordnen sind, beantwortet von der Klimafolgen- (Klimawirkungs-) oder Impaktforschung und ihren Modellen, und mit welchen Strategien den daraus erwachsenden Gefahren begegnet werden sollte (Abwehr bzw. Vorsorge bzw. beides oder Adaption ?). Dazu enthält der vorliegende Band eine ganze Palette von Beiträgen, so daß nun auf die Klimamodellierung im engeren Sinn eingegangen werden kann.

3. Klimamodellkonzepte

Bei den Klimamodellen im engeren Sinn (Hantel, 1989; Trenberth, 1992) ist zwischen dem physikalischen (bzw. physikochemischen) und dem statistischen Weg zu unterscheiden (vgl. erneut Abb. 1), weiterhin zwischen Gleichgewichts- und transienten Simulationen. Der einfachste physikalische Weg ist die Berechnung der Bilanz aus solarer Einstrahlung und terrestrischer Ausstrahlung unter Berücksichtigung der Absorptions- und Streuvorgänge in der Atmosphäre im bodennahen globalen Mittel: nulldimensionale (0D-) Energiebilanzmodelle (EBM). Das gleiche Grundkonzept kann auch in Auflösung nach der geographischen Breite bzw. der Höhe bzw. beides verfolgt werden (1D-, 2D-EBM). Der nächste Schritt ist der Einbezug, ggf. die Parametrisierung, der atmosphärischen Wärmetransportprozesse im einzelnen, insbesondere der Konvektion. Damit ist die Stufe der Strahlung-Konvektion-Modelle (radiative convective models, RCM) erreicht.

Am aufwendigsten und aussagekräftigsten sind globale dreidimensional auflösende (3D) Zirkulationsmodelle (general circulation models, GCM), insbesondere wenn solche Modelle nicht nur für die Atmosphäre (A), sondern gekoppelt auch für den Ozean (O) betrieben (3D-AOGCM) und dabei auch das Eis (Kryosphären-Modell) und die Erdoberfläche (insbesondere Bodenmodelle) einbezogen werden. Nur solche Modelle sind in der Lage, alle relevanten Klimaelemente und Rückkopplungen (soweit erfaßt) zu berücksichtigen. Das ist ihr großer Vorteil. In einem sog. Kontrollexperiment werden sie darauf getestet, ob sie den gegenwärtigen Klimazustand (3D-Verteilung der Klimaelemente) in ausreichender Näherung wiedergeben. Auf der anderen Seite bleiben auch die aufwendigsten Klimamodelle immer noch Modelle und die enormen Rechenzeiten, die pro Simulation Rechenzeiten bis zu einigen Monaten verschlingen, gestatten u. a. nur eine begrenzte räumliche Auflösung, die i.a. bei ca. 500 km Gitterpunktweite (mit Tendenz in Richtung 200 km) und 10 - 20 atmosphärischen Flächen (sog. Modellschichten, Troposphäre und untere Stratosphäre) liegt. Die wesentlichen Schwächen der 3D-AOGCM liegen im hydrologischen Zyklus (Verdunstung-Wolken-Niederschlag), Meereisveränderungen, ozeanischer Vertikalzirkulation sowie generell bei allen Rückkopplungen (quantitative Unsicherheit) und relativ kleinräumigen Effekten (neben Wolken auch Stürme; regionale Unsicherheit).

Auch in der Wettervorhersage kommen Zirkulationsmodelle (AGCM) zum Einsatz, wobei allerdings, ausgehend von einem durch Messungen belegten Anfangszustand (Tag X) die genaue räumliche Konstellation der Tief- und Hochdruckgebiete usw. prognostiziert wird (Einzelzustände für Tag X + 1, X + 2 usw., Zeitschritt hier i. a. um 5 Minuten). Wegen der nichtlinearen Zusammenhänge und Näherungsverfahren gibt es eine obere zeitliche Grenze der Wettervorhersage, die bei ca. 2 Wochen (IPCC, 1996) liegt. Beim Klima interessieren jedoch nicht die Einzelzustände des Wetters, sondern die statistischen Kenngrößen (Mittelwerte, Varianzen, Häufigkeiten usw.) über längere Zeit, z. B. 30 Jahre. Validierungen zeigen, daß bei der Simulation solcher Klimazustände im Prinzip keine zeitlichen Schranken bestehen, so lange die berücksichtigten physikalischen Gesetze gültig bleiben und nicht berücksichtigte Effekte nicht zu stark durchschlagen.

Unter Gleichgewichtssimulationen versteht man den Ansatz, daß dem jeweiligen Modell eine Störung aufgeprägt wird, z. B. eine sprunghafte Erhöhung der atmosphärischen CO_2-Konzentration; dann wird so lange gerechnet, bis sich die Klimareaktion zeitlich nicht mehr ändert, sich also ein neues Gleichgewicht eingestellt hat. Dagegen versucht man in transienten Berechnungen die allmähliche zeitliche Entwicklung (die Zeitschritte eines Klima-GCM liegen üblicherweise bei 30 - 60 Minuten) zu simulieren, was zusätzliche Unsicherheiten bezüglich der Zeitverzögerungen zwischen Ursachen und Effekten ins Spiel bringt.

Eine Alternative zum physikalischen Weg stellen statistische Klimamodelle dar (Schönwiese, 1986, 1993; Schönwiese und Bayer, 1995), die wegen ihrer wesentlich kürzeren Rechenzeiten von vornherein den multiplen Ansatz erlauben; d. h. mehrere Einflüsse, anthropogene wie natürliche, gehen simultan in die Berechnungen ein, während bei den aufwendigen GCM-Simulationen i. a. nur ein Störfaktor, z. B. der CO_2-Anstieg, impliziert wird. Erst in neuester Zeit ist mit kombinierten CO_2 - SO_4^{--} (trop)-Berechnungen begonnen worden (IPCC, 1995), wobei SO_4^{--} (trop) das aus der anthropogenen SO_2-Emission stammende troposphärische Sulfat ist. Die Spannweite solcher statistischer Modelle, deren Methodik hier nur erwähnt werden kann, reicht von linearen bzw. nichtlinearen multiplen Regressionsmodellen (MRM, mit bzw. ohne autoregressive Terme) bis zu neuronalen Netzen (NNM; Smith, 1993), wobei auch Zeitverzögerungen zwischen Einfluß- und Wirkungsgrößen, zeitliche Filtertechniken, EOF-Zerlegungen (empirische Orthogonalfunktionen) u. a. zur Anwendung kommen. Wie immer müssen allerdings Vorteile mit Nachteilen erkauft werden, und der große Nachteil aller statistischen Methoden ist der fehlende physikalische Hintergrund. Da sie aber andererseits strikt auf Beobachtungsdaten beruhen, ergeben sich im Vergleich mit den physikalischen Modellen Möglichkeiten der gegenseitigen Verifizierung. Bei den Prognosen kann es sich allerdings nur um bedingte Verifizierungen handeln, nämlich unter der Bedingung, daß von der Korrektheit des jeweiligen Emissionsszenarios und der zeitlichen Stabilität der prognostischen Gleichungen ausgegangen werden darf.

4. Vorhersage des anthropogenen Treibhauseffektes

Obwohl der Treibhauseffekt das gesamte Klima und daher sämtliche Klimaelemente betrifft, denken viele zunächst an die Erwärmung der unteren Atmosphäre. Und tatsächlich sind die Temperaturaussagen der Klimamodellrechnungen relativ am verläßlichsten, insbesondere wenn es sich um großräumige Mittelwerte handelt. Basierend auf den physikalischen Klimamodellrechnungen ergibt sich hinsichtlich der bodennahen Weltmitteltemperatur folgendes Bild, vgl. Abb. 2: Im Fall einer atmosphärischen CO_2-Verdoppelung bzw. dazu äquivalenten Situation, d. h. bei Berücksichtigung auch der über CO_2 hinausgehenden Treibhausgase, wird im Gleichgewicht ohne Rückkopplungen ein Temperaturanstieg um 1,2 K (bzw. °C) erwartet; mit Rückkopplungen folgt bei Berücksichtigung vieler Modellrechnungen letztlich die große Spanne von 0,7 - 5,2 K (Cess et al., 1990, und alle späteren Simulationen). Berücksichtigt man nur AOGCM-Simulationen, so kommt man zu 2,1 - 4,6 K (Gleichgewicht), transient (mit Berücksichtigung von Zeitverzögerungen, Szenario A) 1,3 - 3,8 K (IPCC, 1996; im früheren IPCC-Bericht, 1992, wurden für diese Wertespannen 2,6 - 4,5 K bzw. 1,3 - 2,3 K angegeben).

Auf die statistischen Schätzungen (MRM, NNM) wird erst im folgenden Kapitel eingegangen, ebenso auf die Frage nach dem bereits bis heute eingetretenen Effekten.

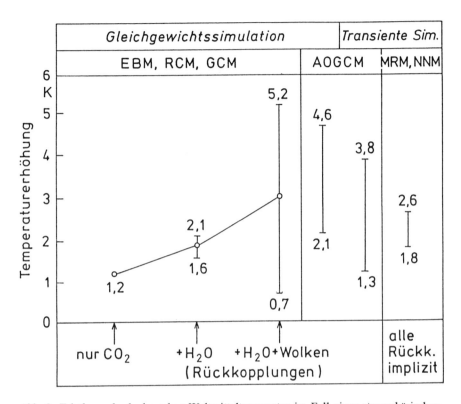

Abb. 2 Erhöhung der bodennahen Weltmitteltemperatur im Fall einer atmosphärischen CO_2-Verdoppelung, ohne und mit Rückkopplungen, im Gleichgewicht, nach zahlreichen physikalischen Modellrechnungen (u. a. Cess et al., 1990), bzw. nur nach AOGCM-Simulationen (vgl. Text; IPCC, 1996), sowie entsprechend transient, und dies auch nach statistischen Schätzungen (MRM, NNM, vgl. erneut Text; Schönwiese et al., 1996).

Nun ist die bodennahe Weltmitteltemperatur aus klimatologischer Sicht zwar eine sinnvolle Größe, da durch sie Klimazustände zusammenfassend charakterisiert werden können; mit Blick auf die Auswirkungen sind aber regionaljahreszeitlich differenzierende Aussagen weitaus mehr gefragt, und dies nicht nur hinsichtlich der Temperatur. Unglücklicherweise ist die regionale Aussagekraft der Klimamodelle aber sehr eingeschränkt, ganz besonders was die über Temperatur und Meeresspiegelhöhe hinausgehenden Klimaelemente betrifft.

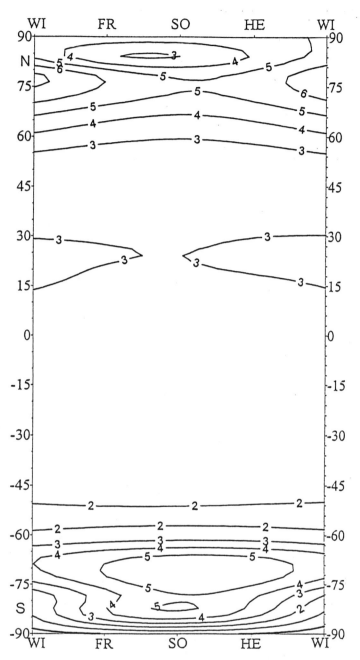

Abb. 3 Transiente AOGCM-Vorhersage der anthropogen-treibhausbedingten bodennahen Temperaturerhöhung (K) 1935/44 bis 2075/84, aufgeschlüsselt nach der Jahreszeit und geographischen Breite (Deutsches Klimarechenzentrum, Cubasch et al., 1995; nach Modellergebnissen umgezeichnet).

In grober Näherung und Generalisierung lassen sich die Modell-Aussagen über die bodennahen, anthropogen-treibhausbedingten Klimaänderungen wie folgt zusammenfassen (IPCC, 1992, 1996):

- Temperaturerhöhung relativ gering in den Tropen, Maxima im arktischen Winter, vgl. Abb. 3;
- Meeresspiegelanstieg (als Expansionseffekt des sich erwärmenden Ozeans und des Rückschmelzens außerpolarer Gebirgsgletscher), im globalen Mittel
- (IPCC-Szenario A, 1992) bis zum Jahr 2025 (transient) ca. 10 - 20 cm, bis zum Jahr 2100 ca. 45 - 85 cm, jeweils gegenüber 1990; regionale Unterschiede hier nur durch langfristige enstatische Landhebungs- bzw. Absinkbewegungen (ersteres z. B. in Skandinavien, so daß dort die Meeresspiegelhöhe nicht steigt, sondern fällt);
- im weltweiten Mittel Zunahme von Verdunstung, Luftfeuchte (atmosphärischer Wasserdampfgehalt) und Niederschlag, dabei jedoch erhebliche regionale Niederschlagsumverteilungen, wobei ein gewisser Konsens vor allem bei der Erwartung höherer Niederschlagsraten in polaren bis subpolaren Zonen (dadurch erhöhte Eisakkumulation) und geringerer Raten im Übergangsbereich von den Subtropen in die gemäßigten Breiten (z. B. Mittelmeerregion) besteht; im kontinentalen Bereich der gemäßigten Klimazone (z. B. Mitteleuropa) könnten trockenere Sommer (bzw. längere Dürreepisoden) sowie niederschlagsreichere Winter häufiger werden;
- vielleicht sind auch häufigere Stürme bzw. Extremereignisse, wie sie der Ver-sicherungswirtschaft in zunehmendem Maß zu schaffen machen (Berz, 1995), in Zusammenhang mit dem anthropogenen Treibhauseffekt zu sehen; jedoch sind gerade diese Abschätzungen in den Klimamodellrechnungen besonders unsicher bzw. widersprüchlich.

5. Multiple Abschätzungen

Neben den sicherlich berechtigten Hinweisen auf die quantitativen und regionalen Unsicherheiten physikalischer Klimamodellrechnungen ist häufig der Kritikpunkt zu hören, daß solche Modellergebnisse eine erhebliche Diskrepanz gegenüber den Beobachtungsdaten aufweisen würden. So sollte beispielsweise nach der früheren IPCC-Bestschätzung (1990) anthropogen-treibhausbedingt in industrieller Zeit (ab ca. 1850) bereits eine bodennahe global gemittelte Erwärmung um rund 1 K eingetreten sein, während die Beobachtungsdaten ca. 0,6 K (bei Berücksichtigung diverser Fehlerquellen 0,3 - 0,6 K) anzeigen.

Dank der jüngsten Fortschritte der Klimamodellierung, die 1995 zu einem regelrechten Durchbruch geführt haben, läßt sich dieses kritische Argument entkräften.

Kommt nämlich zum anthropogenen Treibhauseffekt der ebenfalls anthropogene troposphärische Sulfateffekt hinzu, der aus der SO_2-Emission stammt und im Gegensatz zum ersteren kühlend wirkt, so ergibt sich zweierlei, vgl. Abb. 4:

- Die kombinierte Simulation beider Effekte folgt den langfristigen Beobachtungsdaten, insbesondere in den letzten Jahrzehnten, weitaus besser als die Simulation des anthropogenen Treibhauseffektes allein;
- der anthropogene Treibhauseffekt hat demnach tatsächlich bereits eine größere Temperaturerhöhung bewirkt, als es der beobachtete Trend insgesamt anzeigt.

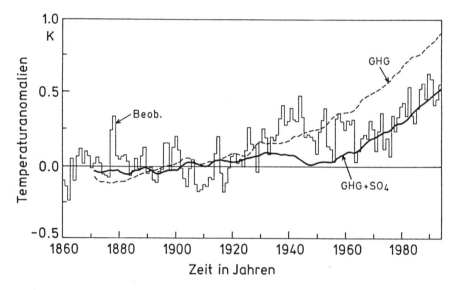

Abb. 4 Vergleich der beobachteten Daten der bodennahen Weltmitteltemperatur 1860 - 1994 (Jahresanomalien, Treppenkurve; IPCC, 1996) mit einer AOGCM-Simulation des anthropogenen Einflusses (Mitchell et al., 1995), dicke Kurve anthropogener Treibhaus- und Sulfateffekt, gestrichelt nur anthropogener Treibhauseffekt (GHG).

Nach Abb. 4 (Mitchell et al., 1995, bzw. IPCC, 1996), liegt der kombinierte Effekt seit 1860 bei rund 0.6 K, der anthropogene Treibhauseffekt bei rund 1 K. Da die SO_2-Emissionen sowie -Konzentrationen zwar in Mitteleuropa und Nordamerika dank Luftreinhaltungsmaßnahmen seit den siebziger Jahren abgenommen haben, insbesondere aber in Südostasien drastisch zunehmen, wird auch in Zukunft ein Abkühlungsbeitrag durch das troposphärische Sulfat erwartet.

Die Bestschätzung der anthropogen bedingten Temperaturerhöhung bis zum Jahr 2100 verringert sich demnach von 4 K auf 3 K (mit einer Unsicherheit von jeweils grob ± 1 K) gegenüber dem vorindustriellen Niveau bzw. von 3 K auf 2 K gegenüber 1990 (IPCC, 1996).

Tab. 2 Strahlungsantriebe (IPCC, 1994), vorindustriell bis heute, und zugehörige, statistisch geschätzte Signale (MRM und NNM, vgl. Text; Schönwiese et al., 1996), jeweils bezüglich der bodennahen Weltmitteltemperatur.

Einflüsse	Antriebe in Wm^{-2}	MRM-Signale in K	NNM-Signale in K
CO_2-Äquivalente	2.1 - 2.8 (+)	0.8 - 1.2	0.9 - 1.3
Trop. Sulfat	0.3 - 0.9 (-)	0.2 - 0.4	0.2 - 0.4
Vulk. (strat. Sulfat)	1.0 - 4.5 (-)	0.1 - 0.4	0.1 - 0.2
Sonnenaktivität	0.1 - 0.5 (+)	0.1 - 0.2	0.1 - 0.2
ENSO (El Nino)		0.2 - 0.3	0.2 - 0.3
Max. erkl. Varianz		73% (r=0.85)	83% (r=0.91)

Der nächste Schritt ist nun die Frage nach weiteren, insbesondere auch natürlichen Einflüssen auf das globale Klima. Dabei stehen als wichtigste externe Antriebe auf das Klimasystem die in Tab. 2 aufgelisteten Mechanismen zur Debatte (IPCC, 1994, 1996). Man sieht, daß unter diesen Einflüssen der anthropogene Treibhausgasantrieb bereits dominiert (CO_2 allein 1.56 Wm^{-2}, IPCC, 1994, 1996; CO_2-Verdoppelung 4.4 Wm^{-2}, Wigley und Schlesinger, 1985).

Eine entsprechende multiple Simulation mit Hilfe der aufwendigen physikalischen Klimamodelle (AOGCM), möglichst auch noch unter Einbezug interner Wechselwirkungsmechanismen wie ENSO (El Niño/Southern Oscillation), scheitert derzeit noch am zu großen Rechenaufwand. Hier springen vereinfachte, sogenannte konzeptionelle, und insbesondere statistische Modelle in die Bresche. Abb. 5 zeigt dazu eine entsprechende Simulation mit einem neuronalen Netzwerk (NNM, Denhard et al., 1996; Walter, 1996), das alle in Tab. 2 aufgelisteten Einflußgrößen enthält. Dort sind auch die geschätzten Signale, d. h. auf die einzelnen Einflußgrößen zurückgehenden Temperatureffekte, zusammengestellt, wobei entsprechende Berechnungen mit einem multiplen Regressionsmodell (MRM, Schönwiese, 1986; Schönwiese et al., 1996) ganz ähnliche Ergebnisse erbringen.

Insgesamt gelingt es auf diese Weise, zu einer weitgehenden gegenseitigen Verifizierung der physikalischen (prozeßorientierten) und statistischen (beobachtungsorientierten) Modellabschätzungen zu kommen.

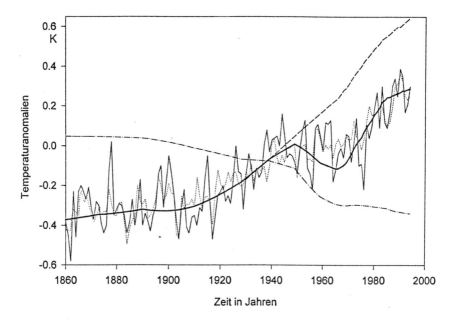

Abb. 5 Ähnlich Abb. 4, jedoch Simulation mit Hilfe eines neuronalen Netzes (NNM, Backpropagation, vgl. Text; Denhard et al., 1996; Walter 1996); die gepunktete Kurve enthält neben den anthropogenen Einflüssen auch die solaren und vulkanischen Antriebe, die strichpunktierte Kurve gibt nur den anthropogenen Sulfateffekt an.

6. Ausblick

Die Fakten der physikalischen Grundlagen des Treibhauseffektes, der anthropogenen Emissionen und der daraus resultierenden gemessenen bzw. rekonstruierten atmosphärischen Konzentrationsanstiege, aber auch die Simulationen und Schätzungen mit Hilfe von Klimamodellen sprechen eine deutliche Sprache. Auch wenn noch viele Details, insbesondere hinsichtlich der Klimarekonstruktion, des Zusammenwirkens der verschiedenen Einflüsse auf das Klimasystem und nicht zuletzt die hier nicht behandelten ökologisch-sozioökonomischen Auswirkungen der Klimaänderungen ungeklärt sind und daher weiterer intensiver Forschung bedürfen, darf dies nicht von der Notwendigkeit der Klimaschutzmaßnahmen ablenken; denn große Risiken verlangen Maßnahmen auch angesichts von Unsicherheiten, die im übrigen in der Klimatologie gar nicht so groß sind, wie manche behaupten. Wegen der erheblichen Zeitverzögerungen im Klimasystem sind zwar gewisse weitere anthropogene Klimaänderungen gar nicht zu verhindern; gerade deswegen gebieten aber das Verantwortungs- und Vorsorgeprinzip eine ganz besonders rasche, weltumspannende und effiziente Umsetzung der Klimaschutzmaßnahmen.

7. Literatur

BACH, W., (1982): Gefahr für unser Klima. Karlsruhe: C.F. Müller.

BERZ, G., 1995: Jahresrückblick Naturkatastrophen 1994. München: Münchener Rückversicherung (Broschüre in der Reihe Topics).

CESS, R.D., ET AL., (1990): Intercomparison of climate feedback processes in 19 atmospheric general circulation models. *J. Geophys. Res.*, 95: 601 - 616.

CUBASCH, U., ET AL., (1995): A climate simulation starting in 1935. *Clim. Dyn.*, 11: 71 - 84; pers. Mitt.

DENHARD, M., WALTER, A., SCHÖNWIESE, C.-D., (1996): Simulation globaler Klimaänderungen mit Hilfe neuronaler Netze. In Vorber.

HANTEL, M. (1989): Climate Modelling. In Fischer, G. (ed): Landolt-Börnstein Numerical Data and Functional Relationships in Science and Technology, Subvol. V/4c2, Climatology (Part 2). Berlin: Springer, 1 - 16.

IPCC (Hougthon, J.T. et al., eds.), (1990): Climate Change. The IPCC Scientific Assessment. Cambridge: Univ. Press.

IPCC, (1992): Climate Change (1992) The Supplementary Report to the IPCC Scientific Assessment. Cambridge: Univ. Press.

IPCC, (1994): Radiative Forcing of Climate Change. The 1994 Report of the Scientific Assessment Working Group of IPCC. Geneva: WMO/UNEP.

IPCC, (1996): IPCC Second Assessment of Climate Change. Cambridge: Univ. Press, in print.

ROEDEL, W. (1992): Physik unserer Umwelt. Die Atmosphäre. Berlin: Springer.

SCHÖNWIESE, C.-D., 1986: The CO_2 climate response problem. A statistical approach. *Theor. Appl. Climatol.*, 37: 1 - 14.

SCHÖNWIESE, C.-D., (1992): Klima im Wandel. Stuttgart: DVA; überarb. TB-Ausgabe, 1994: Reinbek: Rowohlt.

SCHÖNWIESE, C.-D. (1993): Das Frankfurter statistische Klimamodell. Naturwiss. Rdsch. 46: S. 215 - 222.

SCHÖNWIESE, C.-D. (1995a): Klimaänderungen: Daten, Analysen, Prognosen. Berlin: Springer.

SCHÖNWIESE, C.-D. (1995b): Der anthropogenen Treibhauseffekt in Konkurrenz zu natürlichen Klimaänderungen. *Geowiss.* 13: 207 - 212.

SCHÖNWIESE, C.-D., Bayer, D., (1995): Some statistical aspects of anthropogenic and natural forced global temperature change. *Atmósfera*, 8: 3 - 22.

SCHÖNWIESE, C.-D., DIEKMANN, B. (1987): Der Treibhauseffekt. Stuttgart: DVA; überarb. TB-Ausgabe, 4. Aufl., 1991: Reinbek: Rowohlt.

SCHÖNWIESE, C.-D., DENHARD, M., GRIESER, J., WALTER, A. (1996): Assessments of the global anthropogenic greenhouse and sulfate signal using different types of climate models. Submitted to Theoret. Appl. Clim.

SMITH, M., (1993): Neural Networks for Statistical Modelling. New York: Van Nostrand Reinhold.

TRENBERTH, K.E. (ED.), (1992): Climate System Modelling. Cambridge: Univ. Press.

WALTER, A., (1996): Die Anwendungsmöglichkeiten selbstorganisierender neuronaler Netze in der Klimatologie am Beispiel globaler und hemi-sphärischer Temperaturzeitreihen. Diplomarbeit, Inst. Meteorol. Geophys. Univ. Frankfurt/M.

Klimaschwankungen und Kohlenstoffkreislauf

Thomas Stocker

Klima- und Umweltphysik, Physikalisches Institut, CH-3012 Bern

1. Einleitung

Die Frage nach den Grundlagen unserer Umwelt, ihrer Vergangenheit und vor allem ihrer Zukunft, hat die Menschheit seit jeher beschäftigt. Sie war nicht zuletzt die Triebkraft der rasanten und systematischen Entwicklung der Naturwissenschaften in den letzten 400 Jahren. Lange sind wir von der Annahme ausgegangen, dass ein Beobachter oder Experimentator unabhängig vom zu beschreibenden System operieren kann. Erst die moderne Physik unseres Jahrhunderts hat uns deutlich gemacht, dass diese Annahme nur eine Näherung darstellt, die umso besser ist, je grösser die Längenskalen bzw. Zeitskalen des zu untersuchenden Objektes sind. Diese uns geläufige und für viele Aufgaben genügende Optik ist im Anblick des Problems der Klimaänderung zu eng, zu einschränkend und oft irreführend. Mit der Industrialisierung ist der Mensch aktiver Teil dieses Systems geworden und hat so die Unabhängigkeit zur Kontrolle dieses *"globalen Experimentes"*, das wir im Begriff sind durchzuführen, verloren.

In diesem Beitrag soll der enge Zusammenhang zwischen Klimaänderungen und Kohlenstoffkreislauf diskutiert und auf die gegenseitigen Wechselwirkungen der verschiedenen Systeme eingegangen werden, aus welchen unsere Umwelt aufgebaut ist.

2. Natürliche und anthropogene Veränderungen

Ein eindrückliches Mass für den Ablauf dieses globalen Experimentes ist die Entwicklung der atmosphärischen Konzentration von Kohlendioxid während der letzten Jahrzehnte (Abb. 1). Inzwischen ist der rasche Anstieg der Konzentration dieses neben Wasserdampf wichtigsten Treibhausgases durch Messungen an zahlreichen Orten unseres Planeten bestätigt worden (Keeling und Whorf 1994). Doch nur in der Perspektive der Vergangenheit, also der Zeit der vom Menschen ungestörten Entwicklung unseres Klimasystems, wird die Tragweite dieses Resultates erkennbar und lässt sich die Frage beantworten, ob das beobachtete Signal lediglich Folge der natürlichen Variabilität der biogeochemischen Kreisläufe ist oder aber eine vom Menschen erzeugte Veränderung des Systems darstellt.

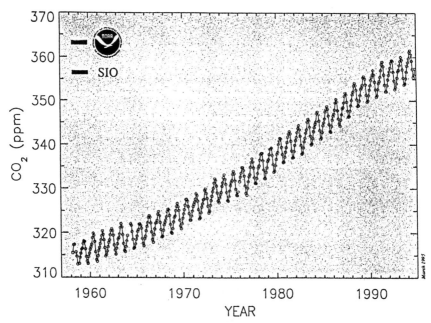

Abb. 1 Anstieg der Konzentration von Kohlendioxid in der Atmosphäre während den letzten 30 Jahren, gemessen auf Mauna Loa (Hawaii). Deutlich erkennbar ist das "Atmen" der Biosphäre mit hohen CO_2-Konzentrationen im Nordfrühling.
[Figur reproduziert aus Keeling and Whorf 1994]

Die Forschung, die das Physikalische Institut der Universität Bern in den Sechziger Jahren unter der Leitung von Professor Hans Oeschger begonnen hat und seither durchführt, hat unter anderem diese Frage beantwortet und in vielfältiger Weise gezeigt, dass die Natur selbst seit Jahrtausenden "Messapparate", oder genauer, "Sammelgeräte" zur Aufzeichnung der Klimavariablen und der Konzentration der atmosphärischen Gase unterhält (Oeschger 1991). Die Methode, die von ihm und seinen Kollegen in langjähriger Arbeit perfektioniert wurde, erlaubt es, die atmosphärischen Werte von CO_2, Methan und anderer Stoffen über die letzten 200'000 Jahre präzise anhand von Konzentrationsmessungen der in polarem Eis eingeschlossenen und gespeicherten Luft zu rekonstruieren (Raynaud et al. 1993).

Die letzten 1'000 Jahre zeigen eindrücklich, dass der heute gemessene ansteigende Trend nicht Teil einer um einen Mittelwert schwankenden Veränderung sein kann, sondern dass es sich um eine aussergewöhnliche Entwicklung handelt, die mit der Industrialisierung und dem damit verbundenen Anstieg des Energieverbrauches der letzten 200 Jahre einhergeht (Abb. 2). Der kausale Zusammenhang wird sowohl durch verschiedene andere, unabhängige Messungen als auch durch quantitative Berechnungen bestätigt (Siegenthaler und Oeschger 1987).

Das Klimaarchiv der Eisbohrkerne belegt ebenfalls, dass ein enger Zusammenhang zwischen dem Klimazustand, der zum Beispiel durch die Temperatur charakterisiert wird, und der CO_2-Konzentration besteht.

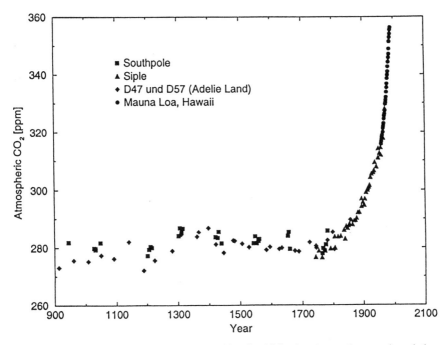

Abb. 2 Anstieg der Konzentration von Kohlendioxid in der Atmosphäre während den letzten 1'000 Jahren gemessen an in Antarktischem Eis eingeschlossenen Luftblasen. Vor der Industrialisierung (ca. 1800) war die CO_2-Konzentration relativ konstant und nahm seit 1800, durch die Verbrennung von fossilen Energieträgern, Landnutzung und Brandrodung, bis heute um etwa 30 % zu (Neftel et al. 1994).

Die theoretischen Voraussagen über die Treibhauswirkung dieses Gases sind somit klar dokumentiert. Während der letzten Eiszeit, als die globale Temperatur etwa 5° C tiefer lag als heute, war die atmosphärische CO_2-Konzentration mit etwa 200 ppm wesentlich niedriger als der vorindustrielle Wert von 280 ppm (Abb.. 3). Wir wissen aufgrund von Berechnungen, dass CO_2 und weitere Treibhausgase für etwa 30 % der Klimaerwärmung nach der letzten Eiszeit verantwortlich sind.

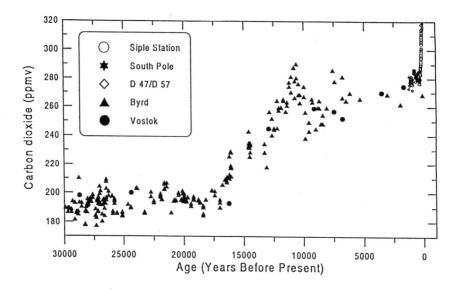

Abb. 3 Anstieg der Konzentration von Kohlendioxid in der Atmosphäre während den letzten 30'000 Jahren gemessen an in Antarktischem Eis eingeschlossenen Luftblasen Neftel et al. 1988; Staffelbach et al. 1991). Der Uebergang von der letzten Eiszeit in die heutige Warmzeit (ab ca. 17'000 BP) ist begleitet von einem Anstieg der CO_2 Konzentration von 200 ppm auf 280 ppm.

Die enge Korrelation von höheren CO_2-Konzentrationen und warmen Klimazuständen wird deutlich anhand von Messungen an einem Eisbohrkern von der Antarktis (Abb. 4). Da das tiefste Eis älter als 150'000 Jahre ist, öffnet sich uns ein einmaliger Blick in die vorletzte Warmzeit, das Eem (etwa 110'000 Jahre vor heute), wo Schätzungen eine um etwa 3° C höhere globale Temperatur ergeben. In Uebereinstimmung mit den vorherigen Resultaten wird hier eine gegenüber heute etwas erhöhte CO_2-Konzentration rekonstruiert.

In dieser Perspektive stechen die Veränderungen der letzten 200 Jahre als *markante Anomalie* heraus. Wir sind im Begriff, dem Klimasystem eine Störung zu erteilen wie sie in den letzten 500'000 Jahren nie vorgekommen ist und deren volle Wirkung wir noch nicht kennen. Leider geht der Mensch aufgrund seiner Erfahrung immer noch zu oft vom Modell eines linearen Systems aus, bei dem Auswirkungen proportional zu den Störungen sind. Eine noch wichtigere Eigenschaft des linearen Systems ist die Reversibilität: werden die Störungen aufgehoben, findet das System wieder zum vorherigen Gleichgewichtszustand zurück. Im Anblick der Komplexität des Systems Erde und neuester Erkenntnisse über Wechselwirkungen zwischen den Komponenten erscheint dieses Modell jedoch als sehr unrealistisch.

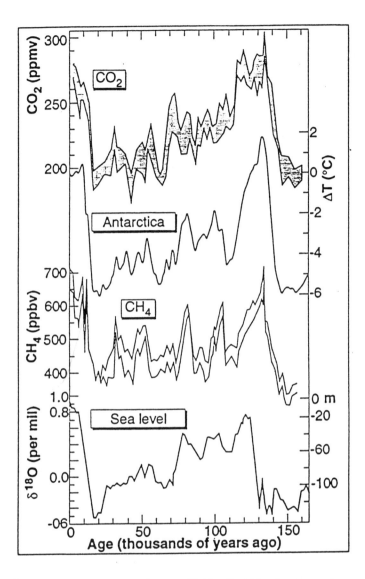

Abb. 4 Änderungen der Konzentration von Kohlendioxid in der Atmosphäre während den letzten 150'000 Jahren gemessen an in Antarktischem Eis eingeschlossenen Luftblasen im Vergleich mit den Änderungen der Temperatur (rekonstruiert aus dem Gehalt an Deuterium im Eis), von Methan und vom Meeresspiegel (bestimmt aus dem Gehalt von ^{18}O in Karbonatschalen aus Meeressedimenten). Die starke Korrelation von Temperatur und Treibhausgaskonzentrationen weist auf die wichtige klimatische Bedeutung dieser Spurengase hin, die für etwa 30 % der Temperaturdifferenz verantwortlich sind. Änderungen der Strahlungsbilanz (Einstrahlung und Rückstrahlung), des Wasserkreislaufs und Wasserdampfgehaltes der Atmosphäre tragen ebenfalls zu Klimaveränderungen bei. [Figur reproduziert aus Raynaud et al. (1993).]

3. Ursachen von Klimaschwankungen

Während für die natürlichen Klimaschwankungen auf den Zeitskalen von mehreren 10'000 Jahren die Dynamik des Sonnensystems als Schrittmacher der Eiszeiten wirkt, zeigt der Verlauf der in hoher zeitlicher Auflösung rekonstruierten CO2-Variationen (Fig. 4, (Raynaud et al. 1993)), dass auch noch andere, interne Prozesse wirksam sein müssen. Wechselwirkungen zwischen der Atmosphäre und dem Ozean, der Eisbedeckung und der Vegetation sind wichtige Bausteine zum Verständnis vergangener Schwankungen des Klimas und somit Voraussetzung zur Abschätzung künftiger Veränderungen.

Die *astronomische Theorie* erklärt Variationen auf den längsten Zeitskalen in den Klimaaufzeichnungen, indem die Strahlungsleistung, die die Erde von der Sonne erhält, abhängt von den geometrischen Abmessungen der Erdbahn (Berger et al. 1993). Der Eiszeitzyklus von etwa 100'000 Jahren fällt mit Schwankungen der Exzentrizität der Erdbahn um die Sonne zusammen. Obwohl die Periodizität im Prinzip als äusserer Antrieb vorhanden ist, ist bis heute nicht klar, welche internen, verstärkenden Prozesse wirken müssen, um diesen Zyklus zum ausgeprägtesten Signal der letzten 600'000 Jahre zu machen. Eine Möglichkeit, die diskutiert wird, ist die resonante Verstärkung von Schwingungen der Lithosphäre unter der Last von riesigen kontinentalen Eisschildern; ganz kürzlich ist sogar vorgeschlagen worden, dass die Erdbahn alle 100'000 Jahre durch eine Region erhöhter interstellarer Staubkonzentration verläuft (Muller und MacDonald 1995). Das Problem der 100'000-Jahr Zyklen ist also noch nicht vollständig gelöst.

Periodizitäten von 41'000 und etwa 20'000 Jahren kommen aufgrund der Kreiselbewegung der abgeplatteten Erde zustande, das heisst Schwankung der Schiefe der Erdachse und Präzession. Die Gesetze der klassischen Mechanik erklären somit einen wesentlichen Teil der beobachteten Signale.

Die *Treibhausgase* und deren Variationen wirken als Verstärker dieser Schwankungen. Die Untersuchung von Phasenbeziehungen zwischen den physikalischen Variablen (z. B. Temperatur) und CO_2 oder Methan geben auch erste Hinweise, dass Treibhausgase grössere Veränderungen, wie etwa teilweises Abschmelzen von Eisschilden, auslösen können. Durch ihren Einfluss auf die globale Strahlungsbilanz koppeln sie sowohl die beiden Hemisphären als auch Atmosphäre und Ozean und deren Zirkulationen.

Schliesslich bedürfen die abrupten Klimawechsel, die sehr zahlreich während dem Glazial aufgetreten sind, eines Mechanismus, der die reiche *Dynamik des Klimasystems* quantitativ erklären kann. Es hat sich in den letzten Jahren gezeigt, dass dem Ozean hier eine besondere Rolle zukommt. Aufgrund von im System vorhandenen Instabilitäten, können Strömungen im Verlauf von wenigen Jahrzehnten grundlegend ändern und von einem Gleichgewichtszustand in einen andern wechseln (Oeschger et al. 1984; Broecker and Denton 1989; Stocker and Wright 1991; Broecker 1995). Das Fehlen von warmen Oberflächenströmungen, die bis weit in die hohen Breiten des Atlantiks gelangen, führt zu einer markanten Abkühlung.

Das Klimasystem unterliegt also Schrittmachern, es beinhaltet Elemente, welche die aufgeprägten Klimaveränderungen verstärken, und es weist interne Mechanismen auf, die zu nicht-linearem Verhalten führen.

4. Die Irreversibilität als Faktor von Klimaschwankungen

Durch den menschlichen Eingriff in den Kohlenstoffkreislauf haben wir ein globales Experiment gestartet, das Klimaveränderungen, die den natürlichen überlagert sind, nach sich ziehen kann. Auf der Zeitskala von vielen 1'000 Jahren ist der anhaltende Ausstoss von fossilem Kohlenstoff in die Atmosphäre ein irreversibler Prozess (Siegenthaler und Sarmiento 1993). Von jedem Kilogramm Kohlenstoff verbleiben etwa 7 % in der Atmosphäre, der Rest wird von Ozean, terrestrischer Biosphäre und Sedimenten aufgenommen. Vereinfacht gesagt verschieben wir Kohlenstoff innerhalb einiger Dekaden aus einem Reservoir, das Millionen von Jahren zu seiner Bildung benötigte. Die Grösse der Kohlenstoffreservoire verändert sich durch die Verbrennung fossiler Energieträger also annähernd irreversibel auf Zeitskalen von einigen 100 bis 1'000 Jahren. Da das CO_2-Molekül infrarote Strahlung absorbieren kann, modifiziert die veränderte atmosphärische CO_2-Konzentration die Strahlungsbilanz, die ihrerseits sämtliche Klimavariablen beeinflusst. Die ausführlichen Untersuchungen des IPCC (Intergovernmental Panel on Climate Change) haben gezeigt, dass wir in den nächsten 50 Jahren mit einer globalen Erwärmung von etwa 1.5° C rechnen müssen (IPCC 1996). Da die Veränderungen im System der Störung folgen, zwar mit regional unterschiedlicher Ausprägung, und da die Störung permanent ist, kann man dies als *Irreversibilität 1. Grades* bezeichnen. Dabei ist die Zeitskala der Klimaänderung durch die Störung gegeben, also durch den Anstieg von CO_2 in der Atmosphäre (Abb. 5).

Die systematische Untersuchung von verschiedenen Klimaarchiven hat deutlich gemacht, dass Schwankungen sehr schnell ablaufen können. Simulationen von numerischen Modellen zeigen, dass die Ursache für solche schnellen Klimaveränderungen eine fundamentale Eigenschaft des Klimasystems ist: Unter gegebenen Randbedingungen weist das nicht-lineare System mehr als nur einen Gleichgewichtszustand auf; rasche Wechsel zwischen diesen Zuständen sind physikalisch tatsächlich möglich (Stocker and Wright 1991). Ein Beispiel sind Ozeanströmungen. Im Atlantik ist der Golfstrom, der das Klima in Westeuropa wesentlich prägt, Teil einer globalen Ozeanströmung, deren Ursache in kleinen Dichteunterschieden liegt, die durch Wärmeflüsse, Verdunstung und Niederschlag zustande kommen. Der Golfstrom transportiert grosse Mengen von warmem, salzhaltigem Wasser bis hoch in die nördlichen Breiten des Atlantiks, wo diese Wassermassen ihre Wärme an die Umgebung abgeben.

Irreversibilität 1. Grades	Irreversibilität 2. Grades
• Von 1000g CO_2 bleiben 70g in der Atmosphäre	• mehrere Gleichgewichtszustände des Klimas
• Irreversible Veränderung der Strahlungsbilanz	• Schwellenwerte: welche ?, wie gross ?
• proportionale Änderungen in allen Klimavariablen	• abrupte Klimawechsel
• Zeitskala durch Störung bestimmt	• Zeitskala durch System gegeben

Abb. 5 Irreversibilitäten im Klimasystem. Chemische Eigenschaften des Karbonatsystems im Ozean sind die Ursache der Irreversibilität 1. Grades, während Nicht-Linearitäten des Klimasystems Irreversibilität 2. Grades generieren können.

Die Strömung gleicht so einer gigantischen Wärmepumpe, die durch den ständigen Transport von salzhaltigem Wasser aus niederen Breiten in Gang gehalten wird.

Dieser Mechanismus stellt eine positive Rückkopplung dar, die, wie Modelle zeigen, auf geringe Störungen, anfällig ist. Werden Schwellenwerte überschritten, so stellt die Wärmepumpe innert weniger Jahrzehnte ab. Kleine Störungen bewirken also strukturelle Änderungen im Klimasystem. Man kann dies als *Irreversibilität 2. Grades* bezeichnen (Abb. 5). Die Frage der Schwellenwerte steht dabei im Vordergrund: welche Klimavariable betreffen sie und wie gross sind ihre kritischen Werte ? Im Gegensatz zur Irreversibilität 1. Grades ist hier die Zeitskala der Klimaänderung durch das System selbst gegeben: wir haben keine Kontrolle über den weiteren Ablauf des "Experimentes".

5. Physikalisch-biogeochemische Wechselwirkungen

Die verschiedenen Komponenten des Klimasystems sind miteinander gekoppelt und es ist deshalb wahrscheinlich, dass Wechselwirkungen besonders zwischen dem Kohlenstoffkreislauf und der Ozeanzirkulation und -chemie auftreten.

Die Grösse der beiden schnell austauschenden Kohlenstoffreservoire Ozean und Biosphäre bestimmen die Konzentration von CO_2 in der Atmosphäre (Abb. 6).

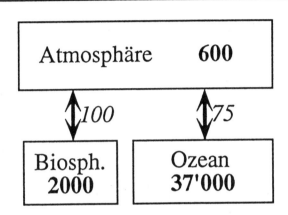

- Karbonatchemie
- Löslichkeit von CO_2
- Organisches Material
- Kalkschalen

Abb. 6 Grobe Charakterisierung der schnell austauschenden Reservoire von Kohlenstoff. Fette Zahlen sind in Einheiten von 10^{15} g Kohlenstoff, kursive Zahlen stellen Flüsse in Einheiten von 10^{15} g Kohlenstoff pro Jahr dar. Effekte des Sedimentes (ein weiteres wichtiges Reservoir) spielen erst auf Zeitskalen von 1'000 und mehr Jahren eine Rolle.

Kohlenstoff liegt im Ozean zu etwa 90 % als Bikarbonat vor; der Austausch mit der Atmosphäre erfolgt via Kohlensäurereaktionen. Diese bewirken, dass der Ozean gepuffert ist, das heisst relative Änderungen der Kohlenstoffkonzentration im Oberflächenwasser sind etwa 10 mal kleiner als relative Änderungen in der Atmosphäre. Der natürliche Kreislauf tauschte, vor Beginn der anthropogenen Emissionen, etwa 75 Milliarden Tonnen Kohlenstoff jährlich zwischen Ozean und Atmosphäre aus. Der zusätzliche Eintrag aufgrund der Verbrennung von fossilen Energieträgern, Zementproduktion und Landnutzung beträgt gegenwärtig über 6 Milliarden Tonnen jährlich

(Siegenthaler und Sarmiento 1993). Sowohl der *natürliche Kohlenstoffkreislauf* wie auch die vom Menschen verursachte Störung beeinflusst die Konzentration von CO_2 in der Atmosphäre und somit die Strahlungsbilanz. Solange die Störungen klein sind - immerhin ist das Inventar der Atmosphäre bereits um mehr als 20 % angestiegen - und keine Rückkopplungen mit den anderen Klimakomponenten auftreten, ist die Trennung zwischen natürlichem Kreislauf und überlagerter Störung zulässig. Das bedeutet, dass die zukünftige Entwicklung der atmosphärischen Konzentrationen abgeschätzt werden kann unter der Annahme eines konstanten, unveränderten natürlichen Kreislaufes. Solche Berechnungen bilden gegenwärtig die Basis für Massnahmen der Klimaschutzes, die nun zunehmend diskutiert werden.

Das Klimasystem besteht jedoch aus einer Anzahl komplexer Komponenten, die untereinander nicht-linear gekoppelt sind. Die Möglichkeit mehrerer Gleichgewichtszustände und somit der Irreversibilität 2. Grades kann nicht *a priori* ausgeschlossen werden. Der Ozean, der neben anderen Komponenten Irreversibilität ermöglicht, steht in einem engen Zusammenhang mit dem natürlichen Kohlenstoffkreislauf. Wenn die ungestörte Atmosphäre mit dem Ozean im chemischen Gleichgewicht stünde, wäre die atmosphärische CO_2-Konzentration etwa 730 ppm. Die zahlreichen Rekonstruktionen aus verschiedenen Klimaarchiven belegen aber einen Wert von 280 ppm. Das bedeutet, dass Prozesse im ungestörten Ozean die Kohlenstoffkonzentration im Oberflächenwasser niedriger halten als durch das chemische Gleichgewicht allein vorgeschrieben ist. Wir unterscheiden zwischen 3 verschiedenen "Kohlenstoffpumpen" im Ozean:

- Die *Löslichkeitspumpe* kommt dadurch zustande, dass kälteres Wasser mehr CO_2 löst, und tendenziell Kohlenstoff aus der Atmosphäre aufnimmt. Dieses kalte Wasser sinkt in den hohen Breiten ab und pumpt somit Kohlenstoff in die Tiefsee. Diese Pumpe ist also mit den physikalischen Prozessen im Ozean und der Atmosphäre verknüpft.

- *Biologische Prozesse* beinhalten zwei gegenläufige Pumpen. Die Verarbeitung von gelöstem Kohlenstoff in organisches Material und das Absinken dieser Organismen nach deren Tod in die Tiefsee stellt einen vertikalen Transport von Kohlenstoff dar und erniedrigt ebenfalls die atmosphärische Konzentration.

- Der Aufbau von Kalkschalen, die *Karbonatpumpe*, beeinflusst die Ionenblianz (Alkalinität) so, dass die atmosphärische Konzentration erhöht wird.

Änderungen dieser drei Pumpen sind primär verantwortlich für die 40 %ige Erhöhung der atmosphärischen CO_2-Konzentration am Ende der letzten Eiszeit (Wenk and Siegenthaler 1985; Archer and Maier-Reimer 1994). In Bezug auf die künftige Entwicklung können Veränderungen dieser Pumpen direkt auf die atmosphärischen CO_2-Konzentration wirken. Schwächen sich die ersten beiden Pumpen beispielsweise ab, so würde dies eine Erhöhung der atmosphärischen Konzentration *zusätzlich* zu unseren Emissionen zur Folge haben.

Im Moment gibt es jedoch keine Hinweise, dass diese Pumpen, Teil des natürlichen Kohlenstoffkreislaufes, bereits gestört sind. Deshalb gehen Abschätzungen von zukünftigen atmosphärischen Konzentrationen bisher von der Annahme aus, dass der natürliche Kreislauf durch den Eintrag von fossilem Kohlenstoff in die Atmosphäre nicht beeinflusst wird. Dennoch lautet die zentrale Frage:

Welche direkte oder indirekte Wirkung hat die Veränderung der Strahlungsbilanz, verursacht durch die erhöhte Konzentration der Treibhausgase, auf diese einzelnen Kohlenstoffpumpen im Ozean ?

Dem Ozean kommt also eine doppelte Funktion zu. Einerseits stellt er das grösste, schnell austauschende Kohlenstoffreservoir dar: es ist etwa 60 mal grösser als dasjenige der Atmosphäre. Andererseits besteht seine physikalische Rolle darin, Kohlenstoff zu transportieren und den meridionalen Wärmetransport und somit regionale Temperaturunterschiede im Klimasystem zu regulieren.

Die tiefe Strömung kann man sich schematisch als ein *globales Förderband* denken, in welchem Wasser im Nordatlantik absinkt, und sich in der Tiefe in die anderen Ozeanbecken verteilt. Diese Strömung wird durch die Energiebilanz an der Oberfläche und den hydrologischen Kreislauf der Atmosphäre in Gang gehalten. Da diese Strömung den grössten Anteil des vertikalen Austausches von Wassermassen ausmacht, ist sie für den natürlichen Kohlenstoffkreislauf von grosser Bedeutung: sie bestimmt, wieviel gelöste Nährstoffe durch Aufquellen wiederum an die Ozeanoberfläche gelangen, wie lange die mittlere Aufenthaltszeit von Spurenstoffen an der Oberfläche ist und welche Zusammensetzung die globalen Wassermassen aufweisen.

Klimadaten und Modelle zeigen, dass die Tiefenströmung mehrere Gleichgewichtszustände aufweist, und somit die Möglichkeit einer Irreversibilität 2. Grades im Klimasystem darstellt (Abb. 7). Dies äussert sich in einer Hysterese der Ozeanströmung. Der gegenwärtige Zustand befindet sich auf dem oberen Ast der Hysterese, wo die ozeanische Wärmepumpe aktiv ist. Durch kleine Änderungen des hydrologischen Kreislaufes oder der meridionalen Temperaturgradienten können, falls Schwellenwerte überschritten werden, *strukturelle Umlagerungen* eintreten, kann der Strömungszustand also vom oberen Ast der Hysteresekurve innerhalb weniger Dekaden auf den unteren Ast springen. Gleichgewichtszustände auf dem unteren Ast sind charakterisiert durch eine stark abgeschwächte Wärmepumpe. Während der letzten Eiszeit sind diese Schwellenwerte mehrmals überschritten worden, und abrupte Klimawechsel von zum Teil globalem Ausmass sind dokumentiert. Erste Modellsimulationen weisen auf die Möglichkeit hin, dass die Ozeanzirkulation ebenfalls anfällig ist auf globale Erwärmungen, wie sie für die kommenden Jahrzehnte erwartet werden (Manabe and Stouffer 1994).

Dies würde eine dramatische Umwälzung der Verhältnisse im globalen Klimasystem bedeuten, wie sie in den letzten 10'000 Jahren nicht beobachtet wurde. Nicht nur wird der meridionale Wärmetransport des Ozeans in der

Atlantischen Region massiv reduziert, auch die Transportwege und -raten von Spurenstoffen im Ozean würden grundlegend ändern.

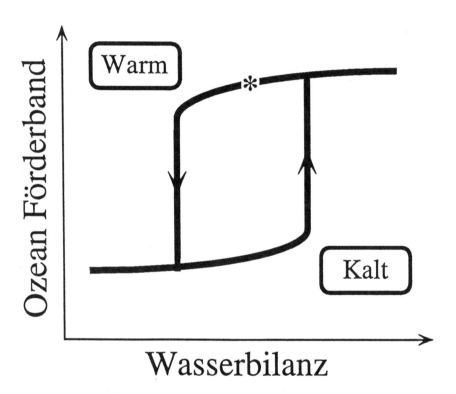

Figur 7 Die Wasserbilanz des Atlantiks ist ein Steuerparameter für die Tiefenströmung (Ozean Förderband), die die Wärmepumpe antreibt. Verschiedene Modelle zeigen, dass in gewissen Parameterbereichen mehr als nur ein Gleichgewichtszustand existieren kann. Das heutige Klima ist durch ein starkes Förderband charakterisiert (Stern). Eine Abnahme der Wasserbilanz kann zu einem raschen Übergang zu einem kalten Zustand führen, dessen Ursache die Existenz mehrerer Gleichgewichte ist.
[Figur nach Stocker und Wright, 1991.]

Somit stellt dies einen direkten möglichen Effekt auf den Kohlenstoffkreislauf dar, dessen Auswirkungen wir noch nicht abschätzen können. Bisherige Szenarienrechnungen sind nur von Irreversibilitäten 1. Grades ausgegangen.

Ebenfalls kann die Frage von *Schwellenwerten* noch nicht abschliessend beantwortet werden. Da Schwellenwerte, die aus Modellen bestimmt werden, sehr sensitiv von Wechselwirkungen zwischen Klimasystemkomponenten (Ozean, Atmosphäre) und deren Parametrisierung abhängen, müssen gekoppelte Modelle mit genügender Auflösung konstruiert werden, welche die heutigen Verhältnisse realistisch nachzuvollziehen vermögen.

6. Ausblick

Störungen des Kohlenstoffkreislaufes durch die Verbrennung von fossilen Energieträgern sind für unsere Zeithorizonte (einige 1'000 Jahre) irreversibel. Das zusätzliche CO_2 in der Atmosphäre verändert die Strahlungsbilanz nachhaltig, was zu regional unterschiedlichen Temperaturerhöhungen führen wird. Oft gehen wir nur von einer einseitigen Beeinflussungskette CO_2 Æ Strahlungsbilanz Æ Temperatur aus (Abb. 8).

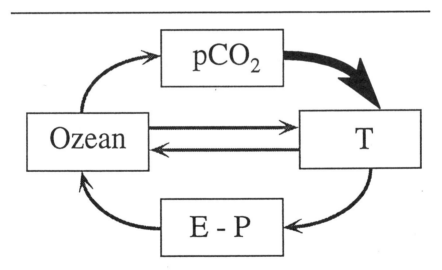

Abb. 8 Schematik möglicher Rückkopplungsmechanismen im Klimasystem. Neben der klassischen Darstellung eines linearen Systems, in dem die CO_2-Konzentration die Lufttemperatur via die Strahlungsbilanz beeinflusst (dicker Pfeil), müssen weitere Mechanismen, die den Wasserkreislauf und die Ozean–zirkulation beinhalten, ebenfalls berücksichtigt werden. Diese können schliesslich mit der CO_2-Konzentration rückkoppeln.

Dynamische Systeme wie Atmosphäre und Ozean reagieren jedoch auf die durch den CO_2-Anstieg verursachten Änderungen im Energie- und Wasserkreislauf. Werden Schwellenwerte überschritten, so führen Uebergänge von einem Gleichgewichtszustand in den anderen zu fundamentalen Umstrukturierungen im Klimasystem, d. h. *Irreversibilität 2. Grades*. Es ist eine Herausforderung an die Wissenschaft, diese Schwellenwerte zu erforschen und die Prozesse, welche sie bestimmen, zu untersuchen. Nur so werden Handlungsstrategien dieser grundlegenden Eigenschaft des Klimasystems gerecht.

7. Literatur

ARCHER, D. AND E. MAIER-REIMER (1994): Effect of deep-sea sedimentary calcite preservation on atmospheric CO_2 concentration. *Nature* 367: 260-263.

BERGER, A., M.-F. LOUTRE, AND C. TRICOT (1993): Insolation and Earth's orbital periods. *J. Geophys. Res.* 98: 10341-10362.

BROECKER, W.S. (1995): Chaotic climate. *Scientific American* 267 (11): 44-50.

BROECKER, W.S. AND G.H. DENTON (1989): The role of ocean-atmosphere reorganizations in glacial cycles. *Geochim. Cosmochim. Acta* 53: 2465-2501.

IPCC (1996): In J.T. Houghton, G.J. Jenkins and J.J. Ephraums (Eds.), *The Second Scientific Assessment of Climate Change*. Intergovernmental Panel on Climate Change, Cambridge University Press, Cambridge (UK). in press.

KEELING, C.D. AND T.P. WHORF (1994): Atmospheric CO_2 records from sites in the SIO network. In T. Boden, D. Kaiser, R. Sepanski and F. Stoss (Eds.), *Trends '93: A Compendium of Data on global Change*, pp. 16-26. Carbon Dioxide Information Analysis Center.

MANABE, S. AND R.J. STOUFFER (1994): Multiple-century response of a coupled ocean-atmosphere model to an increase of atmospheric carbon dioxide. *J. Climate* 7: 5-23.

MULLER, R.A. AND G.J. MACDONALD (1995): Glacial cycles and orbital inclination. *Nature* 377: 107-108.

NEFTEL, A., H. FRIEDLI, E. MOOR, H. LÖTSCHER, H. OESCHGER, U. SIEGENTHALER AND B. STAUFFER (1994): Historical CO_2 record from the Siple station ice core. In T. Boden, D. Kaiser, R. Sepanski and F. Stoss (Eds.), *Trends '93: A Compendium of Data on Global Change*, pp. 11-14. Carbon Dioxide Information Analysis Center.

NEFTEL, A., H. OESCHGER, T. STAFFELBACH AND B. STAUFFER (1988): CO_2 record in the Byrd ice core 50,000-5,000 years BP. *Nature* 331: 609-611.

OESCHGER, H. (1991): Die Eiszeiten - ein geophysikalisches Experiment. *Nova acta Leopoldina* 277: 177-193.

OESCHGER, H., J. BEER, U. SIEGENTHALER, B. STAUFFER, W. DANSGAARD AND C.C. LANGWAY (1984): Late glacial climate history form ice cores. In J.E. Hansen and T. Takahashi (Eds), *Climate Processes and Climate Sensitivity*, Volume 29 of *Geophysical Monograph*, pp. 299-306. Am. Geophys. Union.

RAYNAUD, D., J. JOUZEL, J.M. BARNOLA, J. CHAPPELLAZ, R.J. DELMAS AND C. LORIUS (1993): The ice record of greenhouse gases. *Science* 2569: 926-934.

SIEGENTHALER, U. AND H. OESCHGER (1987): Biospheric CO_2 emissions during the past 200 years reconstructed by convolution of ice core data. *Tellus* 39B: 140-154.

SIEGENTHALER, U. AND J.L. SARMIENTO (1993): Atmospheric carbon dioxide and the ocean. *Nature* 365: 119-125.

STAFFELBACH, T., B. STAUFFER, A. SIGG AND H. OESCHGER (1991): CO_2 measurements from polar ice cores: more data from different sites. *Tellus* 43B: 91-96.

STOCKER, T.F. AND D. WRIGHT (1991): Rapid transitions of the ocean's deep circulation induced by changes in surface water fluxes. *Nature* 351: 729-732.

WENK, T. AND U. SIEGENTHALER (1985): The high-latitude ocean as a control of atmospheric CO_2. In E.T. Sundquist and W.S. Broecker (Eds.), *The Carbon Cycle and Atmospheric CO_2: Natural Variations Archean to Present,* Volume 32 of *Geophysical Monograph,* pp. 185-194. Am. Geophys. Union.

Modellierung des Kohlenstoffkreislaufs im Industriezeitalter

Martin Heimann

Max-Planck-Institut für Meteorologie, D-20146 Hamburg

1. Einleitung

Kohlendioxid (CO_2) ist ein in der Erdatmosphäre natürlich vorkommendes, luftchemisch inertes Spurengas. Als Bestandteil des natürlichen Kohlenstoffkreislaufs wird es fortwährend durch eine Vielzahl von Austauschprozessen mit dem im Ozean und in der Landbiosphäre gespeicherten Kohlenstoff ausgetauscht. Da Kohlendioxid auf Grund seiner physikalischen Strahlungseigenschaften als sogenanntes "Treibhausgas" wesentlich zum natürlichen Treibhauseffekt der Erde beiträgt, ist seine atmosphärische Konzentration eine wichtige Steuergrösse im globalen Klimasystem. In den letzten 200 Jahren haben die Aktivitäten des Menschen durch Verbrennen von fossilen Brennstoffen (Kohle, Erdöl und Erdgas) sowie durch Änderungen der Landnutzung, vor allem die Überführung von (Ur-)Wald durch Brandrodungen in landwirtschaftlich genutzte Anbauflächen, zu einem CO_2-Eintrag in die Atmosphäre geführt, der sich in einem weltweit beobachteten Anstieg der atmosphärischen CO_2-Konzentration manifestiert. Es ist anzunehmen, dass sich diese Zunahme des atmosphärischen CO_2-Gehalts fortsetzen wird, da wegen der zukünftigen, weltweiten Steigerung des Energieverbrauchs und der Landnutzung die damit einhergehenden CO_2-Emissionen weiterhin steigen werden. Eine Zunahme der CO_2-Konzentration führt jedoch zu einer Verstärkung des Treibhauseffekts und damit höchstwahrscheinlich zu Änderungen des Klimas. Das zu erwartende Ausmass der einer anthropogen verursachten Klimaänderung hängt jedoch entscheidend vom zukünftigen Verlauf der atmosphärischen CO_2-Konzentration ab[1]. Um diesen Verlauf quantitativ abzuschätzen, ist zunächst einmal die zukünftige Entwicklung der weltweiten Energieproduktion und der damit einhergehenden zukünftigen CO_2-Emissionen zu bestimmen. Im weiteren ist für eine Vorhersage die Kenntnis des Zusammenhanges zwischen CO_2-Emissionen und

---

[1] Neben dem CO_2 existieren eine Reihe weiterer Treibhausgase, deren Konzentration durch anthropogene Einwirkungen zugenommen hat (u.a. Methan, Lachgas und verschiedene FCKWs). Auf Grund der emittierten Mengen, und seiner relativ langen atmosphärischen Lebensdauer ist das CO_2 jedoch das wichtigste der vom Menschen direkt beeinflussten Treibhausgase.

den daraus resultierenden Änderungen der atmosphärischen CO_2-Konzentration notwendig.

Im vorliegenden Beitrag wird auf die Beziehung zwischen CO_2-Emission und daraus resultierenden Änderungen der atmosphärischen CO_2-Konzentration eingegangen. Dabei soll aufgezeigt werden, in wieweit dieser Zusammenhang verstanden ist, mit Hilfe von Simulationsmodellen des globalen Kohlenstoffkreislaufs quantitativ nachvollzogen werden kann, und wie belastbar derartige Simulationsrechnungen sind.

Ausgehend von der globalen Bilanz des atmosphärische CO_2 werden im 2. Abschnitt die wichtigsten Quellen- und Senkenprozesse des atmosphärischen CO_2 beschrieben. Im darauf folgenden Abschnitt 3 wird gezeigt, wie diese Prozesse mit Hilfe von Modellen der ozeanischen und terrestrischen Kohlenstoffreservoire dargestellt werden können, und welche Möglichkeiten zur Überprüfung dieser Modelle bestehen. Als Anwendung werden im 4. Abschnitt einige Szenarienrechnungen vorgestellt, die unter anderem illustrieren sollen, wie träge die Dynamik des globalen Kohlenstoffkreislaufs auf Änderungen der anthropogenen Emissionsraten reagiert. Nach wie vor sind jedoch einzelne wichtige Prozesse nicht- oder nur ungenügend verstanden und in wieweit dieses Defizit die Qualität der Szenarienrechnungen in Frage stellt, wird im letzten Abschnitt angesprochen.

2. Zur globalen Bilanz des atmosphärischen Kohlendioxids

Präzise, direkte Messungen der atmosphärischen CO_2-Konzentration existieren erst für den Zeitraum nach 1959 als C.D. Keeling von der Scripps Institution of Oceanography in La Jolla, U.S.A., auf dem Mauna Loa in Hawaii und an der Südpolstation mit direkten atmosphärischen Beobachtungen begann. Für die Zeit vor den direkten Messungen lässt sich aus Analysen an in polaren Eiskernen eingeschlossenen Luftbläschen der Konzentrationsverlauf rekonstruieren [Neftel et al., 1985, Barnola et al., 1995]. Abbildung 1 [Schimel et al., 1995] zeigt den mit diesen Methoden ermittelten zeitlichen Verlauf der CO_2-Konzentration während der letzten 400 Jahre zusammen mit den direkten Messungen nach 1959. Deutlich ist zu erkennen, dass die CO_2-Konzentration seit dem Mittelalter bis zu Beginn der industriellen Revolution nur um wenige ppmv[2] um einen Wert von 278 ppmv schwankte. Nach 1800 ist jedoch ein rasanter Anstieg zu verzeichnen und bis 1995 hat sich die CO_2-Konzentration um mehr als 25% auf über 350ppmv erhöht. Die direkten atmosphärischen Messungen von Mauna Loa und dem Südpol sind in Abbildung 2a dargestellt [Keeling et al., 1995]. Neben der Konzentrationszunahme in Nord- und Südhemisphäre zeigen sich charakteristische jahreszeitliche Schwankungen, die in der Nordhemisphäre hauptsächlich auf die saisonale Aktivität der Photosynthese der Landbiosphäre zurückgeführt werden können.

---

[2] ppmv: "part per million" = Anzahl CO_2-Teilchen pro Million Luftteilchen.

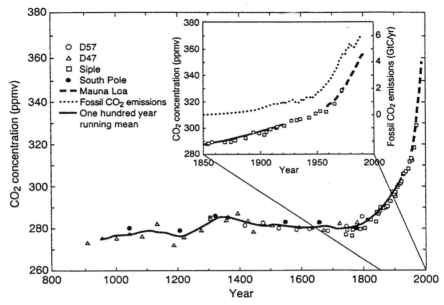

Abb. 1 Verlauf der atmosphärischen CO_2-Konzentration (in ppmv = Anzahl CO_2 Teilchen pro Million Luftteilchen) während der letzten 1000 Jahre [Schimel et al., 1995]. Der Verlauf vor 1959 ist rekonstruiert aus Analysen von Luftbläschen in polaren Eiskernen; nach 1959 direkte Messungen. Im Einschub ist der Zeitraum 1850-2000 genauer dargestellt. Die gepunktete Linie bezeichnet den Verlauf der fossilen CO_2-Emissionen.

Der schwächere Jahresgang an der Südpol-station ist eine Folge der wesentlich kleineren Kontinentalflächen in der Südhemisphäre die einem starken Jahresgang unterworfen sind.

Es gibt mehrere Hinweise, die belegen, dass der in Abbildung 1 und 2a sichtbare Anstieg der CO_2-Konzentration ursächlich auf anthropogenen CO_2-Emissionen beruht. Zunächst ist die Geschwindigkeit des beobachteten Anstiegs nach 1800 im gesamten Zeitraum des Holozäns ohne Beispiel. Während der letzten und vorletzten Eiszeit finden sich zwar niedrigere atmosphärische Konzentrationswerte (um 200ppmv) als während der dazwischenliegenden Warmzeit und des Holozäns (um 280 ppmv), allerdings zeigen die Eiskernmessungen, dass die Veränderungen zwischen diesen Werten in Zeiträumen von Jahrhunderten bis zu Jahrtausenden erfolgten. Ein zweiter Hinweis ergibt sich aus dem Unterschied des Konzentrationsanstiegs zwischen Mauna Loa und dem Südpol. Abbildung 2a zeigt deutlich, dass zu Beginn der direkten Messungen der Südpolwert etwa auf dem gleichen, jahreszeitlich gemittelten Niveau des Messwertes von Mauna Loa in der Nordhemisphäre lag. Wie in Abbildung 2a ersichtlich, hat sich seit den 1960'er Jahren der Konzentrationsgradient zwischen Nord- und Südhemisphäre zunehmend

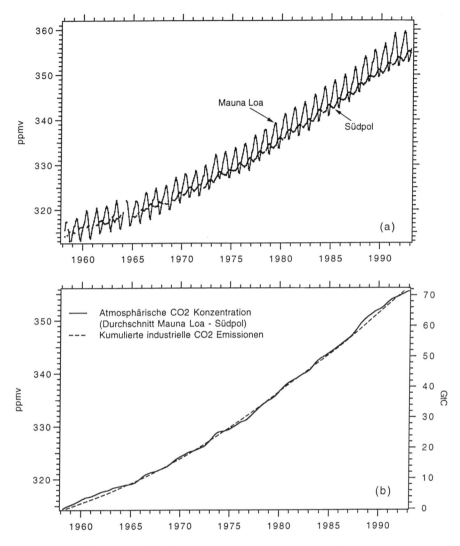

Abb. 2 (a) Verlauf der CO_2-Konzentration beobachtet an den Reinluftstationen Mauna Loa, Hawaii und Südpol [Keeling et al., 1995]. (b) Jahreszeitlich bereinigter Verlauf der atmosphärischen CO_2-Konzentration (Durchschnitt von Mauna Loa und Südpol) in ppmv (linke Skala) und der kumulierten globalen CO_2-Emissionen aus dem Verbrauch von fossilen Brennstoffen in GtC (rechte Skala).

verstärkt, was auf eine zunehmende CO_2-Quelle in der Nordhemisphäre schliessen lässt. In der Tat finden über 90% aller CO_2-Emissionen in der Nordhemisphäre statt [Keeling et al., 1989]. Ein weiterer Beleg folgt aus der Tatsache, dass der globale Konzentrationsanstieg sehr genau den kumulierten fossilen Emissionen folgt: Abbildung 2b zeigt die jahreszeitlich bereinigte, gemittelte Konzentration der Mauna Loa und der Südpolstation und, im Vergleich dazu (bezeichnet mit "Industrieller Trend") den Verlauf der kumulierten fossilen Emissionen [Keeling et al., 1995]. Die offensichtliche hohe Korrelation zwischen den beiden Kurven spricht für sich. Bei jedem Verbrennungsvorgang entsteht nicht nur CO_2, sondern es wird auch Sauerstoff verbraucht. Seit kurzem lässt sich parallel zur CO_2-Zunahme in der Atmosphäre auch die entsprechende Abnahme der Sauerstoffkonzentration mit Hilfe von hochpräzisen Messmethoden feststellen [Keeling und Shertz, 1992, Keeling et al., 1996]. Die beobachtete Sauerstoffabnahme von jährlich etwa fünf Millionstel ist zwar sehr gering und für das Leben auf der Erde nicht von Bedeutung. Sie belegt jedoch, dass für den CO_2-Anstieg ein Oxidationsprozess verantwortlich sein muss und nicht etwa ein CO_2-Eintrag aus Vulkanen oder aus dem Ozean, da bei diesen Prozessen kein Sauerstoff verbraucht würde. Schliesslich ergeben sich weitere Hinweise aus der Analyse der isotopischen Zusammensetzung des atmosphärischen Kohlenstoffs: Fossiles CO_2 besitzt im Vergleich zu atmosphärischem CO_2 ein kleineres $^{13}C/^{12}C$-Isotopenverhältnis und es enthält keinen Radiokohlenstoff (^{14}C). Das emittierte fossile CO_2 führt daher zu einer Abnahme der Isotopenverhältnisse von $^{13}C/^{12}C$ und $^{14}C/C$ in der Atmosphäre; eine Abnahme, die sich in den Beobachtungen findet, und die quantitativ auch relativ gut mit entsprechenden Modellrechnungen übereinstimmt.

Aus Statistiken der Energieproduktion lässt sich ermitteln, dass durch die Verbrennung von fossilen Brennstoffen zur Zeit (Durchschnitt der Jahre 1980-89) ca. 5.5 GtC/a[3] freigesetzt werden. Eine weitere anthropogene CO_2-Quelle sind Änderungen der Landnutzung. Beim Übergang von (Ur-)Wald zu landwirtschaftlich genutzter Anbaufläche wird in der Regel ein Grossteil des in der Vegetation gespeicherten Kohlenstoffs zu CO_2 verbrannt und die darauf folgende Bodenerosion führt meistens durch Oxidationsprozesse zu einem weiteren Rückgang des im Boden gespeicherten organischen Kohlenstoffs. Durch diese Einwirkungen werden zur Zeit 1-2 GtC/a freigesetzt.

Eine quantitative Analyse der beiden in Abbildung 2b dargestellten Zeitreihen zeigt, dass im Zeitraum 1959-1993 ungefähr 58% des CO_2 aus fossilen Quellen in der Atmosphäre verblieben. Da daneben noch die Emissionen aus Änderungen der Landnutzung zu verbuchen sind, stellt sich die Frage, wo genau denn der Rest verbleibt. Um diese Frage zu beantworten, ist der globale Kohlenstoffkreislauf zu betrachten. Die aktiven Kohlenstoffspeicher, die neben der Atmosphäre wesentlichen Anteil des Überschuss-CO_2 aufnehmen können, sind der Ozean und die Landbiosphäre.[4]

---

[3] GtC: Gigatonnen (=Milliarden Tonnen) Kohlenstoff, 1GtC = 1015g Kohlenstoff; 1GtC entspricht 3.67 Milliarden Tonnen CO2.

[4] Die Lithosphäre tauscht durch Vulkanismus und Verwitterung nur geringe Kohlenstoffmengen mit den aktiven Reservoiren aus und kann, auf Zeitskalen von einigen hundert Jahren vernachlässigt werden.

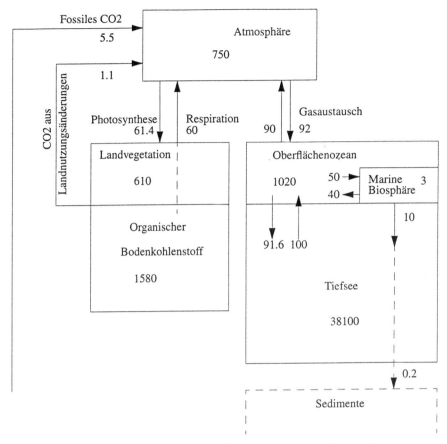

Abb.3 Vereinfachtes Schema der globalen Kohlenstoffspeicher, die auf Zeitskalen von bis zu einigen hundert Jahren mit der Atmosphäre CO_2 austauschen. Die Zahlenwerte bezeichnen den Kohlenstoffinhalt (in GtC) resp. die Kohlenstoffflüsse (in GtC/a).

Abbildung 3 zeigt schematisch die Grösse der wichtigeren Kohlenstoffspeicher zusammen mit den verschiedenen Kohlenstoffflüssen zwischen den Reservoiren, die auf Zeitskalen von einigen hundert Jahren mit der Atmosphäre CO_2 austauschen. In Ozean und Landbiosphäre sind wesentlich mehr (ca. 50 mal, resp. 2.5 mal mehr) Kohlenstoff gespeichert als in der Atmosphäre. Die relevanten Austauschflüsse werden durch physikalisch-chemische, respektive biologische Prozesse kontrolliert.

Die Frage nach dem heutigen atmosphärischen CO_2-Budget ist in den vergangenen 30 Jahren intensiv untersucht worden. Obwohl noch lange nicht alle Details geklärt sind, besteht heute ein relativer Konsens, wie er in Tabelle 1 [Schimel et al., 1995] dargestellt ist.

Tab. 1 Globale CO_2-Bilanz 1980-89 (in GtC/a)

• *CO_2 -Quellen*:			
Emissionen aus der Verbrennung von fossilen Brennstoffen und der Produktion von Zement	5.5	±	0.5
Emissionen aus Änderungen der Landnutzung in den Tropen	1.6	±	1.0
Summe der anthropogenen Emissionen	7.1	±	1.1
• *Verteilung auf die Kohlenstoffspeicher:*			
Zunahme des CO_2 in der Atmosphäre	3.2	±	0.2
Aufnahme des Ozeans	2.0	±	0.8
Nachwachsen forstlich genutzter Wälder in der Nordhemisphäre	0.5	±	0.5
Weitere terrestrische Senken (CO_2-Düngung, Stickstoffeintrag, Klimaeffekte etc.)	1.4	±	1.5

Insgesamt ergibt sich für die 1980er Jahre ein anthropogener CO_2-Eintrag von 7.1 GtC/a, dem ein atmosphärischer CO_2-Anstieg von 1.6ppmv/a, entsprechend 3.2 GtC/a gegenübersteht. Die Differenz von 3.9 GtC/a wird durch Ozean und Landbiosphäre aufgenommen. Den Beitrag des Ozeans lässt sich mit verschiedenen Methoden abschätzen. Einmal ergeben Simulationsrechnungen mit realistischen Ozeanmodellen eine ozeanische Senke von ungefähr 2 GtC/a. Dieser Wert wird gestützt durch die bereits erwähnten, hochpräzisen Messungen der Abnahme des Luftsauerstoffs [Keeling et al., 1996] und durch beobachteten Veränderungen in der isotopischen Zusammensetzung des Kohlenstoffs im Ozean und in der Atmosphäre [Keeling et al., 1996, Heimann und Maier-Reimer, 1996].

Die in der Bilanzrechnung nach Abzug des Ozeanbeitrags verbleibenden 1.9 GtC/a wurden in der Vergangenheit oft als "Missing Sink" oder "fehlende Senke" bezeichnet und entsprechende, in den Modellen nicht berücksichtige Senkenprozesse vor allem im Ozean gesucht. Neuere Untersuchungen belegen jedoch, dass auch die Landbiosphäre eine quantitativ signifikante CO_2-Senke darstellen muss. Verschiedene Prozesse sind hier zu nennen, deren Beiträge im einzelnen allerdings nur relativ schlecht bestimmt werden können: CO_2-Düngung (d.h. verstärktes Wachstum der Pflanzen in Folge der atmosphärischen CO_2-Zunahme), zusätzlicher Eintrag von Nährstoffen in die naturnahen Ökosysteme, Klimaeffekte (eine Erwärmung könnte zu einer längeren Wachstumsperiode und damit zu einer verstärkten Bildung von organischem Kohlenstoff führen), nachwachsende Wälder (aus Forststatistiken lässt sich ermitteln, dass im 19. und in der ersten Hälfte des 20. Jahrhunderts in Europa und im Osten der USA die Wälder wesentlich intensiver genutzt wurden, während heute in diesen Gebieten der Wald noch nachwächst und damit eine Kohlenstoffsenke darstellt).

Möglich wäre aber auch eine systematische Überschätzung der Abholzraten in den Tropen was eine geringere "Missing Sink" erfordern würde um die globale CO_2-Bilanz zu schliessen.

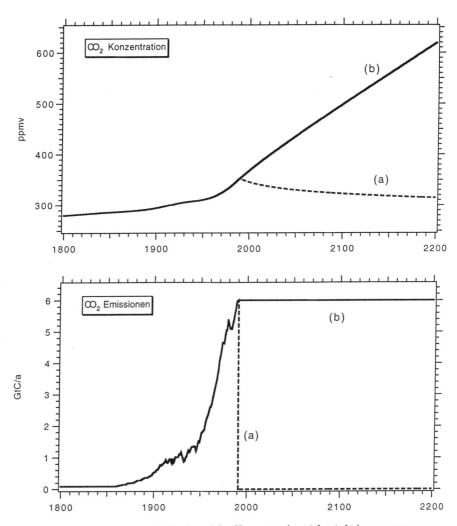

Abb. 4 Verlauf der atmosphärischen CO_2-Konzentration (oben) bei angenommenen hypothetischen Emissionsszenarien (unten): (a) Emissionsstopp nach 1990 und (b) konstante Emissionen nach 1990. In diesen Simulationsrechnung wurde eine neutrale terrestrische Biosphäre angenommen.

3. Modelle des globalen Kohlenstoffkreislaufs

Im vorhergehenden Abschnitt wurde der Kenntnisstand bezüglich der gegenwärtigen atmosphärischen CO_2-Bilanz skizziert. Wie sich diese Bilanz in der Zukunft bei weiteren Einträgen von fossilem CO_2 verhält, ergibt sich aus der Dynamik des globalen Kohlenstoffkreislaufs. Diese lässt sich untersuchen mit Hilfe von Simulationsmodellen, welche die verschiedenen Umsetzungsprozesse des Kohlenstoffs in Ozean und Landbiosphäre möglichst realistisch beschreiben. Relevant für die Aufnahme von Überschuss-CO_2 durch den Ozean sind drei Prozesse: (1) Gasaustausch durch molekulare Diffusion durch die Grenzschicht an der Wasseroberfläche, (2) chemische Reaktion des CO_2 mit dem anorganisch gelösten Kohlenstoff (Karbonat und Bikarbonat) im Meerwasser und (3) Transport und Mischung durch Meeresströmungen in die Tiefe. Die beiden letztgenannten Prozesse bestimmen dabei die Speicherkapazität des Ozeans für Überschusskohlenstoff; der Gasaustausch an der Wasseroberfläche spielt nur eine relativ untergeordnete Rolle. Verlagerungen des chemischen Gleichgewichts zwischen den verschiedenen Karbonationen bewirken, dass Meerwasser im Gleichgewicht ungefähr zehn mal weniger Überschusskohlenstoff aufnehmen kann als es selbst anteilsmässig Kohlenstoff enthält. Im Vergleich zur Atmosphäre befinden sich im Ozean etwa 50 mal mehr Kohlenstoff (s. Abb. 3), daraus ergibt sich, dass der Ozean maximal etwa 5 mal mehr Überschuss-CO_2 aufnehmen kann als die Atmosphäre, oder, anders formuliert, dass im Gleichgewicht nur etwa 1/6 einer in die Atmosphäre eingebrachten CO_2-Menge auch darin verbleiben. Diese Überlegung gilt aber nur, wenn genügend Zeit zur Einstellung eines Gleichgewichts zwischen Atmosphäre und gesamten Ozean zur Verfügung steht, d.h. mehr als 1000 Jahre. Auf kürzeren Zeitskalen begrenzen Transport und Mischung in die Tiefe entscheidend die CO_2-Aufnahme des Ozeans: So beträgt die mittlere Eindringtiefe des anthropogenen Überschuss-CO_2 in vielen Gebieten des Ozeans nur 300-500m im Vergleich zu einer mittleren Tiefe des gesamten Ozeans von etwa 4000m.

Um die Transport- und Mischungsprozesse möglichst korrekt zu beschreiben und zu quantifizieren, verwenden moderne ozeanische Kohlenstoffmodelle die berechneten Strömungsfelder aus dreidimensionalen numerischen Modellen der allgemeinen ozeanischen Zirkulation, welche ihrerseits auf den Grundgleichungen der Hydrodynamik beruhen. Der Realismus dieser Strömungsfelder lässt sich überprüfen mit Hilfe von Simulationsrechnungen von Spurenstoffen welche dem Überschuss-CO_2 analog sind, wie z.B. dem bei den Kernwaffentests freigesetzten Radiokohlenstoff, dessen Eindringen in den Ozean in mehreren Beobachtungskampagnen weltweit dokumentiert wurde. Im allgemeinen wird dieses Eindringen von den Modellen recht realistisch wiedergegeben. Basierend auf derartigen Modellrechnungen lässt sich die CO_2-Aufnahme durch den Ozean mit einer Unsicherheit von weniger als 30% bestimmen.

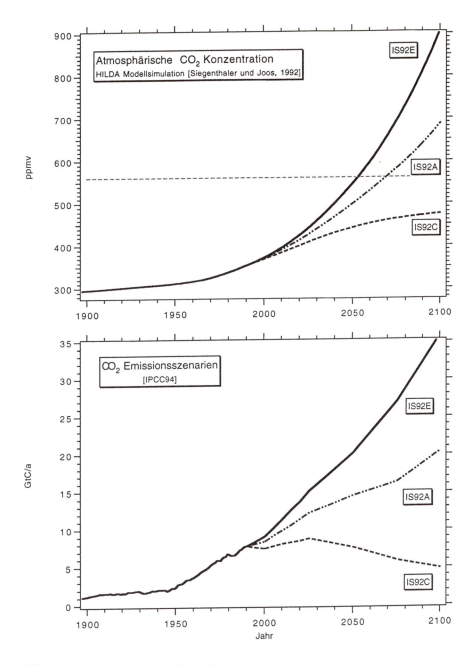

Abb. 5 Szenarienrechnung des IPCC [Schimel et al., 1995]: Oben: CO_2-Konzentration, unten: CO_2-Emissionen. Die den drei Szenarien (IS92A, IS92C und IS92E) zu Grunde liegenden Annahmen sind im Text näher beschrieben. Simulation mit dem HILDA Modell [Siegenthaler und Joos, 1992].

Die marine Biosphäre spielt bei der Aufnahme von Überschuss-CO_2 nur eine sehr geringe Rolle. Zwar erzeugt sie einen vertikalen Transport ("biologische Pumpe") von Kohlenstoff in die Tiefe dadurch, dass totes organisches Material und Kalkschalen in die Tiefe sinken. Die meisten dieser Partikel werden aber in der Wassersäule aufgelöst, der Kohlenstoff in anorganischen Kohlenstoff umgewandelt und durch aufquellendes Meerwasser in einem Kreislauf wieder in die Deckschicht gebracht. Lebendes und totes biologisches Material besteht im Ozean stöchiometrisch sehr genau aus einem festen Verhältnis von Nährstoffen, Kohlenstoff und Sauerstoff. Algen benötigen zu ihrem Wachstum daher nicht nur Kohlenstoff sondern auch, im richtigen Verhältnis, Nährstoffe. In den meisten Gebieten des Ozeans ist das Wachstum der marinen Biosphäre jedoch durch die vorhandenen Nährstoffe und nicht durch den anorganischen Kohlenstoff begrenzt. Ein Zuwachs an anorganischem Kohlenstoff durch Gasaustausch aus der Atmosphäre führt damit zu keiner Veränderung des Nährstoffangebots und damit nicht zu einem stärkeren Wachstum und damit nicht zu einer Verstärkung der "biologischen Pumpe".

Eine realistische Darstellung der marinen Biosphäre in ozeanischen Kohlenstoffmodellen ist jedoch dann von Interesse, wenn Rückkopplungseffekte untersucht werden sollen; d.h. wenn abgeschätzt werden soll, wie sich z.B. durch Klimaänderungen hervorgerufene ozeanische Zirkulationsänderungen und damit ein unter Umständen verändertes Nährstoffangebot auf die marine "biologische Pumpe" und damit auf den ozeanischen Kohlenstoffkreislauf auswirken.

Im Gegensatz zum Ozean ist das Verständnis und entsprechend auch die Modellierung der terrestrischen Kohlenstoffspeicher wesentlich weniger weit fortgeschritten. Im Gleichgewicht zwischen Atmosphäre und terrestrischer Biosphäre wird das durch Photosynthese der Atmosphäre entzogene CO_2 zu einem Teil bereits bei der Pflanzenatmung, und zum anderen Teil durch mikrobiellen Abbau von organischem Material wieder als CO_2 in die Atmosphäre abgegeben. Für die atmosphärische Kohlenstoffbilanz sind Änderungen dieses Kreislaufs von Bedeutung welche zu einer Zu- oder Abnahme des in der terrestrischen Biosphäre gespeicherten Kohlenstoffs führen. Im vorhergehenden Kapitel wurden bereits einige Prozesse angesprochen, welche hier eine Rolle spielen könnten: so zum Beispiel die Düngungseffekte durch die CO_2-Zunahme und den vermehrten Eintrag von Nährstoffen (insb. Stickstoff), nachwachsende Wälder, sowie Klimaeffekte.

Realistische Modelle der terrestrischen Biosphäre müssten auf der Ebene der einzelnen Pflanze z.B. die biochemischen Prozesse der Photosynthese, der Allokation des Kohlenstoffs innerhalb der verschiedenen Teilen der Pflanze, Blattbildung und -abwurf sowie Bodenbildung und -Abbau beschreiben. Daneben spielen Wechselwirkungen mit den Kreisläufen des Wassers und der Nährstoffe und, auf längeren Zeitskalen, auch der Wettbewerb zwischen einzelnen Pflanzenarten eine Rolle. Heutige Kohlenstoffmodelle können viele dieser Vorgänge entweder nicht oder nur sehr pauschal beschreiben, da die notwendigen Grundkenntnisse fehlen. Eine Verbesserung dieser Sachlage lässt sich nur durch aufwendige, langfristige Prozessstudien in verschiedensten Ökosystemen erreichen, wie sie zwar heute an einigen Stellen durchgeführt werden, deren Ergebnisse aber noch nicht ausreichen um gültige globale Aussagen zu ermöglichen.

In den meisten Modellen wird die Antwort der terrestrischen Biosphäre auf die CO_2-Zunahme mit einem einfachen Rückkopplungseffekt beschrieben, d.h. es wird angenommen, dass durch die CO_2-Zunahme das Wachstum der Pflanzen verstärkt wird. Da der damit zusätzlich gespeicherte Kohlenstoff erst nach einer gewissen Verzögerung wieder an die Atmosphäre abgegeben wird, ergibt sich bei steigenden CO_2-Konzentrationen eine transiente Kohlenstoffsenke in der terrestrischen Biosphäre. Die globale Grösse des Rückkopplungseffekts lässt sich jedoch nicht aus Grundprinzipien ableiten, sondern wird im allgemeinen so angepasst, dass die oben angesprochene globale CO_2-Bilanz erfüllt ist. Diese willkürliche, wenn auch plausible Annahme bedeutet, dass Szenarienrechnungen mit globalen Kohlenstoffmodellen bezüglich der zukünftigen Rolle der Landbiosphäre begrenzt sind.

4. Szenarienrechnungen

Trotz der im vorhergehenden Kapitel angesprochenen Schwierigkeiten bei der Modellierung des globalen Kohlenstoffkreislaufs lassen sich mit den vorhandenen Modellen sinnvolle Szenarienrechnungen durchführen und mit Hilfe von Sensitivitätsstudien die Dynamik des Systems sowohl auf die anthropogene Störung sowie bezüglich der Modellunsicherheiten ausloten.

Abbildung 4 zeigt den atmosphärischen Verlauf der CO_2-Konzentration in den zwei nächsten Jahrhunderten unter zwei hypothetischen Annahmen: (a) vollständiger Emissionsstop nach 1990 sowie (b) bei einem Einfrieren der Emissionen auf einem konstanten Wert von 6 GtC/a nach 1990[5]. Beide Szenarien belegen die Trägheit des Systems: Zwar sinkt bei einem vollständigen Emissionsstop die CO_2-Konzentration zunächst relativ rasch doch dann verzögert sich der Rückgang, so dass sich erst nach Hunderten von Jahren ein neues Gleichgewicht einstellt. Die Simulation mit einer konstanten Emissionsrate zeigt, dass sich in diesem Fall kein atmosphärischer Grenzwert einstellt, sondern dass die CO_2-Konzentration annähernd linear weiter ansteigen würde. Eine Verdopplung des vorindustriellen atmosphärischen CO_2-Gehalts (560ppmv) würde nach dieser Rechnung im übernächsten Jahrhundert erreicht.

In Abbildung 5 sind Simulationsrechnungen dargestellt, welche auf drei "realistischeren" Emissionsszenarien des Intergovernmental Panel of Climate Change [IPCC 1994] beruhen. Das verwendete globale Kohlenstoffmodell wurde von der Universität Bern entwickelt [Siegenthaler und Joos, 1992].

---

[5] In dieser Simulationsrechnung wurde angenommen, dass sich die Landbiosphäre neutral verhält, d.h. die Rechnung widerspiegelt nur das Verhalten des gekoppelten Systems Atmosphäre-Ozean.

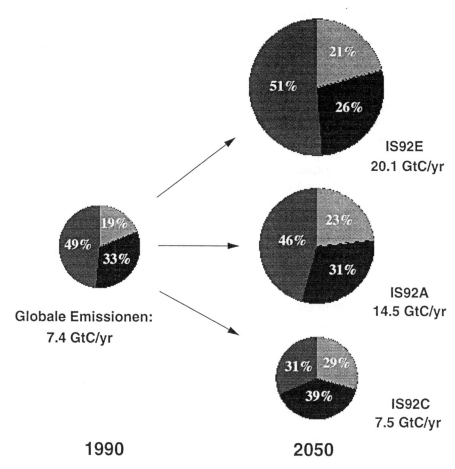

Abb. 6 Relative Aufnahme des Überschuss-CO_2 durch die drei Kohlenstoffspeicher Atmosphäre (dunkelgrau), Ozean (schwarz) und Landbiosphäre (hellgrau) bei den drei IPCC Szenarien (s. Abbildung 5).

Die drei Szenarien umfassen ein relativ moderates Wachstum (IS92A), ein forciertes weltweites Wachstum mit steigendem Energieverbrauch und entsprechend zunehmenden CO_2-Emissionen (IS92E), sowie ein Szenarium mit geringem Wachstum bei extremer Ausnutzung aller Möglichkeiten zur Reduktion der CO_2-Emissionen (IS92C). Die berechneten Konzentrationsverläufe zeigen, dass sowohl bei IS92A wie bei IS92E eine Verdoppelung des vorindustriellen atmosphärischen CO_2-Gehalts (gestrichelte Linie) nach der Mitte des nächsten Jahrhunderts erreicht wird. Nur das "grüne" Szenarium IS92C verbleibt im nächsten Jahrhundert auf Werten von weniger als 500ppmv. Die Rolle der einzelnen Kohlenstoffspeicher bei der Aufnahme des Überschuss-CO_2 ist in Abbildung 6 für die Jahre 1990 und 2050 dargestellt.

Im Vergleich der drei Szenarien für das Jahr 2050 zeigt sich, dass die Aufnahme des Ozeans und der Landbiosphäre anteilsmässig am Gesamteintrag mit moderaterem Szenarium zunehmen während der atmosphärische Anteil

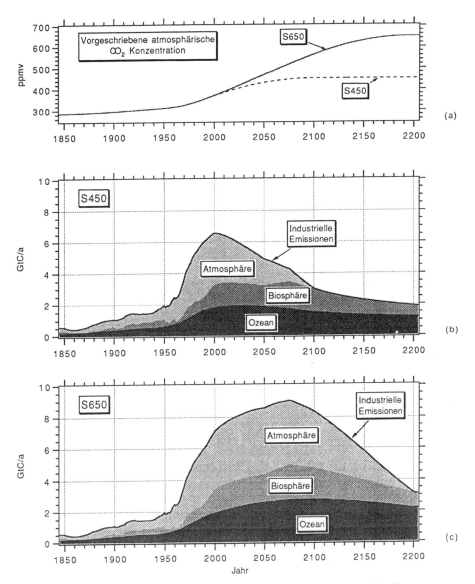

Abb. 7 Stabilisierungsszenarien des IPCC auf einen atmosphärischen CO_2-Grenzwert von 450 ppmv (S450), respektive 650 ppmv (S650). (a) Vorgeschriebener atmosphärische CO_2-Verlauf. (b) Berechneter Verlauf der industriellen Emissionen im Szenarium S450 und die relativen Beiträge zur CO_2-Aufnahme in Atmosphäre, Ozean und Landbiosphäre (schraffierte Bereiche). (c) Wie (b) aber für das Szenarium S650.

abnimmt (IS92E: 51%, IS92A: 46%, IS92C: 31%). Dieses Verhalten erklärt sich aus der Tatsache, dass ein moderateres Szenarium sowohl dem Ozean wie auch der Landbiosphäre mehr Zeit lässt, um Überschuss-CO_2 zu absorbieren. Durch einen langsameren Anstieg der Emissionsraten entsteht daher ein doppelter Gewinn: Einmal wird insgesamt weniger CO_2 emittiert und zweitens wird davon ein grösserer Bruchteil in Ozean und Landbiosphäre gebunden.

Schliesslich sind in Abbildung 7 zwei inverse Szenarienrechnungen dargestellt. Bei diesen Simulationen wird in der Rechnung der Emissionsverlauf so bestimmt, dass die atmosphärische CO_2-Konzentration einem vorgeschriebenen zeitlichen Verlauf folgt. In beiden Rechnungen wurde dieser Verlauf (Abbildung 7a) so festgelegt, dass die CO_2-Konzentration im Jahre 2200 auf einem festen Wert von 450 ppmv (Szenarium S450), resp. 650 ppmv (Szenarium S650) stabilisiert wird. Die berechneten Verläufe der industriellen Emissionen (Abbildung 7b und 7c) zeigen, dass eine Stabilisierung der CO_2-Konzentration nur mit beträchtlichen Emissionsreduktionen erreicht werden kann. Aus der Rechnung folgt, dass die Emissionen nicht über 7 GtC/a (S450), resp. 9 GtC/a (S650) steigen dürfen. Eine genauere Analyse zeigt, dass der vorgegebene Grenzwert der atmosphärischen CO_2-Konzentration in etwa die gesamten zulässigen Emissionen bestimmt, während der zeitliche Verlauf vom vorgeschriebenen Konzentrations-szenarium abhängt. In den Abbildungen 7b und 7c ist unter der Kurve der industriellen Emissionen zusätzlich die Aufnahme des Überschuss-CO_2 durch Ozean, Landbiosphäre und Atmosphäre anteilsmässig dargestellt. Geht man davon aus, dass der Beitrag des Ozeans relativ gut mit der Modellrechnung erfasst werden kann, so lässt sich die Unsicherheit der Rechnung am Beitrag der Landbiosphäre ermessen: Würde diese kein Überschuss-CO_2 aufnehmen, so müssten die zulässigen industriellen Emissionen um den Beitrag der Landbiosphäre reduziert werden um dem vorgeschriebenen atmosphärischen Verlauf zu folgen.

5. Rückkopplungseffekte

Die vorhergehenden Ausführungen befassten sich mit der Frage nach der Antwort des Kohlenstoffkreislaufs auf die direkte Störung durch den Eintrag von anthropogenem CO_2, d.h. wie dieses auf die verschieden Kohlenstoffspeicher verteilt wird. Im Kontext des "globalen Wandels" ist jedoch noch ein zweites Problem von Bedeutung: wie verhält sich der Kohlenstoffkreislauf auf Änderungen des Klimas selbst? Führt eine globale Erwärmung z.B. zu einer verringerten CO_2-Aufnahme durch den Ozean? Wie reagiert die Landbiosphäre auf sich ändernde Klimabedingungen? Wird sie zu einer CO_2-Quelle auf Grund eines verstärkten mikrobiellen Abbaus der Bodenkohlenstoffs, oder zu einer stärkeren CO_2-Senke weil die Vegetation auf Grund der besseren Klimabedingungen (u.a. längere Vegetationsperiode in hohen Breiten) mehr CO_2 durch Photosynthese binden kann?

Bezüglich dieser Fragen wissen wir noch relativ wenig und es sind erst wenige und nur bedingt schlüssige Modellrechnungen in dieser Hinsicht durchgeführt worden. Für die Untersuchung der Rückkopplungsprozesse wären gekoppelte

Klima-Kohlenstoffkreislaufmodelle notwendig; d.h. Klimamodelle (mit Ozean und Atmosphäre) in welchen die Komponenten des Kohlenstoffkreislaufs eingebettet sind. Erste Sensitivitätsexperimente lassen sich jedoch durchführen, indem die zur Zeit vorliegenden Kohlenstoffmodelle mit einem Szenarium der vergangenen oder zukünftigen Klimaänderungen angetrieben werden und die Modellresultate dann mit einer Simulation mit zeitlich konstantem Klima verglichen werden. Bezüglich der Rolle des Ozeans wurde eine solche Rechnung vor kurzem durchgeführt [Maier-Reimer et al., 1996], wobei die Auswirkungen einer durch die globale Erwärmung sich abschwächender thermohaliner Ozeanzirkulation auf die atmosphärische CO_2-Konzentration sich als relativ gering herausstellten, jedenfalls im Vergleich zu Konzentrationsänderungen wie sie in den Szenarien im vorhergehenden Kapitel beschrieben wurden. Empirische Hinweise auf die Klimasensitivität des globalen Kohlenstoffkreislaufs ergeben sich auch aus der Vergangenheit: Die Tatsache, dass der atmosphärische CO_2-Gehalt während der letzten 2000 Jahre vor der industriellen Revolution trotz beträchtlicher Klimaschwankungen nur um wenige ppmv schwankte, weist darauf hin, dass diese Klimasensitivität relativ gering war. Dieser Befund lässt sich allerdings nicht unbedingt auf einen rasanten zukünftigen Temperaturanstieg übertragen: eine massive, rasche Erwärmung könnte sehr wohl im Bereich der terrestrischen Systeme zu drastischen Änderungen führen (Verschiebung von Vegetationszonen) und damit auch den atmosphärischen CO_2-Gehalt nachhaltig beeinflussen. In der Diskussion derartiger Szenarien ist jedoch auch der Mensch mit seinem immer weitergreifenden Einfluss auf die natürlichen Ökosysteme zu berücksichtigen.

6. Zusammenfassung

Die wesentlichen Prozesse, welche die ozeanische Aufnahme des Überschuss-CO_2 bestimmen sind identifiziert lassen sich mit Hilfe von Beobachtungen transienter Spurenstoffe wie z.B. dem Radiokohlenstoff, überprüfen und quantifizieren. Identifikation und Quantifizierung der verschiedenen terrestrischen CO_2-Senkenprozesse auf globaler Ebene stehen aber nach wie vor aus. Dies bedeutet, dass die vorliegenden Modellsimulationen nur eine beschränkte Aussagekraft besitzen, da dabei implizite angenommen wird, dass die terrestrischen Senkenprozesse auf ähnliche Art und Weise in Zukunft weiterwirken wie bisher.

Selbst bei eingefrorenen Emissionen auf dem heutigen Niveau würde die atmosphärische CO_2-Konzentration weiter ansteigen und in der ersten Hälfte des 22. Jahrhunderts eine Verdoppelung des vorindustriellen Wertes erreichen.

Die indirekten, klimainduzierten Rückkopplungseffekte auf den Kohlenstoffkreislauf lassen sich zur Zeit nur beschränkt untersuchen. Die vorliegenden Simulationsresultate und die an Eiskernmessungen dokumentierte Stabilität der atmosphärischen CO_2-Konzentration vor der industriellen Revolution deuten jedoch darauf hin, dass diese Rückkopplungseffekte relativ gering sind.

Trotz der zur Zeit noch bestehenden Unsicherheiten im atmosphärischen CO_2-Budget und in der Modellbeschreibung einzelner Prozesse ist jedoch das

Szenarium der zukünftigen CO_2-Emissionen der entscheidende Faktor, der die Vorhersagen der Entwicklung der atmosphärischen CO_2-Konzentration und damit der Veränderung des Strahlungsantriebs des terrestrischen Klimasystems im nächsten Jahrhundert bestimmt.

7. Literatur

BARNOLA J. M., M. ANKLIN, J. PORCHERON, D. RAYNAUD, J. SCHWANDER UND B. STAUFFER (1995): CO_2 evolution during the last millenium as recorded by Antarctic and Greenland ice. *Tellus*.

HEIMANN, M. AND E. MAIER-REIMER (1996) On the relations between the oceanic uptake of carbon dioxide and its carbon isotopes. *Global Biogeochemical Cycles*, 10: 89-110.

IPCC94, Intergovernmental Panel on Climate Change, 1995. Climate change (1994): Radiative forcing of climate change and an evaluation of the IPCC IS92 emission scenarios. Cambridge University Press, Cambridge, ISBN 0-521-55055-6, pp. 339.

KEELING, C. D., R. B. BACASTOW, A. F. CARTER, S. C. PIPER, T. P. WHORF, M. HEIMANN, W. G. MOOK, UND H. ROELOFFZEN (1989): A three dimensional model of atmospheric CO_2 transport based on observed winds: 1. Analysis of observational data. In: Aspects of climate variability in the Pacific and the Western Americas, D.H. Peterson (Ed.), Geophysical Monograph 55, AGU, Washington (USA), 165-236.

KEELING C. D., T. P. WHORF, M. WAHLEN, UND J. VAN DER PLICHT (1995) Interannual Extremes in the growth of atmospheric CO_2. *Nature*, 375: 666-670.

KEELING R. UND R. SHERTZ (1992): Seasonal and interannual variations in atmospheric oxygen and implications for the global carbon cycle. *Nature*, 358: 723-727.

KEELING, R. F., S. PIPER, M. HEIMANN (1996): Global and hemispheric CO_2 sinks deduced from recent atmospheric oxygen measurements. *Nature*, 381: 218-221.

MAIER-REIMER E., U. MIKOLOJEWICZ UND A. WINGUTH (1996): Interactions between ocean circulation and the biological pumps in the global warming. Report No. 173, Max-Planck-Institut für Meteorologie, Hamburg.

NEFTEL A., E. MOOR, H. OESCHGER UND B. STAUFFER (1985): Evidence from polar ice cores for the increase in atmospheric CO_2 in the past two centuries. *Nature*, 315: 45-47.

SCHIMEL, D., I. ENTING, M. HEIMANN, T. WIGLEY, D. RAYNAUD, D. ALVES, UND U. SIEGENTHALER (1995): The global carbon cycle. In: Houghton J. et al., (Eds.), Climate Change 1994: Radiative forcing of climate change and an evaluation of the IPCC IS92 emission scenarios, Cambridge University Press, 35-71.

SIEGENTHALER U. UND F. JOOS (1992): Use of a simple model for studying oceanic tracer distributions and the global carbon cycle. *Tellus*, 44B: 186-207.

Aufstellung zukünftiger Klimaszenarien für den Alpenraum

Heinz Wanner[1] und Martin Beniston[2]

[1]Geographisches Institut, CH-3012 Bern,
[2]Geographisches Institut ETH Zürich, CH-8057 Zürich

1. Die Notwendigkeit alpiner Klimaszenarien

Globale Klimamodelle (GCMs) sind zur Zeit die leistungsfähigsten Hilfsmittel zur Abschätzung zukünftiger Klimaszenarien. Sie sind teilweise in der Lage, komplexe Wechselwirkungen zwischen den Teilsystemen des Klimasystems zu simulieren und können damit grösserskalige (Grössenbereich: Kontinente) Klimaschwankungen oder Klimaänderungen "verstehen" und wiedergeben. Für kleinere Regionen wie den Alpenraum, welcher zudem im Uebergangsbereich zwischen Mittelmeerklima und Mittelbreitenklima einerseits sowie Ozean und Kontinent andererseits liegt, können globale Klimamodelle nur sehr grobe Antworten geben (AMS 1991, Houghton et al. 1990 and 1992). Sogar im globalen Massstab sind bis heute kaum Klimaprognosen über einen längeren Zeitraum (Jahre, Dekaden) möglich, weshalb viel besser von Klimaprojektionen oder Klimaszenarien gesprochen wird. Ein Klimaszenario ist eine physikalisch konsistente, qualitative bis semiquantitative Beschreibung der zukünftigen Klimaentwicklung, welche auf abgestützten wissenschaftlichen Methoden basiert und zur Abschätzung der Reaktionen von Mensch-Umwelt-Systemen auf zukünftige Klimaänderungen benützt werden kann (Viner and Hulme 1994).

In der laufenden Debatte über den Einfluss der Treibhausgase auf das globale Klima hat sich die verfügbare Klimainformation von ihrer räumlichen Auflösung her für die Anwendung in Impaktmodellen oder in wirtschaftlichen und politischen Entscheidungsprozessen stets als zu grob erwiesen. Diese Tatsache ist in der groben Auflösung der GCMs begründet, welche in der Regel mit einer Maschenweite der gerechneten Gitter von 100 bis einigen 100 km arbeiten. Nur so ist es möglich, das benötigte Set partieller Differentialgleichungen über einen Zeitraum von Jahren bis Jahrzehnten numerisch zu integrieren. Aus diesen Gründen wurden die Einflüsse von Klimaänderungen auf kleinere Regionen meistens vernachlässigt, und die Konsequenzen für hydrologische Prozesse, für das Verhalten der Gletscher oder für die Veränderung von Ökosystemen sind auch in den Alpen schwer abschätzbar.

Tab.1 Wissenschaftliche Disziplinen, zentrale Problemstellungen sowie davon abgeleitete Anforderungen an Klimaszenarien des Alpenraumes

DISZIPLIN	PROBLEME	ANFORDERUNGEN AN KLIMASZENARIEN
Hydrologie	Verfügbarkeit ausreichender Wasserressourcen; Starkniederschläge und Hochwasserereignisse.	Hohe raumzeitliche Auflösung; präzise Simulation von konvektiven Starkniederschlägen.
Glaziologie	Massenbilanz-änderungen von Gletschern: Strahlungsbilanz, Temperatur, Wind und Niederschlag (vor allem während des Sommers).	Sehr hohe raum-zeitliche Auflösung; Unterscheidung zwischen Regen- und Schneefallereignissen.
Geomorphologie	Veränderungen bezüglich Struktur, Dynamik und Verteilung des Permafrosts.	Detaillierte Verteilung der Strahlung und der Bodentemperatur.
Bodenkunde	Bodendynamik, insbesondere Bodenveränderungen.	Sehr detaillierte Beschreibung klimatologischer Parameter.
Biologie	Pflanzen- (insbesondere Wald-) Sukzession; Reaktion der Graslandökosysteme; Populationsdynamik verschiedener Tierarten und -gesellschaften (Abnahme der Biodiversität).	Extrem hohe zeitliche Auflösung der Klimadaten (insbesondere im Sommer).
Landwirtschaft	Verteilung von Feuchte, Trockenheit und Frost während der Vegetationsperiode. Zu- oder Abnahme kultivierter Flächen.	Abschätzung von zeitlichen Häufigkeiten sowie räumlichen Verteilungen von Extremwetterereignissen.
Ökonomie und Tourismus	Veränderung wichtiger natürlicher Ressourcen (Wasser, Schnee, Sonne, Strahlung usw.); Zunahme von Naturgefahren.	Detaillierte Simulation der Langzeitklimavariabilität.
Gesellschaft	Unsicherheiten bei der Beschreibung zukünftiger Klimazustände.	Genaue Schilderung möglicher zukünftiger Witterungsverläufe.

Tabelle 1 gibt einen Ueberblick über wissenschaftliche Disziplinen oder Bereiche, deren Probleme im Zusammenhang mit Global Change Fragestellungen sowie deren Anforderung an Klimaszenarien (bezogen auf den Alpenraum; Gyalistras et al. in Vorbereitung).

Die Tabelle zeigt deutlich auf, dass die vielfältigen Anforderungen - insbesondere die Notwendigkeit raumzeitlich feinaufgelöster Klimainformationen - in naher Zukunft kaum voll erfüllt werden können. Abgesehen von der geringen (mesoskaligen) Ausdehnung der Alpen sind zwei weitere Probleme zu beachten:

- Die hornartige Form des Gebirges modifiziert die räumliche Struktur der Feldverteilungen von Klimagrössen in komplexer Weise (Wanner 1995). Das Verhalten von limitierenden Parametern wie der Minimumtemperatur oder die Verbindung zwischen Temperatur und Niederschlag sind schwierig zu beschreiben, und die Vorhersage des Niederschlagstrends ist zur Zeit fast ausgeschlossen. Hinzu kommt die mit ändernden Klimazuständen ebenfalls in komplexer Form ändernde Abhängigkeit der Klimaparameter von der Geographischen Breite, der Meereshöhe und den Standorteigenschaften (Beniston und Rebetez 1995, Rebetez 1995).

- Das Klima des Alpenraumes ist nicht nur wegen der komplizierten physikalischen Einflüsse des Alpenkörpers auf die synoptische Wetterentwicklung (Gravitationswellen, Blockierung, Föhn, Leezyklogenese usw.) von grosser Bedeutung. Im Alpenraum konvergiert auch eine grössere Zahl unterschiedlicher Klimaregimes und damit Klimazonen. So stossen mediterrane, polare, kontinentale und polare Regimes auf kurzer Distanz aufeinander und schaffen zusammmen mit der raschen Aenderung des Klimas in der Vertikalen ein interessantes räumliches Puzzle von klimatisch unterschiedlichen Regionen. Die Reaktion der Alpen auf globale Klimaänderungen erfolgt in der Form einer Veränderung der Häufigkeiten der einzelnen klimarelevanten Wetterlagen, was unter Umständen auch zu einer veränderten Häufigkeit von Extremereignissen führen kann (Houghton et al. 1990 and 1992).

2. Methoden zum Entwurf regionaler Klimaszenarien

In den letzten Jahren ist die Zahl der Methoden zur Aufstellung regionaler Klimaszenarien wesentlich gewachsen (Lamb 1987, Cohen 1990, Giorgi und Mearns 1991, Robinson und Finkelstein 1991, Beniston 1994). Figur 1 zeigt das klassische Verfahren, welches normalerweise angewendet wird, um aus einem globalen Klimaszenario ein möglichst kohärentes Regionalszenario zu entwerfen (Gyalistras et al. 1997). Es zerlegt die zahlreichen, zum Teil unbekannten Wechselwirkungen des globalen Klimasystems in eine lineare Kette von Transferfunktionen oder Modellen f, welche ein Set an Inputinformationen umsetzen und weitergeben. Aus Gründen der Vereinfachung werden dabei gewisse Rückkopplungen im realen System unterdrückt, allen voran die zahlreichen kleinräumigen Prozesse wie die Auswirkungen der Kleinvegetation oder lokale Albedoveränderungen.

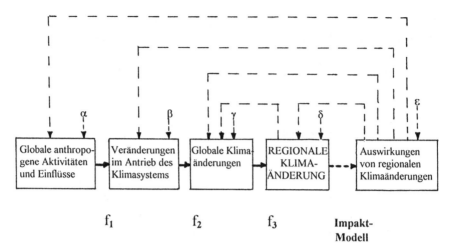

Abb. 1 Vorgehen bei der Aufstellung eines regionalen Klimaszenarios, welches auf anthropogenen Klimaänderungen basiert. f1 bis f3 bezeichnen bestimmte notwendige Verfahren, dicke Pfeile deuten einen Informationsfluss an, dünne Linien sind mögliche unberücksichtigte Feedbacks, und die griechischen Buchstaben α bis ϵ bezeichnen zusätzliche unberücksichtigte Einflüsse (Gyalistras et al. in Vorbereitung)

Die verschiedenen Funktionen f zeigen klar, dass der Weg von den veränderten Antriebs- oder Forcingfaktoren (in diesem Fall den anthropogen bedingten Einflüssen der Treibhausgase) bis zur quantitativen Wiedergabe regionaler Klimaveränderungen recht komplex ist. In diesem Aufsatz ist nur die Funktion f 3, der Schritt von einer globalen Klimaänderung zu einer quantitativen Schätzung des regionalen Klimas und teilweise des daraus resultierenden Wetters dargestellt und diskutiert.

Abbildung 2 zeigt eine Möglichkeit der systematischen Darstellung jener Methoden, welche heute eingesetzt werden, um regionale Klimaszenarien zu entwerfen. Sie können generell eingeteilt werden in eine Gruppe, welche auf Beobachtungen basiert und eine solche, deren Ergebnisse aus Modellen resultieren. Dabei ist es auch möglich, die beiden Methoden zu kombinieren. Entscheidend ist nur, dass alle Vorgehensweisen auf physikalischen Gesetzen basieren. Die häufigste Kombination ist jene von GCMs mit Beobachtungen, wobei letztere allein eine genügende räumliche Auflösung erlauben. Die dabei angewendete Methode wird in der Fachsprache in der Regel als "statistical climate inversion" (Kim et al. 1984) oder als "statistical climate downscaling" (Giorgi und Mearns 1991, von Storch et al. 1993) bezeichnet. Sehr oft werden die auf Abbildung 2 gezeigten Verfahren auch in eine empirische, eine semiempirische und eine prozessbasierte oder theoretische Gruppe eingeteilt (Viner und Hulme 1994, Gyalistras et al. in Vorbereitung).

3. Diskussion einiger alpiner Klimaszenarien

In der Folge sollen einige alpine Klimaszenarien vorgestellt werden, welche auf einzelnen, in Abbildung 2 dargestellten Methoden basieren. Die geschätzten Veränderungen einzelner Klimaelemente wie Temperatur, Niederschlag oder andere sind in den Tabellen 2 und 3 dargestellt.

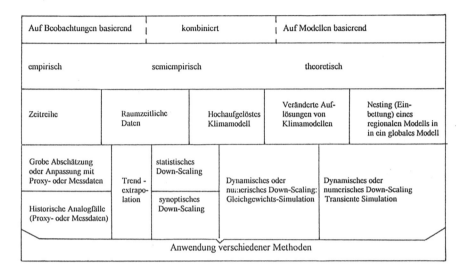

Abb. 2 Gebräuchliche Methoden zum Entwurf regionaler Klimaszenarien.

3.1. Grobe Abschätzungen oder Anpassungen

Grobe Abschätzungen oder Anpassungen, welche weder räumlich-statistisch noch prozessmässig abgestützt sind (Robinson und Finkelstein 1991), sind als gefährliches Instrument eher zu verwerfen, da Funktion f 3 in Abbildung 1 in diesem Fall nicht objektiv beschrieben werden kann.

Tab. 2 Abschätzung der Veränderungen von Temperatur und Niederschlag sowie ergänzenden Klimaparametern aufgrund alpiner Klimaszenarien; eine detailliertere Darstellung ist in Gyalistras et al. 1997 wiedergegeben. CCC: Canadian Climate Centre ECHAM: European Center Hamburg / LAM: Limited Area Model.

Szenariomethode \ Parameter	Temperatur	Niederschlag	Andere (z.B. Wetterlagen)
1. Historischer Analogfall, basierend auf *Proxydaten* Holozäne Warmphase (6000y B.P.; Guiot et al. 1993)	Mindestens um 3°C höher in den nördlichen und westlichen Alpen, keine Änderung oder Abnahme von 1-2°C in den südöstlichen Alpen.	Starke Abnahme (mehr als 30%) in den östlichen und Seealpen; schwache Abnahme im restlichen Alpenraum.	Polwärtige Verschiebung der Subtropenhochs.
2. Historischer Analogfall, basierend auf *Messungen* Vergleich der Periode 1981-1990 mit der kalten Periode 1901-1910 für 8 Standorte (Gyalistras et al. in Vorbereitung).	Wärmer in allen Jahreszeiten mit Ausnahme von Davos im Sommer. Stärkste Erwärmung im Winter und Herbst.	Im Mittel unverändert im Verlauf des Jahres, jedoch feuchter im Winter und trockener im Sommer.	
3. Synoptisches *Downscaling* Trend über die letzten 45 Jahre (Wanner 1994).	Frühling: Kühler in den südlichen und wärmer in den nördlichen Alpentälern; Sommer: Unverändert; Herbst: Etwas wärmer in den südlichen Alpen; Winter: Wärmer in den Bergen.	Frühling: Feuchter in den südlichen Alpen; Winter: Relativ trocken.	Zunahme der Häufigkeiten antizyklonaler Wetterlagen im Winter sowie von West- bis Südwestlagen in Frühling und Sommer.
4. Lineares statistisches *Downscaling* Lineares Modell, 2*CO_2, Gleichgewichtsszenario (Modelläufe des CCC- und ECHAM 1-Modells; (Gyalistras 1994).	Basierend auf 22 Standorten: + 1.0 bis 3.°C	- 15 bis - 35%	

5. Statistisch-dynamisches *Downscaling* Kombination von ECHAM 3 mit einem LAM (REWIH3D), Szenario A /Business-as-Usual (IPCC 1990, Frey-Buness 1993).	+ 2°C (sehr schwache Veränderungen entlang der alpinen Grenzbereiche).	Zunahme der Niederschläge in den westlichen und südwestlichen Alpen.	Zunahme der südwestlichen Winde.
6. Dynamisches (numerisches) *Downscaling* Kombination des NCAR-CCM1 mit dem NCAR/ Pennstate LAM MM4, Szenario 2*CO_2 (Marinucci und Giorgi 1992, Giorgi et al. 1992).	Erwärmung, am stärksten im Januar und Oktober (3.5 bis 4.5°C).	Feuchter in allen Jahreszeiten (Ausnahme: LAM-Simulation im Oktober).	

Als Beispiel sei die Darstellung von Ozenda und Borel (1991) erwähnt, welche für den Alpenraum im Falle einer CO_2-Verdopplung eine Zunahme der mittleren Jahrestemperatur von 1 bis 4° C und eine damit verbundene vertikale Verschiebung der alpinen Ökosystemtypen von 200 bis 800 m postulieren.

3.2. Historische Analogfälle
Paläoklimatisch, d.h. auf Proxydaten basierend

Die Analogmethode basiert generell auf der Analyse vergangener Klimadaten (Proxy- oder Messdaten) der regionalen und globalen Skala. Die Grundannahme der Methode folgt der Vorstellung, dass zeitlich verschiedene Perioden mit globaler Erwärmung oder Abkühlung immer ähnliche regionale Verteilungsmuster der Klimaelemente generieren, und zwar unabhängig von der Verschiedenheit der jeweiligen Forcing-Faktoren, seien sie nun natürlicher oder anthropogener Art (Flohn 1979). Der Vorteil der Paläoklima- oder Proxy-Analogmethode liegt in der Tatsache begründet, dass sie für einen sehr frühen Zeitraum mit fehlender anthropogener Klimaänderung und mit veränderten Randbedingungen (z.B. bezüglich des solaren Forcings oder der herrschenden Ozeanzirkulation) angewendet werden kann. Die Methode ist gerade deshalb nur mit starken Einschränkungen auf moderne Zeitperioden mit anthropogenen Klimaveränderungen anwendbar.

Rekonstruktionen des vergangenen Klimas, welche die Alpen in befriedigender Form auflösen können, sind aufgrund der Datenlage nur beschränkt verfügbar. Basierend auf Seespiegelveränderungen und fossilen Pollenspektren haben Guiot et al. (1993) die Jahresmitteltemperaturen sowie die Niederschläge für die holozäne Warmphase in Europa geschätzt. Szenario 1 in Tabelle 2 zeigt die geschätzten Werte für die Temperaturzunahme sowie die Niederschlagsabnahme.

Auf Messungen basierender Analogfall

Da der Alpenraum ein recht dichtes Stationsnetz aufweist, sind auf Messungen basierende Analogfallszenarien recht rasch herzustellen. Allerdings ist ihre Interpretation schwierig, und zwar aus mehreren Gründen: Erstens ist das Klimasystem und damit auch das Klima dauernden Veränderungen unterworfen, und der Einfluss natürlicher oder anthropogener Veränderungen (z.B. Verstädterung) kann nur mit Einschränkungen quantifiziert werden (Viner und Hulme 1994). Zweitens ist eine klare räumliche und zeitliche Bestimmung einer warmen / kalten oder feuchten / trockenen Periode nur mit grossen Schwierigkeiten zu bewerkstelligen. Wenn zum Beispiel eine Warmperiode wie die Jahre zwischen 1945 und 1950 für die Alpen betrachtet wird, so kann deutlich erkannt werden, dass diese Erwärmung auf warmen und trockenen Sommern mit starkem antizyklonalem Blocking und markanter Beeinflussung des europäischen Kontinentalraumes durch das Azorenhoch basierte. Dies ist jedoch ein einziges, vielleicht sogar untypisches Beispiel. Oft müssen längere Perioden von Dekaden oder Jahrhunderten analysiert werden. Dabei ergibt sich sehr rasch das Problem fehlender Messreihen von genügender Länge.

Ein Beispiel interessanter Analogfallszenarien existiert in der Form der einzigartigen Rekonstruktionen von Temperatur und Niederschlag für jeden Monat seit 1525, basierend auf der EURO-CLIMHIST-Datenbank (Pfister 1994). Ein anderes Beispiel entstand aus dem Vergleich warmer und kalter Klimaphasen dieses Jahrhunderts (Beniston et al. 1994, Gyalistras et al. 1997), wobei dessen Wert im Hinblick auf mögliche anthropogen bedingte Klimaänderungen im nächsten Jahrhundert wiederum als sehr eingeschränkt betrachtet werden muss (Szenario 2 in Tabelle 2).

3.3. Semieempirisches Downscaling

Synoptisches Downscaling

Das synoptische Downscaling basiert auf einer zeitlich lückenlosen Serie tageweise klassierter Wetterlagen, welche für ein oder mehrere Referenz-niveaus (z.B. für die Geopentialflächen 1000, 850 und 500 hPa) vorliegen. Diese werden dann auf objektiver Basis oder - besser ausgedrückt - manuell oder computerbasiert klassiert (Yarnal 1993). Abgestützt auf der Berechnung einer linearen Beziehung zwischen dem Mittelwert eines Klimaelementes und der entsprechenden Wetterlage kann der Betrag der Veränderung dieses Klimaelementes in einer anderen Zeitperiode berechnet werden, wenn die Häufigkeitsveränderung dieser Wetterlage in dieser neuen Zeitperiode bekannt ist.

Dabei muss jedoch von der oft problematischen Annahme ausgegangen werden, dass die Randbedingungen und somit die Auswirkungen dieser Wetterlage auf das betreffende Wetterelement gleich geblieben sind.
Im Sinne einer empirisch basierten Trendextrapolation wurden die Häufigkeiten der 40 Alpenwetterlagen nach Schüepp (1968) für zwei mehr oder weniger homogene synoptische Perioden (1945 - 1974 und 1975 - 1991) bestimmt, woraus dann ein Klimatrend für die letzten 45 Jahre mit zunehmender anthropogener Beeinflussung des globalen Klimas abgeleitet werden konnte. Szenario 3 in Tabelle 2 zeigt die qualitativen Abschätzungen der Temperatur- und Niederschlagsveränderungen in den Alpen, welche auf den von Fliri (1984) entworfenen Karten basieren. Bei der Annahme eines weiterhin etwa gleichlaufenden Trends können die Resultate als grobe Abschätzung für zukünftige alpine Klimaänderungen aufgefasst werden (Wanner 1994).

Lineares, statistisches Downscaling

Eine Methode, welche die Herunterskalierung oder das Downscaling von der geeigneten Skala der GCMs (d.h. 500 - 1000 km) auf die regionale Skala erlaubt, findet sich in von Storch et al. (1993). Diese Methode wurde von Gyalistras et al. (1994) angepasst und weiter ausgebaut, so dass im Hinblick auf Impaktstudien saisonale Szenarien für mehrere Klimaelemente im Alpenraum berechnet werden konnten.

Tab.3 Regional und saisonal differenzierte Klimaszenarien des Alpenraumes (Gyalistras et al. in Vorbereitung); Δ T Min., Δ T Max., Δ S, Δ R und Δ N bezeichnen die Veränderungen von Tagesminimum- und Tagesmaximumtemperatur, relativer Sonnenscheindauer, Niederschlag und Zahl der Niederschlagstage (R >1mm).

	Winter (Dezember, Januar, Februar)		Sommer (Juni, Juli, August)	
	Nordabdachung	Südabdachung	Nordabdachung	Südabdachung
ΔT Min.(°C)	2.2	1.5	2.6	1.7
ΔT Max. (°C)	1.8	1.0	3.1	3.9
ΔS (%)	2.2	0.1	35.8	16.7
ΔR (%)	5.9	43.5	-10.4	26.5
ΔN (%)	0	21.1	-8.7	12.1

Die erhaltenen Schätzwerte sind in Tabelle 3 getrennt für die Nord- und Südabdachung der Alpen aufgeführt. Sie basieren auf der statistischen Herunterskalierung der Veränderungen der grossräumigen, bodennahen, mittleren Druck- und Temperaturfelder, wie sie mit dem gekoppelten Ozean-Atmosphärenmodell ECHAM1/LSG-GCM (Cubasch et al. 1992) für eine Treibhausgaszunahme in Sinne eines transienten "Business-As-Usual-Szenarios" berechnet wurden (Houghton et al. 1990).

Ein weiteres Resultat einer Berechnung mit einem linearen, statistischen Verfahren ist in Tabelle 2 als Szenario 4 dargestellt. Es resultiert aus Gleichgewichtssimulationen sowohl des kanadischen CCC- als auch des Hamburger ECHAM1-Modells (Gyalistras 1994).

Statistisch-dynamisches Downscaling

Die Methode des statistisch-dynamischen Downscalings basiert auf einer statistischen Kopplung eines globalen Klimamodells mit einem regionalen Klima- oder Wettermodell. Frey-Buness (1993) schätzte Temperatur-, Niederschlags- und Windfelder im Alpenraum, indem sie ECHAM3-Simulationen mit einem LAM (REWIH3D) kombinierte. Nach einer Klassifikation der Wetterlagen, abgestützt auf ECHAM3-Rechnungen des IPCC-Szenarios A (Houghton et al. 1990), wurde das regionale Modell (Limited Area Model: LAM) eingesetzt, um für jede Wetterlage die typischen Feldverteilungen der Wetterelemente zu bestimmen. Basierend auf den veränderten Häufigkeiten der einzelnen Wetterlagen bei Szenario A des GCM konnten nun die veränderten Felder für eine CO_2-Verdopplung im Alpenraum bestimmt werden (Szenario 5 in Tabelle 2).

3.4. Dynamische (numerische) Downscaling-Techniken

Ein Weg in Richtung einer Lösung des Problems der besseren räumlichen Auflösung besteht in der Einbettung (Nesting) eines mesoskaligen Atmosphärenmodells in einem GCM. Die erhaltenen GCM-Rechnungen werden in diesem Fall zur Initialisierung sowie als Randbedingungen des wesentlich feinmaschigeren mesoskaligen Modells benützt. Dies erlaubt so etwas wie ein "numerisches Zooming" auf die gewünschte Region, wobei auch eine detailliertere Beschreibung der spezifischen physikalischen Prozesse erreicht werden soll.

Diese Form des Nestings im Hinblick auf die Herstellung regionaler Klimaszenarien war erstmals von Giorgi (1990) am National Center of Atmospheric Research (NCAR) in Boulder eingesetzt worden. Er koppelte ein GCM mit geringer Auflösung (Gitternetzabstand zirka 750 km) mit einem mesoskaligen Modell mit 50 - 70 km Auflösung. Tabelle 2 zeigt unter Szenario 6 entsprechende Abschätzungen für den Alpenraum. In einem gemeinsamen Projekt zwischen der ETH Zürich, dem NCAR und dem MPI (Max-Planck-Institut) für Meteorologie in Hamburg wurde die Methode von Giorgi (1990) verfeinert und derart angepasst, dass sowohl von der Seite des GCMs als auch des LAMs her eine Verbesserung von fast einer Grössenordnung erreicht werden konnte (Beniston et al. 1993). Schliesslich wurden für den Alpenraum Simulationen mit einer räumlichen Auflösung von 100 km beim GCM und von 20 km beim LAM vorgenommen. Diese lieferten eine befriedigende Übereinstimmung mit den Ergebnissen von Klimasimulationen der Gegenwart (Marinucci et al. 1995). Die Kopplung der beiden Modelle wurde ebenfalls bei einer Simulation für eine CO_2-Verdopplung verwendet. Dabei resultierten für den Alpenraum bezüglich Temperatur, Niederschlag, Zugstrassen der Tiefdruckgebiete und Schneefall im Vergleich zu heute recht substantielle Veränderungen. Die Wintertemperaturen in den Westalpen weisen eine Zunahme von bis zu 4° C auf, und die Sommermaxima steigen sogar um 6° C. Generell wird über den Schweizer Alpen eine Zunahme von 1 bis 4°C geschätzt. Die Niederschläge fallen im Winter höher, im Sommer dagegen tiefer aus. Allerdings muss die Einschränkung gemacht werden, dass in Zukunft noch gewisse Modellunsicherheiten überprüft werden müssen. Eine weitere, sehr interessante Anwendung ist jene von Lüthi et al. (1995). Sie stellten an das benützte LAM (das Schweiz-Modell, eine Weiterentwicklung des Europa-Modells des Deutschen Wetterdienstes) die Anforderung, dass es in der Lage sein soll, wesentliche physikalische Zustände und Abläufe, welche für Klimaänderungen entscheidend sind, möglichst realistisch zu simulieren. Gefordert wird unter anderem die realistische Wiedergabe synoptischer Felder im Bereich des Regionalmodells sowie eine angemessene Schätzung problematischer Grössen wie beispielsweise der Niederschläge. Die gradientschwachen Sommerlagen verhindern zum Teil die Fortpflanzung wichtiger Information von den seitlichen Modellrändern in den Innenbereich und von modellbedingten Fehlern aus dem Modell heraus (Lüthi et al. 1995). So ist es zum Beispiel sehr schwierig, eine realistische Simulation des Monatsmittels der sommerlicher Niederschläge und der damit verbundenen hydrologischen Folgeprozesse zu erreichen, da diese kleinräumigen konvektiven Prozesse zur Zeit nur unzureichend beschrieben werden können.

4. Schlussfolgerungen

Ziel aller Downscaling-Techniken, welche in diesem Aufsatz vorgestellt wurden, ist es, die Klimaprozesse - in diesem Fall bezogen auf den Alpenraum - in Vergangenheit, Gegenwart und Zukunft besser zu verstehen. Dabei soll die bessere raumzeitliche Auflösung vor allem dafür dienen, die Kolleginnen und Kollegen, welche sich mit Impaktforschung beschäftigen, mit besseren Grundlagendaten für ihre Modelle zu bedienen. Im Kontext mit der United Nations Framework Convention on Climate Change, deren Ziel es ist, die anthropogenen Interferenzen mit dem Klimasystem zu begrenzen und den natürlichen Ökosystemen eine möglichst natürliche Anpassung an die Umwelt zu erlauben, sind Informationen über regionalskalige Beträge von Klimaänderungen von hohem Wert. Studien über die Reaktion der regionalskaligen Klimadynamik auf das anthropogene Forcing sind ein Mittel zur Beantwortung der zahlreichen Fragen der oben erwähnten Klimakonvention. Im weiteren hat das Intergovernmental Panel on Climate Change (IPCC), welches als Institution die Klimadebatte weltweit an die Öffentlichkeit gebracht hat, immer wieder betont, dass in erster Linie die Wechselwirkungen zwischen globalen und regionalen Prozessen besser verstanden werden müssen (Houghton et al. 1990 und 1992). Allerdings ist dieses Problem mit der Verbesserung der Computerkapazitäten sowie der Verfeinerung der Modelle nicht gelöst. Vielmehr müssen die dynamischen Prozesse zwischen der Atmosphäre und weiteren wichtigen Teilsystemen des Klimasystems (v.a. Ozean, Meereis und Eisschilder, Biosphäre) und die damit verbundenen gegenseitigen Wechselwirkungen besser verstanden und modellmässig umgesetzt werden. Dies erfordert einen weiteren grossen Einsatz interdisziplinärer Kräfte und Mittel und damit innovative und kreative Beiträge aller beteiligten Forscherinnen und Forscher!

Verdankungen
Die Autoren bedanken sich bei Dimitrios Gyalistras für die Erlaubnis zum Abdruck von Figur 1, bei Frau Ch.Beyeler für die Bearbeitung des Manuskripts, sowie bei Herrn Prof. P. Gehr und Frau Dr. C. Kost für die redaktionelle Hilfe und die vornehmen Mahnungen, welche doch noch zum Abschluss dieses Beitrages geführt haben.

Bemerkung
Dieser Beitrag stellt die überarbeitete Version einer Übersetzung des folgenden Beitrages dar: Wanner, H. und M. Beniston, 1995: Approaches to the establishment of future climate scenarios for the alpine region. In: Guisan, A., J.I. Holten, R. Spichiger und L.Tessier (Eds.): Potential ecological impacts of climate change in the Alps and the Fennoscandian Mountains.

5. Literatur

AMS, (1991): On global climate change (Policy statement of the American Meteorological Society). Bull. Amer. Meteor. Soc., 72: 57-59.

BENISTON, M. (Ed.) (1994): Mountain Environments in Changing Climates. Routledge Publishing Co., London und New York. 492 pp.

BENISTON, M., UND REBETEZ, M. (1995): Regional behavior of minimum temperatures in Switzerland for the period 1979 - 1993. *Theor. Appl. Clim.*, im Druck.

BENISTON, M., OHMURA, A., ROTACH, M., TSCHUCK, P., WILD, M., UND MARINUCCI, M. R. (1995): Simulation of climate trends over the Alpine Region: Development of a physically-based modeling system for application to regional studies of current and future climate. Final Scientific Report Nr. 4031 - 33250 to the Swiss National Science Foundation, Bern, Switzerland, 197 pp.

BENISTON, M., REBETEZ, M., GIORGI, F. UND MARINUCCI, M.R. (1994): An analysis of regional climate change in Switzerland. *Theor. Appl. Clim.*, 49: 135 - 159.

BENISTON, M., OHMURA, A., WILD, M., TSCHUCK, P., MARINUCCI, M., BENGTSSON, L., SCHLESE, U., ESCH, M., GIORGI, F. UND BERNASCONI, A., (1993): Coupled simulations of global and regional climate in Switzerland. *Supercomputing Switzerland*, 80 - 86.

COHEN, S.J. (1990): Bringing the global warming issue closer to home: the challenge of regional impact studies. *Bull. Amer. Meteor. Soc.*, 71: 520-526.

CUBASCH, U., HASSELMANN, K.H.H., MAIER-REIMER, E., MIKOLAJEWICZ, U., SANTER, B.D. UND SAUSEN, R. (1992): Time-dependent greenhouse warming computations with a coupled ocean-atmosphere model. *Clim. Dyn.*, 8:55-69.

FLIRI, F. (1984): Synoptische Klimatographie der Alpen zwischen Mont Blanc und Hohen Tauern (Schweiz-Tirol-Oberitalien). Wissenschaftl. Alpenvereinshefte, 29, 686 pp.

FLOHN, H. (1979): Notre avenir climatique: Un ocean arctique libre de glace? *La Météorologie VI*, 16: 35-51.

FREY-BUNESS, A. (1993): Ein statistisch-dynamisches Verfahren zur Regionalisierung globaler Klimasimulationen. DLR-Forschungsbericht, 93-47, 149 pp.

GIORGI, F. UND MEARNS, L.O., (1991): Approaches to the simulation of regional climate change: a review. *Rev. of Geophys.*, 29: 191 - 216.

GIORGI, F. (1990): Simulation of regional climate using a limited area model nested in a General Circulation Model. *J.Clim.*, 3: 941-963.

GUIOT, J., HARRISON, S.P. UND PRENTICE, I.C. (1993): Reconstruction of Holocene precipitation patterns in Europe using pollen and lake-level data. *Quaternary Res.*, 40: 139 - 149.

GYALISTRAS, D., C. SCHÄR, H.C. DAVIES UND H. WANNER (1997): Future Alpine climate. Contribution to „Climate and environment in Alpine regions" CLEAR-book, MIT Press, in Vorbereitung.

GYALISTRAS, D., VON STORCH, H., FISCHLIN, A., UND BENISTON, M. (1994): Linking GCM-simulated climatic changes to ecosystem models: case studies of statistical downscaling in the Alps. *Clim. Res.*, 4: 167 - 189.

HOUGHTON, J.T., B.A. CALLANDER UND S.K. VARNEY (EDS.), (1992): Climate Change 1992. The Supplementary Report to the IPCC Scientific Assessment. Cambridge Univ. Press, 200 pp.

HOUGHTON, J.T., G.J. JENKINS UND J.J. EPHRAUMS (EDS.), (1990): Climatic Change: The IPCC Scientific Assessment. Cambridge Univ. Press, 365 pp.

KIM, J.W., J.T. CHANG, N.L. BAKER, D.S. WILKS UND W.L. GATES (1984): The statistical problem of climate inversion: determination of the relationship between local and large-scale climate. Mon. *Wea. Rev.*, 112: 2069 - 2077.

LAMB, P.J. (1987): On the development of regional climatic scenarios for policy-oriented climatic-impact assessment. *Bull. Amer. Meteor. Soc.*, 68: 1116 -1123.

LÜTHI, D., A. CRESS, H.C. DAVIES, C. FREI UND C. SCHÄR (1995): Interannual variability and regional climate simulations. *Theor. Appl. Clim.*, im Druck.

MARINUCCI, M.R., F. GIORGI, M. BENISTON, M. WILD, P. TSCHUCK UND A. BERNASCONI (1995): High resolution simulations of January and July climate over the western alpine region with a nested regional modeling system. *Theor. Appl. Climatol.*, 51: 119-138.

OZENDA, P. UND J.-L. BOREL (1991): Mögliche ökologische Auswirkungen von Klimaveränderungen in den Alpen. CIPRA, Kl. Schriften 8/91, Vaduz, 71 pp.

PFISTER, C., J. KINGTON, G. KLEINLOGEL, H. SCHÜLE UND E. SIFFERT (1994): High resolution spatio-temporal reconstructions of past climate spatio-temporal reconstructions of past climate from direct meteorological observations and proxy data. Climatic trends and anomalies in Europe 1675 - 1715. G. Fischer, Stuttgart, 329 - 375.

Rebetez, M. (1995): Spatial distribution of correlations between temperature and precipitation in a mountainous region. *Theor. and Appl. Clim.*, im Druck.

Robinson, P.J. und P.L. Finkelstein (1991): The development of impact-oriented climate scenarios. *Bull. Amer. Meteor. Soc.*, 72: 481 - 490.

Schüepp, M. (1968): Kalender der Wetter- und Witterungslagen im zentralen Alpengebiet. Veröffentl. Sz. Meteorol. Z.anstalt, 11, 43 pp.

Storch, H. von, E. Zorita und U. Cubasch (1993): Downscaling of global climate change estimates to regional scales: an application to Iberian rainfall in wintertime. *J.Clim.*, 6: 1161-1171.

Viner, D. und M. Hulme (1994): The climate impacts LINK project. A report prepared for the UK Department of the Environment, London, 24 pp.

Wanner, H. (1995): Die Alpen - Klima und Naturraum. Lebensräume. P. Lang, Bern, 71-106.

Wanner, H. (1994): The atlantic-european circulation pattern and its relevance for climate change in the Alps. Report 1/94 to Swiss National Science Foundation, 15 pp.

Yarnal, B. (1993): Synoptic climatology in environmental analysis. A primer. Belhaven Press, London, 195 pp.

Lässt sich das CO_2-Problem biologisch managen?

Christian Körner und Jens Paulsen

Botanisches Institut, Universität Basel, CH-4056 Basel

1. Die „Diät" der Biosphäre ändert sich rapide

„Mehr Arbeitsplätze oder weniger Kohlendioxid-Ausstoss" - so sah ein Schweizer Vertreter an der Berliner Klimakonferenz die Management-Optionen für die Zukunft. Abgesehen davon, dass es nicht nachvollziehbar ist, wieso bessere und mehr Wärmeisolierung, effizientere Heizungen, mehr öffentlicher und weniger Individual-Verkehr und bewussterer Umgang mit Energie im privaten Bereich Arbeitsplätze kosten sollen, anstatt Mittel für privaten Konsum freizumachen, steht diese Aussage diametral zur Realität. Trotz steigender Arbeitslosenzahlen steigen Energiekonsum und CO_2-Ausstoss weltweit, was zu einem jährlichen Anstieg der CO_2-Konzentration der Luft von ca. 2 ppm führt. Während der Lebensspanne eines Waldbaumes hat sich somit seit etwa 1850 der CO_2-Pegel in der Luft um 27 % erhöht. Der überwiegende Teil dieses CO_2-Ausstosses entfällt bekanntlich auf die Industrieländer. Nach allen Befunden, die heute zur Verfügung stehen, gab es eine derartig rapide Zunahme des stofflichen Eckpfeilers des Lebens auf der Erde - das ist CO_2 - bisher nicht (Abb. 1).

Die Photosynthese aller heute existierenden Pflanzenarten leistete vor 15 000 - 20 000 Jahren auch bei 180-190 ppm CO_2 (also der Hälfte der heutigen Konzentration von nahezu 360 ppm) genug, um eine unglaubliche Fülle von Organismen und Lebensgemeinschaften in die jüngste Phase der totalen „Okkupation" der Erde durch den Menschen herüberzuretten. Was hat die seither erfolgte Verdoppelung der CO_2-Konzentration bewirkt? Was wird eine weitere Verdoppelung in den kommenden 100 Jahren bewirken?

Vor 10 000 Jahren waren, verknüpft mit der nacheiszeitlichen Erwärmung der Erde, etwa 250-260 ppm erreicht. Der kanadische Biologe Sage (1995) brachte die Idee auf, dass damit erstmals Ackern statt Sammeln lohnend wurde - eine mögliche Erklärung für das synchrone Aufkommen von Ackerbau und Sesshaftigkeit und damit Stadtentwicklung im fernen Osten, im östlichen Mittelmeer und in Südamerika. In den seither abgelaufenen 10 000 Jahren änderte sich die CO_2-Konzentration bis zum Beginn der industriellen Zeit nicht mehr wesentlich. Die Grundlage für die Hypothese von Sage ist die seit dem vorigen Jahrhundert bekannte Tatsache, dass - isoliert betrachtet - die pflanzliche Photosynthese und damit das Pflanzenwachstum CO_2-limitiert sind.

Sofern andere Limitierungen im Sinne einer ausgewogenen „Diät" ausgeschaltet werden, ist es deshalb möglich, und vielfach angewandte Praxis in der düngerintensiven Glashausgärtnerei, durch weitere CO_2-Anreicherung Wachstumssteigerungen zu erzielen.

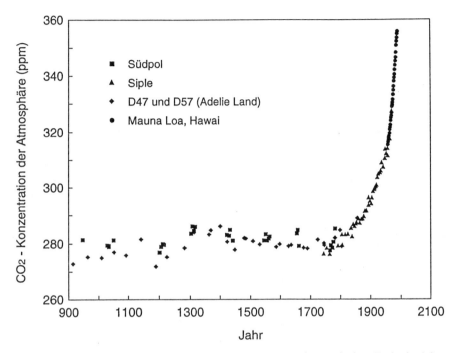

Abb. 1 Der Verlauf der CO_2-Konzentration in der Atmosphäre seit dem Frühmittelalter aus unterschiedlichen Quellen. Daten vor 1950 wurden aus der im arktischen und antarktischen Eis eingeschlossenen Luft (Eisbohrkerne) rekonstruiert.

Im letzten amerikanischen Wahlkampf wurden aus dieser Logik heraus die „Segnungen" der CO_2-Anreicherung der Atmosphäre mit enormem Werbeaufwand gepriesen, ja eine 4-fache Erhöhung der Wachstumsrate der Wälder wurde dem staunenden Wähler versprochen, würde der CO_2-Ausstoss nicht durch wirtschaftsfeindliche Forderungen in Misskredit gebracht. „The greening of the planet earth", so der Titel des mit Öl-Geld bezahlten Videos, ignoriert allerdings eine ökologische Grundwahrheit und blossen Hausverstand, der uns sagt, dass Pflanzen und Tiere nicht nur Kohlenstoff und Sauerstoff (CO_2) brauchen, sondern dass eine Vielzahl von anderen chemischen Elementen für das Leben erforderlich ist, deren Angebot sich ja nicht parallel vermehrt.

In diesem Beitrag geht es also nicht um eine isolierte Betrachtung von CO_2-Effekten auf sonst unlimitierte Pflanzen, es geht auch nicht um mögliche Klimafolgen einer Anreicherung von CO_2 in der Atmosphäre, sondern um eine realistische Abschätzung der Auswirkungen von erhöhtem CO_2 auf biologische Prozesse und auf das Ökosystem Erde insgesamt sowie die Möglichkeit des Menschen, durch Nutzung biologischer Kohlenstoff-Quellen fossile Kohlenstoff-Quellen einzusparen oder schliesslich durch Biomasse-Anhäufung auf der Erde CO_2 (das überwiegend aus fossilen Kohlenstoff-Quellen stammt) wieder „einzufangen". Es sei gleich vorausgeschickt, dass die letzten beiden Möglichkeiten weit überschätzt werden, doch davon später.

2. Weshalb ist CO_2 nicht nur ein Klimaproblem, sondern auch ein biologisches Problem?

Der in Pflanzen und Böden organisch gebundene Kohlenstoff-Vorrat der Erde ist fast 3-mal so gross wie jener im CO_2 der Luft. Nahezu 90 % des in Pflanzen gebundenen Kohlenstoffs befindet sich in Bäumen. Wegen der grossen Flächenausdehnung ist mehr als die Hälfte des weltweit im Bodenhumus gebundenen Kohlenstoffes in Grasländern und in der Tundra gespeichert. Für europäische Laub- und Nadelwälder gilt grob, dass einer Tonne kommerziell nutzbarem Holzvorrat 4 Tonnen Gesamtvorrat an Kohlenstoff im Wald gegenüber stehen (Abb. 2). Bei dieser Rechnung sind natürlich Wurzelstöcke, Reisig und Astholz sowie totes Holz miteinbezogen.

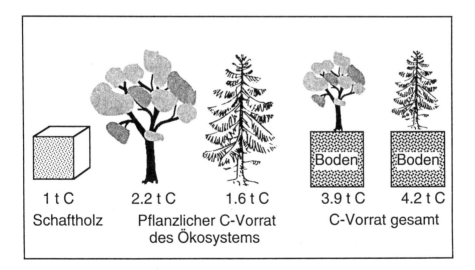

Abb. 2 Berechnung des Kohlenstoffvorrates in Waldökosystemen aus der Kohlenstoffmenge, die allein im nutzbaren Schaftholz enthalten ist (aus Körner et al. 1993).

Wenn diese biologischen Kohlenstoff-Speicher in Bewegung geraten (Waldrodung, Überweidung, Auftauen des Permafrostes in der Tundra), hat dies unmittelbaren Einfluss auf den viel kleineren Kohlenstoff-Vorrat in der Atmosphäre in Form von CO_2. Der Ozean mildert durch die Aufnahme von in Wasser gelöstem CO_2 die potentiellen Änderungen in der Atmosphäre auf rund die Hälfte. Weltweit wird jedes Jahr grob 1/6 des gesamten in der Pflanzenmasse der Erde gebundenen Kohlenstoffes ausgetauscht (ca. 100 von 600 Mrd. Tonnen C). Diese gigantische Kohlenstoff-Pumpe wird im wesentlichen von zwei Grundprozessen des Lebens getrieben, der photosynthetischen Assimilation von CO_2 (bei der Sauerstoff frei wird) und der respiratorischen Dissimilation (bei der Sauerstoff wieder gebunden wird). CO_2-Bindung durch Photosynthese und CO_2-Produktion durch Atmung halten sich global die Waage, weshalb ohne menschliche Eingriffe der CO_2- und Sauerstoffgehalt der Atmosphäre weitgehend stabil ist. Ein Sauerstoff-Überschuss (Sauerstoff-"Produktion") kann nur dann entstehen, wenn das biologische Recycling unterbunden wird. Dies ist vor hunderten von Millionen Jahren in grossem Massstab bei der Bildung fossiler Kohlenstoff-Lagerstätten geschehen und geschieht auch heute noch, allerdings in vergleichsweise sehr geringem Ausmass, durch das Absinken von Plankton in die Tiefsee (vermutlich deutlich weniger als 1 Gt C pro Jahr). Da die mittlere Verweildauer von Kohlenstoff im Bodenhumus viel länger ist (hunderte von Jahren) als in der Pflanzenmasse (im Mittel 11 Jahre) und der Bodenmächtigkeit im Prinzip keine physikalischen Grenzen gesetzt sind, können auch die Böden der Erde vorübergehend wachsende Kohlenstoff-Speicher darstellen. Dies geht allerdings nur so lange, bis durch die Mitfestlegung von Mineralstoffen bei der Humusbildung das Pflanzenwachstum gebremst wird.

Diese Betrachtungen illustrieren die enge Koppelung zwischen Atmosphäre und Biosphäre und machen deutlich, dass biologische Vorgänge den Kohlenstoff- und CO_2-Haushalt der Erde massgeblich beeinflussen. Diese Wechselwirkungen werden durch die - in geologischen Zeitmassstäben gesehen - schlagartige Anreicherung der Atmosphäre mit CO_2 aus Millionen Jahre alten Kohlenstoff-Archiven massiv beeinflusst, und zwar unabhängig davon, ob diese CO_2-Anreicherung auch noch zu einer Erwärmung der Lufthülle der Erde führt oder nicht. Sollte letzteres eintreten (die Klimatologen meinen, Anzeichen dafür zu sehen), werden die biologischen Effekte schneller eintreten und ausgeprägter sein als ohne Klima-Erwärmung.

3. Nationale Kohlenstoff-Bilanzen - ein ernüchterndes Bild

Wenn nun untersucht werden soll, ob und mit welcher Wirkung das CO_2-Problem auf biologischem Wege zu managen wäre, sind zunächst einige Zahlen nötig. Der CO_2-Ausstoss ist ja durch Öl-, Kohle- und Gasförderung und die entsprechenden Handelsstatistiken einigermassen gut dokumentiert. Global werden jährlich 5-6 Milliarden Tonnen fossilen Kohlenstoffes als CO_2 freigesetzt. Der Ausstoss Deutschlands beträgt ca. 283 Millionen Tonnen Kohlenstoff pro Jahr (Kauppi & Tomppo 1993). In Österreich sind es ca. 15, in der Schweiz ca. 12 Millionen Tonnen Kohlenstoff pro Jahr. Zum globalen Ausstoss an fossilem Kohlenstoff kommen noch jährlich ca. 1.5 Milliarden Tonnen aus der vor allem in den Tropen stattfindenden Waldzerstörung dazu, womit sich eine Gesamt-Freisetzung von ca. 7 Mrd. Tonnen C pro Jahr ergibt. Davon finden sich etwas weniger als 3 Mrd. Tonnen tatsächlich in der Luft und ebensoviel löst sich im Ozeanwasser, was einen unerklärten Rest von ca. 1-2 Mrd. Tonnen C übriglässt, der vermutlich in den Landökosystemen gebunden wird ("missing carbon"). Wo, ist allerdings noch unklar. Ein globales Management (Emissions-Reduktion, Stop der Waldvernichtung, Aufforstungsprogramme, Biomasse-Nutzung) ist zwar denkbar, aber kaum praktikabel, weshalb im folgenden vor allem nationale Kohlenstoff-Bilanzen von im internationalen Vergleich stark emittierenden Ländern betrachtet werden. Da an unserem Institut komplette Kohlenstoff-Inventare für Österreich und die Schweiz erstellt wurden (Körner et al. 1993, Paulsen 1995), stammen die Beispiele aus diesen Ländern, wobei im Hinblick auf die biologischen Kohlenstoff-Vorräte die Verhältnisse in den meisten europäischen Ländern ähnlich sein dürften. Abb. 3 zeigt, dass sich (wie auf globaler Ebene) auch auf regionaler Ebene rund 70 % des organischen Kohlenstoffs im Boden befinden. Abb. 4 illustriert die Verteilung dieser Kohlenstoff-Vorräte auf die wichtigsten Landschaftskategorien am Beispiel Österreichs.

Der überwiegende Teil des Kohlenstoffes befindet sich in Wäldern. Die Kohlenstoff-Mengen in der Pflanzenmasse landwirtschaftlicher Intensivkulturen sind vernachlässigbar klein. Auch auf globaler Ebene erreichen sie nur ca. 1 % der Gesamtbiomasse der Erde. Daraus ist bereits ersichtlich, dass eine signifikante und bleibende Kohlenstoff-Bindung im Agrarbereich unmöglich ist. Selbst eine Verdoppelung der Agrarbiomasse würde kaum Auswirkungen haben. Ein Bodenmanagement zur Hebung des Humusgehaltes im Agrarbereich hätte jedoch eine deutliche Wirkung. Es sei noch angemerkt, dass der biologische Kohlenstoff-Vorrat in den Ozeanen (grossteils Algen) vernachlässigbar klein ist (ca. 0.2 % des globalen Biomasse-Kohlenstoffes), obwohl diese winzigen Organismen etwa 1/3 des jährlichen Welt-Kohlenstoff-Umsatzes bewirken.

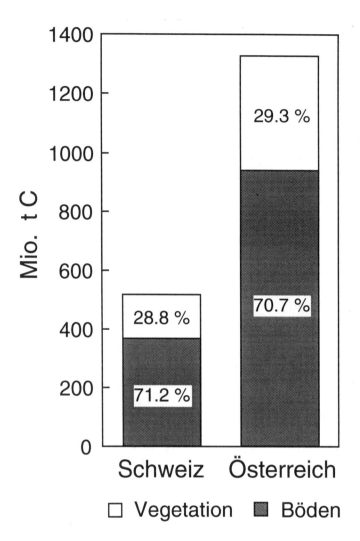

Abb. 3 Kohlenstoffvorräte im Boden und in der Biomasse. Mehr als zwei Drittel der nationalen biologischen Kohlenstoffvorräte sind im Humus gebunden (Daten aus Körner et al. 1993, Paulsen 1995).

Diese wenigen Zahlen machen klar, wo anzusetzen wäre, wollte man vermehrt atmosphärisches CO_2 in der Biosphäre speichern: bei der Biomasse der Wälder und den Böden ganz allgemein. Da die Dichte der Wälder auf globaler Ebene nicht wesentlich manipulierbar ist (national mag dies da und dort möglich sein), bleibt nur die Ausweitung der mit Wald bedeckten Fläche als theoretische Management-Option. Auf die regionale Ebene übertragen ergeben sich dabei ernüchternde Zahlen.

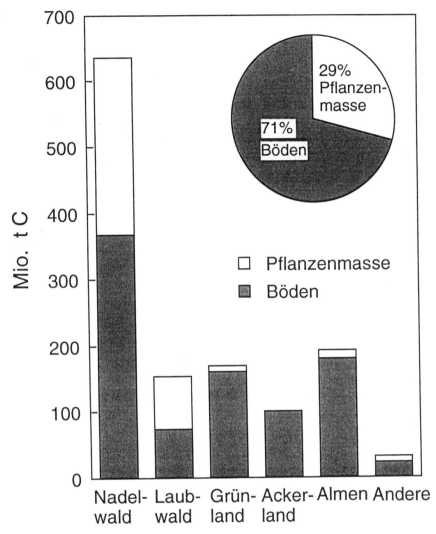

Abb. 4 Verteilung der Kohlenstoff-Vorräte auf die unterschiedlichen Landschaftskategorien Österreichs (Absolutwerte in Mio. t C; aus Körner et al. 1993)

Hier ein utopisches Gedanken-Experiment: Wollte man die gesamte jährliche CO_2-Emission Österreichs oder der Schweiz in Wald-Biomasse binden, so müssten jährlich 1540 km² (Österreich) bzw. 1230 km² (Schweiz) an reifem Wald in der Landschaft installiert werden. Würde man sukzessive die nach heutigen kommerziellen Massstäben ("überflüssigen") Agrarflächen durch solche Waldinstallationen ersetzen, so könnte man dies bis zur Ausschöpfung dieser Fläche ca. 5-mal hintereinander machen. Danach ist die Option vergeben und die jährliche Netto-CO_2-Schuld der Schweiz bzw. Österreichs wäre wieder so wie vor diesem Experiment. Auf die ganze Welt übertragen, ergäbe sich eine einmalige, ca. 5-jährige Parallelverschiebung der CO_2-Anstiegskurve (Vitousek 1991). Nun braucht nicht betont zu werden, dass ein Wald 60 bis 100 Jahre benötigt, um die hier angenommenen Kohlenstoff-Vorräte anzulegen. Es wäre wegen des Zeitgewinns wesentlich klüger und billiger, reife Wälder - vor allem in den Tropen - stehen zu lassen und die grossen CO_2-Emittenten dafür zahlen zu lassen.

Dies soll keineswegs heissen, dass Aufforstungsprogramme im Zusammenhang mit der CO_2-Frage generell sinnlos sind. Sie können vorübergehend einen Beitrag zur Verbesserung der globalen Kohlenstoff-Bilanz leisten. Z.T. dürften solche Effekte durch die Extensivierung der Forstwirtschaft in manchen Regionen der nördlichen Waldgebiete heute schon wirksam sein (Tans et al. 1990). Aufforstung ist in vielen Weltgegenden - ganz abgesehen vom eher marginalen CO_2-Effekt - ein Gebot der Stunde im Hinblick auf den Bodenschutz und den Wasserhaushalt (Körner 1989) sowie die Biomasse-Nutzung (siehe unten).

4. Das Substitutions-Potential

Es ist also wenig aussichtsreich, durch Management der bestehenden Vegetation die Kohlenstoff-Vorräte in der Biosphäre wesentlich zu erhöhen. Die Massnahmen hätten in jedem Fall nur verzögerte Wirkung und wären nicht wiederholbar. Ganz anders stellt sich die Situation dar, wenn fossile Energie-Träger durch Biomasse (also nachwachsende Rohstoffe) ersetzt werden. Diese Substitution kann wiederholt werden, ist zeitlich unbegrenzt und immer und sofort wirksam (Flaig & Mohr 1993). Allerdings darf man sich keine Illusionen über das Ausmass des Substitutionspotentials in Industrieländer machen. Um dies zu illustrieren, genügt ein Blick in die Forststatistik. Selbst als die Forstnutzung noch nachhaltig war, also der jährliche Zuwachs in Form von Nutzholz entnommen wurde (heute wird in den meisten Europäischen Ländern weniger entnommen als nachwächst), hätte rein theoretisch mit dem gesamten Nutzholzeinschlag eines Jahres in Österreich 1/15, in der Schweiz 1/12 des gesamten Jahres-Kohlenstoff-Ausstosses vermieden werden können. Dies würde allerdings voraussetzen, dass erstens Holz für keine andere Verwendung mehr zur Verfügung stünde und dass zweitens die gesamte Holzmenge auch technologisch für die Substitution nutzbar wäre. Auch ist zusätzlicher Energieaufwand für den Transport zu berücksichtigen. Das reale Substitutionspotential "Holz statt Öl" dürfte daher im Bereich von weniger als 3 % liegen. Eine andere Art der Substitution kommt aus Biomasse-Farmen. Hier wird mit landwirtschaftlichen Methoden auf Ackerflächen (also Flächen, die der Nahrungsmittelproduktion entzogen wurden) "Bioenergie" produziert. Würden in der Schweiz alle heutigen Wirtschaftsbrachen durch hochproduktive "fuel crops" ersetzt und könnte man die Probleme der Technologie, der Lagerung und des Transports als gelöst betrachten, könnten höchstens 20 % des derzeitigen fossilen Kohlenstoff-Konsumes substituiert werden. Ein realistischer Prozentsatz dürfte unter 5 % liegen, wobei nochmals betont werden muss, dass dies ackerbauliche Intensivkulturen bedingt (siehe ausführliche Diskussion in Paulsen 1995). Die Auswirkungen solcher Massnahmen auf den Arbeitsmarkt und die Agrarpolitik sind positiv, da nicht nur fossile Rohstoffe durch nachwachsende ersetzt werden, sondern auch die Wertschöpfung ins eigene Land verlagert wird, wodurch ein Beitrag zur Erhaltung agrarischer Strukturen geleistet wird. In Bezug auf die CO_2-Gesamtproblematik ist der Effekte jedoch relativ klein, aber eben nachhaltig.

5. Eine realitätsbezogene CO_2-Politik

Die Umwelt-Politik ist ein schwieriges Geschäft. Sie erhält vielfach Rückenwind für Akzente, die aus Illusionen genährt werden, obwohl genügend andere (reale) Gründe vorhanden wären. Aufforsten, Biomasse nutzen, auch einzelne Bäume pflanzen, die Böden schonen, pflegen und biologisch verbessern sind Massnahmen, die ökologisch sowie langfristig volkswirtschaftlich von elementarer Bedeutung sind, ohne dass es dafür das CO_2-Etikett braucht. Alle diese Massnahmen können weder die CO_2-Anreicherung in der Atmosphäre wesentlich bremsen, noch mehr Sauerstoff "produzieren" und nennenswerte Mengen an rapide zunehmender fossiler CO_2-Verpuffung ungeschehen machen. Sie sollten auch keinesfalls als grünes Mäntelchen den Bedarf an jenen Massnahmen verdecken, die sofort und nachhaltig greifen, nämlich eine vernünftige Energienutzungs-Politik zu betreiben. Aus der Summe von Aufforstung und Biomasse-Nutzung sind weltweit vielleicht 5 % der heutigen (!) fossilen Energienutzung "unschädlich" zu machen bzw. zu ersetzen. In Anbetracht der Tatsache, dass derzeit 1/4 der heutigen Weltbevölkerung 3/4 der fossilen Energie verbraucht und die restlichen 3/4 der heutigen (!) Bevölkerung der Erde dem nacheifern, bringt die biologischen Ausgleichsmöglichkeiten in eine ziemlich hoffnungslose Position. Dass die heutige Transportleistung im Strassenverkehr, die Raumheizung und das oft sinnlose Herunterkühlen der Raumtemperatur in vielen wärmeren Ländern durch bestehende Technologie und menschliches Verhalten ohne wesentlichen Komfortverlust mit dem halben Energieaufwand erreicht oder vermieden werden könnte, zeigt auf, wo die Hebel anzusetzen sind. Die weitere Erforschung alternativer Rohstoff- und Energiequellen, zu denen auch der Bio-Sektor zählt, ist ebenso wichtig wie die Abklärung möglicher Konsequenzen rascher atmosphärischer Veränderungen auf die Biosphäre. Als Ersatz für einschneidende energiepolitische Massnahmen können und dürfen solche Forschungsarbeiten nicht herhalten. Biologen und Argronomen sollten sich nicht als Feigenblatt für eine falsche Energiepolitik benutzen lassen.

6. Unerwünschtes CO_2

Die überwiegenden Zahl von Klimatologen und Biologen erachtet das globale CO_2-Experiment als unverantwortlich. Die Gründe dafür liegen im Tempo der atmosphärischen Umstellung, die keine Vorbilder kennt und das Risiko fundamentaler Klimaveränderungen in sich birgt. (vgl. Beitrag Stocker). Biologen, die experimentelle Erfahrung aus CO_2-Anreicherungsversuchen mit nährstoffarmen, natürlichen Pflanzengemeinschaften haben, wissen, dass eine weitere CO_2-Erhöhung keine oder nur eine minimale nachhaltige Erhöhung des Pflanzenwachstums bewirken kann (Übesicht in Körner 1996, Koch & Mooney 1996, Curtis 1996). Die Gründe dafür liegen in der begrenzten Verfügbarkeit wichtiger Nährstoffe wie Stickstoff, Phosphor und anderer Elemente sowie in der Konkurrenz der wildwachsenden Arten um diese Bodenressourcen. Demgegenüber sind wegen der artspezifischen Empfindlichkeit auf CO_2 bedeutende Veränderungen in Pflanzengemeinschaften zu erwarten, die wegen des Tempos dieser Umstellungen ein Biodiversitäts-Risiko darstellen (Körner 1995, Körner & Bazzaz 1996). Lediglich für stark von Dürre geplagte Gegenden wird bei sonst unverändertem Klima eine positive Wirkung des erhöhten CO_2-Pegels erwartet. Der Grund dafür liegt darin, dass viele Pflanzen bei erhöhtem CO_2 etwas weniger Wasser konsumieren. Führt dies zu einer Erhöhung der Pflanzendichte, kommt es zu einem neuen Gleichgewicht bei einer etwas höheren Produktivität. Beweise aus Feldversuchen in Savannen und Halbwüsten stehen allerdings noch aus. Die Risiken der CO_2-Erhöhung sind daher höher als ein möglicher biologischer Vorteil im Agrarbereich. Vermeidungsstrategien sind daher gefragt.

7. Literatur

CURTIS, P.S. (1996): A meta-analysis of leaf gas exchange and nitrogen in trees grown under elevated carbon dioxide. *Plant, Cell and Environment* 19: 127-137.

FLAIG, H., MOHR, H. (EDS), (1993): Energie aus Biomasse - eine Chance für die Landwirtschaft. Springer, Berlin, Heidelberg, New York.

KAUPPI, P.E., TOMPPO, E. (1993): Impact of forests on net national emissions of carbon dioxide in Western Europe. *Water, Air, Soil Poll* 70: 187-193.

KOCH, G.W., MOONEY, H.A. (1996): Carbon dioxide and terrestrial ecosystem. Physiological Ecology Series, Academic Press, New York.

KÖRNER, CH. (1989): Bedeutung der Wälder im Naturhaushalt einer vom Menschen veränderten Welt. In: Franz H (ed) Die Bedrohung der Wälder. Veröff Komm Humanökol 1:7-40. Oesterr Akad Wissensch, Wien.

KÖRNER, CH. (1995): Biodiversity and CO_2: Global change is under way. *GAIA* 4:234-243

KÖRNER, CH. (1996): The response of complex multispecies systems to elevated CO_2. In: WALKER, B. H, STEFFEN, W.L. (EDS) Global Change and Terrestrial Ecosystems. Cambridge University Press.

KÖRNER, CH., BAZZAZ F. A. (EDS.), (1996): Community, Population, and Evolutionary Responses to Elevated CO_2 Concentration. Physiological Ecology Series, Academic Press, San Diego.

KÖRNER, CH., SCHILCHER, B., PELAEZ-RIEDL, S. (1993): Vegetation und Treibhausproblematik: Eine Beurteilung der Situation in Österreich unter besonderer Berücksichtigung der Kohlenstoff-Bilanz. In: Bestandesaufnahme anthropogener Klimaänderungen: Mögliche Auswirkungen auf Österreich - mögliche Massnahmen in Österreich. Österr. Akademie d. Wissenschaften, Wien, pp 46.

PAULSEN, J. (1995): Der biologische Kohlenstoffvorrat der Schweiz. Verlag Rüegger AG, Chur, Zürich.

SAGE, R.F. (1995): Was low atmospheric CO_2 during the Pleistocene a limiting factor for the origin of agriculture? *Global Change Biol* 1: 93-106.

TANS, P.P., FUNG, I.Y., TAKAHASHI, T. (1990): Observational constraints on the global atmospheric carbon dioxide budget. *Science* 247: 1431-1438.

VITOUSEK, P.M. (1991): Can planted forests couteract increasing atmospheric carbon dioxide? *J.Environ. Qual.* 20: 348-354.

Die Landwirtschaft im Vorfeld von Klimaänderung und CO_2-Anstieg

Jürg Fuhrer[1], Stefan Flückiger[2]

[1]Eidg. Forschungsanstalt für Agrarökologie und Landbau, Institut für Umweltschutz und Landwirtschaft, CH-3097 Liebefeld-Bern

[2]Institut für Agrarwirtschaft, ETH Zürich, CH-8032 Zürich

1. Landwirtschaft als Mitverursacher und Opfer der Klimaänderung

Die durch den Menschen hervorgerufene Klimaänderung ist mit der Landwirtschaft in mehrfacher Hinsicht verbunden:

- Die landwirtschaftliche Produktion beruht auf Prozessen, welche in unterschiedlichem Masse zum Anstieg der Treibhausgaskonzentrationen, insbesondere von Methan (CH_4) und Lachgas (N_2O), beitragen. Der bedeutendste Beitrag an die CH_4-Emissionen in Mitteleuropa beruht auf der Tierproduktion. Hauptsächlich bei der enterischen Fermentation der Wiederkäuer, aber auch im Zusammenhang mit der Hofdüngerlagerung und -ausbringung wird CH_4 freigesetzt. Die N_2O-Emission ist eine Folge der Denitrifikation, d.h. der Umwandlung von Stickstoff in Form von Nitrat oder Ammonium aus Düngung, biologischer N_2-Fixierung und atmosphärischer Deposition. In der Schweiz beträgt der Anteil der Landwirtschaft an die CH_4-Bilanz 78% (global 70%) und an die N_2O-Bilanz sogar 86% (global 81%) (Daten für die Schweiz nach Grub & Fuhrer, 1995; Globale Schätzung nach Isermann, 1994). Damit trägt in der Schweiz die Landwirtschaft ca. 17% zum anthropogenen Treibhauseffekt bei. In Bezug auf das Kohlendioxid (CO_2) ist die Landwirtschaft in Mitteleuropa annähernd neutral.

- CO_2 ist die Lebensgrundlage der Pflanzen schlechthin; ein Anstieg der Konzentration wirkt sich deshalb direkt auf deren Wachstum und Entwicklung aus. Seit vorindustriellen Zeiten ist der CO_2-Gehalt der Luft um rund 30% gestiegen; würden die CO_2-Emissionen auf dem Stand von 1994 stabilisiert, so würde dies während mindestens zwei Jahrhunderten zu einer konstanten Zuwachsrate des Gehaltes führen, d.h. gegen Ende des 21. Jahrhunderts wäre ein Gehalt von 500 ppm erreicht, was annähernd einer Verdopplung des vorindustriellen Wertes von 280 ppm entspricht (IPCC, 1995).

- Der Anstieg der Treibhausgaskonzentration führt zu einer Veränderung des globalen Klimas, welche mittelfristig das regionale und lokale Witterungsgeschehen beeinflussen wird; wegen der Klimasensitivität von Boden und Vegetation kann sich dies auf die Produktivität der Agrarökosysteme auswirken. Die langlebigen Treibhausgase verändern die Strahlungsbilanz der Erde, was zu einer Erwärmung der Luft führt. Obwohl die messbare Erwärmung von 0.3-0.6 $^{\circ}$C seit dem Ende des 19. Jahrhunderts nicht kausal mit dem Treibhauseffekt gekoppelt werden kann, so wird dennoch angenommen, dass sich die Tendenz fortsetzen wird. Je nachdem welches mittelfristige IPCC-Emissionsszenario zur Anwendung kommt wird für die Periode 1990 bis 2100 ein Anstieg der globalen Mitteltemperatur um 1°C (IS92c), 2°C (IS92a) oder 3.5°C (IS92e) berechnet. Regional würden allerdings die Temperaturen deutlich vom globalen Mittelwert abweichen. Die Schätzungen für die Temperaturzunahme in Mitteleuropa schwanken je nach Klimamodell zwischen 2 und 6°C, mit den grössten regionalen Differenzen während der Winterzeit (Barrow, 1993). Noch schwieriger wird die Schätzung der lokalen Veränderungen; für die Schweiz wurde ein Temperaturanstieg bis 2030 von 1.9-2.3°C im Winter und von 2.3-2.7°C im Sommer berechnet (NFP31, 1992, basierend auf IPCC-Szenario A). In nördlichen Breiten und in höheren Lagen beeinflusst die Temperaturzunahme die Länge und Mächtigkeit der Schneebedeckung, was für die Vegetationsentwicklung wichtig ist.

Mit der Temperaturzunahme sind Veränderungen in Niederschlag und Windgeschwindigkeit verbunden, welche ebenfalls regional unterschiedlich ausfallen dürften. Global wird mit einer Zunahme der Jahresniederschläge in höheren Breiten und in den Tropen gerechnet, während in den mittleren Breiten eine Zunahme hauptsächlich im Winter erwartet wird. Aufgrund der Berechnungen von Barrow (1993) ist eine mengenmässige Abnahme der Sommer-Niederschläge in südlichen Ländern des Mittelmeerraumes, ein schwächerer Rückgang oder keine Änderung in Mitteleuropa und eine Zunahme in Nordeuropa zu erwarten. Eine Zunahme der Winter-Niederschläge wird mit Ausnahme von Spanien, Italien und Griechenland für alle Gebiete Europas berechnet. Für die Schweiz wird ebenfalls eine Zunahme im Winter und eine Abnahme im Sommer erwartet, wobei die neuesten Berechnungen für den Sommer im Mittelland nur sehr geringfügige Veränderungen erwarten lassen (Gyalistras *et al.*, 1996). Niederschlags- und Temperaturveränderungen, gekoppelt mit einer Zunahme der mittleren Windgeschwindigkeit, führen zu einer veränderten Evapotranspiration, welche bei einer Zunahme die Austrocknung des Bodens fördert, andererseits im Falle einer Abnahme die Bodenfeuchte ansteigen lässt (Houghton *et al.*, 1990). Von einer verstärkten Austrocknung während der Vegetationsperiode wären u.a. Gebiete im zentralen Teil der USA und in Südeuropa betroffen, während eine Zunahme der Bodenfeuchte in Südostasien zu erwarten ist. Veränderungen in den Tropen und in Australien sind z.Zt. noch schlecht quantifizierbar.

Für die Landwirtschaft sind aber nicht nur Veränderungen in den Mittelwerten wichtiger Klimagrössen von Interesse. Besondere Bedeutung haben auch Extremereignisse, wie Starkniederschläge, verbunden mit starker Erosion und Überschwemmung, Frostereignisse, extreme Trockenheit oder Stürme und Hagel. Eine Voraussage betreffend der künftigen Wahrscheinlichkeit solcher Ereignisse ist allerdings heute noch kaum möglich. Dies ist bedauerlich, denn wirklich einschneidende Auswirkungen auf die landwirtschaftliche Produktion sind im Zusammenhang mit einer Häufung solcher plötzlich auftretenden Extremereignissen zu erwarten. Im Gegensatz zu graduellen Verschiebungen im Klima ist in diesen Fällen eine kontinuierliche Anpassung der Produktionsmethoden nicht möglich, d.h. das Risiko steigt und die Ertragssicherheit nimmt ab. Aufgrund einer Simulationsstudie für Sommerweizen in Norddakota (USA) steigt die Wahrscheinlichkeit von Missernten bei verändertem Klima (+1°C, -10% Niederschlag) relativ zu den Bedingungen der letzten Jahrzehnte um 300% (Waggoner, 1983).

Für Mitteleuropa lässt sich zusammenfassend festhalten, dass die künftigen klimatischen Bedingungen während der Vegetationszeit gegenüber heute durch höhere Temperaturen, leicht reduzierte Niederschläge und erhöhte Windgeschwindigkeit gekennzeichnet sein dürften, die Winterperiode andererseits durch eine gegenüber dem Sommer stärkere Temperaturzunahme verbunden mit reduzierter Schneebedeckung. In anderen Teilen der Erde sehen die Veränderungen anders aus. Die Reduktion des verfügbaren Bodenwassers infolge reduzierter Niederschläge und/oder verstärkter Evapotranspiration wird in bereits heute niederschlagsarmen Gebieten ungleich stärker in Gewicht fallen, als in den relativen 'Gunstzonen', zu denen Mitteleuropa gehören dürfte.

Alle Überlegungen betreffend die globalen Auswirkungen der Klimaänderung auf die Landwirtschaft müssen vor dem Hintergrund einer rasch wachsenden Weltbevölkerung gesehen werden. Bei der bereits bestehenden Unterversorgung in vielen Regionen müsste die landwirtschaftliche Produktion künftig um ca. 2.5% pro Jahr wachsen (Enquete-Kommission, 1992). Eine Verschärfung der Rahmenbedingungen infolge Klimaänderung hätte demnach einschneidende Konsequenzen für die Nahrungsmittelversorgung, und damit für die wirtschaftlichen Beziehungen zwischen den Ländern in den relativen 'Gunst- und Ungunstzonen' der Welt. Die damit verbundenen ökonomischen Implikationen müssen bei der Beurteilung der Auswirkungen von Klimaänderungen auf die Landwirtschaft beachtet werden. Die Kopplung verlangt eine mehrstufige Betrachtung. Das in Abbildung 1 dargestellte *Ursachen-Wirkungs-Vorsorgemodell* gibt einen Überblick über das gesamte klimatologische Forschungsumfeld. Die kreisförmig dargestellten Kausalitäten müssen als stark vereinfacht betrachtet werden; auf die Vernetzung (Rückkoppelungen) wird ganz verzichtet. Mit der Darstellung der verschiedenen *'Effekt-Ebenen'* und den auf den verschiedenen Ebenen verwendeten Instrumente (Modelle) kommt das Gesamtsystem *Klimaänderungen* mit all seinen Dimensionen zur Geltung. Heute tragen komplexe Modelle dazu bei, dass die Interdependenzen der naturwissenschaftlich untersuchten Klimavorgänge und der sozio-ökonomisch analysierten Wirkungen der Klimaänderungen transparenter werden. Sie bilden auch die Basis für Handlungsoptionen und konkrete politische Massnahmen. Erst nach der Realisierung von effizient wirkenden Vorsorgemassnahmen wird sich das Gesamtsystem wieder einem Gleichgewicht (Stabilisierung) nähern, das für eine dauerhafte Entwicklung unabdingbar sein wird.

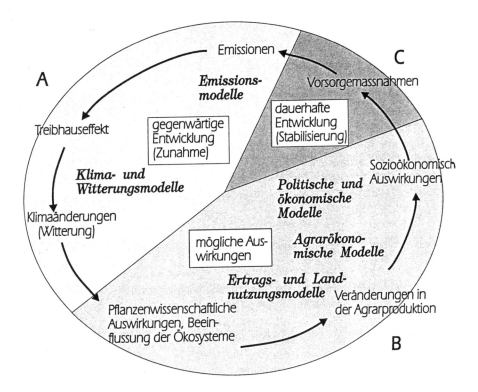

Abb. 1 Verknüpfung verschiedener Modelle zur Abschätzung von Auswirkungen der Klimaänderungen und Vorsorgemassnahmen.
Ursachen(A)-Wirkungs(B)-Vorsorge(C)modell: Sektor A: Emissionen der Treibhausgase, der anthropogene Treibhauseffekt und die möglichen Klimaänderungen (Klimaszenarien); *Sektor B:* Agrarische und agrarökonomische Auswirkungen; *Sektor C:* Politische Massnahmen zur Stabilisierung des Systems (Vermeidungsstrategien) (Quelle: Flückiger, 1995)

2. Klima- und CO_2-Empfindlichkeit von Agrarökosystemen

2.1. Klima und Witterung

Agrarökosysteme bestehen grob aus Boden, einschliesslich Bodenwasser und -luft, Pflanzenbestand einschliesslich Insekten und Mikroorganismen, und bodennaher Atmosphäre. Die einzelnen Bestandteile sind durch Stoff- und Energieflüsse gekoppelt, und Veränderungen im einem Teil beeinflussen den Rest des Systems. Das natürliche Gleichgewicht kann durch Stressfaktoren direkt oder indirekt verschoben werden. Dazu gehören sowohl ungünstige klimatische Bedingungen, als auch extreme Wetterereignisse. Für den Landwirt bedeutet dies unter Umständen einen gesteigerten Aufwand für den gleichen Ertrag (z.B. verstärkter Pflanzenschutz). Veränderungen im Boden ergeben sich hauptsächlich durch die Bewirtschaftungsform. Von besonderem Interesse ist der Gehalt an organischer Substanz. Nimmt das Pflanzenwachstum ab, so sinkt der Eintrag an Kohlenstoff in den Boden und damit die Humusbildung. Zudem fördert eine Temperaturzunahme Abbauvorgänge (Mineralisierung) im Boden, durch welche sowohl CO_2, wie auch Nährstoffe (Stickstoff), verstärkt freigesetzt werden. Bei gleichzeitig reduziertem N-Entzug steigt damit die Gefahr von Stickstoffverlusten in die Atmosphäre und ins Grundwasser, was nur durch eine Anpassung der Düngung verhindert werden kann.

Die Reaktion der Pflanzenerträge auf Klimaschwankungen kann aufgrund historischer Daten teilweise rekonstruiert werden. Auch bei guter Klimaeignung unterliegt der Jahresertrag jeder Kultur starken inter-annuellen Schwankungen; in Jahren mit nassen und/oder kalten Perioden, oder in Jahren mit längeren Trockenperioden während wichtiger Entwicklungsstadien, ist gegenüber 'optimalen' Jahren mit signifikanten Ertragseinbussen zu rechnen. Die geschätzten Ertragsdaten für Getreide, Kartoffeln und im Futterbau (Heu + Emd) in der Schweiz zeigen, dass die Schwankung um das 9-jährige Mittel seit 1920 im Bereich von ca. ±20% lag (Schober, 1992). Die grössten negativen Abweichungen traten in extremen Trockenjahren, z.B. 1921, 1947, 1949, 1962 und 1972 auf. Abgesehen von den 'Extremjahren' ist es aber schwierig, über längere Zeiträume einen Zusammenhang zwischen Ertrag und Witterung herzustellen, da Pflege, Nutzung und andere Massnahmen der Landwirte die Beziehung stören können. Diese Schwierigkeiten wurden im Zusammenhang mit der Anwendung eines Ertrags-Witterungsmodells für verschiedene Kulturen bestätigt (Flückiger, 1995). Verschiedene Analysen historischer Daten weisen aber darauf hin, dass im Vergleich zu früher die moderne Landwirtschaft gegenüber Trockenheit zunehmend empfindlicher geworden ist (vgl. Zitate in Schorer, 1992).

Steigende Temperaturen allein betrachtet fördern zwar das Pflanzenwachstum, können aber das Ertragspotential senken. Dies gilt beispielsweise für das Getreide, da die Entwicklungszeit um ca. 1 Woche pro Grad abnimmt. Beim Futterbau führen Temperaturerhöhungen einerseits zu einer rascheren Bestandesentwicklung, andererseits aber zu einem grösseren Anteil an abgestorbener Pflanzenmasse. Dies muss durch eine Anpassung der Schnittzeitpunkte berücksichtigt werden. Mit einer Erwärmung tritt auch eine Höhenverschiebung der

Tab. 1 Länge der Periode zwischen Aufgang und Ernte wichtiger Kulturen (Acock & Acock, 1993)

Kultur	Anzahl Tage
Winterweizen	149-317
Sommerweizen	59-145
Mais	73-210
Soja	39-190
Kartoffel	70-140
Reis	90-180
Baumwolle	140-240

Anbaugrenzen um ca. 200 m pro Grad ein. In Voralpen- und Alpenregionen, welche sich wegen der Länge der Schneebedeckung für ertragsstarke Gräser wie das Englische Raigras nicht eignen, dürfte eine Temperaturzunahme besonders ins Gewicht fallen. Bei verkürzter Schneebedeckung wäre der Anbau dieser wichtigen Futterpflanzen aus rein klimatologischer Sicht auch in Lagen oberhalb von 1000 m potentiell möglich, vorausgesetzt dass die Ansprüche bezüglich Bodenfeuchte und Nährstoffe befriedigt sind. Im Naturfutterbau muss zusätzlich zur Veränderung des Ertragspotentials auch erwartet werden, dass sich die floristische Zusammensetzung von Wiesen den neuen klimatischen Bedingungen anpassen und damit einzelne Pflanzenformationen gefährdet sind (Hoffmann, 1995).

Jede Kultur braucht eine artspezifische Wärmemenge zum Erreichen bestimmter phänologischer Stadien (Blüte, Samen- oder Kornreifung etc.). Oberhalb einer minimalen Basistemperatur erfolgt die Entwicklung bis zum Erreichen eines Optimums proportional zur Temperatursumme (Goudriaan & Zadoks, 1995). Die potentielle Anbaueignung und die Entwicklungszeit bis zur Reife einer Kultur ist somit abhängig von den lokalen Temperaturbedingungen. Tabelle 1 enthält Daten, welche die Spannweite der Entwicklungszeit einiger wichtiger Kulturen aufzeigen. Diese ist nicht nur durch die Umweltbedingungen gegeben, sondern auch durch Unterschiede zwischen verschiedenen Genotypen. Damit ist angedeutet, dass durch Auswahl geeigneter Sorten ein Anpassungspotential besteht. Entscheidend ist aber auch die maximal zulässige Temperatur; diesbezüglich gilt u.a. die Kartoffel als sehr empfindlich.

Mit einer allgemeinen Erwärmung dürfte das Wärmebedürfnis der Kulturen gegenüber heute in einem erweiterten Gebiet befriedigt werden. Die potentielle Anbaugrenze für Körnermais wird pro Grad Erwärmung um 200-350 km in Westeuropa und 250-400 km in Osteuropa nach Norden verschoben (Carter et al. 1992). Allerdings darf die Temperaturzunahme nicht isoliert vom Niederschlag betrachtet werden. Die potentielle Vegetationsperiode kann definiert werden als die Anzahl der Monate mit einer mittleren Temperatur von über $5^{\circ}C$

und einer Niederschlagsmenge, welche mehr als die Hälfte der Evapotranspiration ausmacht (Brouwer, 1988). Angesichts der Simulationen künftiger Klimabedingungen ergibt sich daraus, dass die potentielle Länge der Vegetationsperiode in Nordeuropa ausgedehnt, im Mittelmeerraum dagegen verkürzt wird. Dementsprechend würde das Anbaupotential in Europa generell nach Norden verschoben (Parry *et al.*, 1990). In diese Betrachtung müssen aber zusätzliche Restriktionen für den Anbau bestimmter Kulturen einfliessen. Dazu gehören nicht nur die Bodeneignung, sondern auch die Veränderung bei Frostgefahr oder Bedrohung durch Pflanzenkrankheiten und Insektenbefall. Eine Temperaturerhöhung wirkt sich auch negativ auf die Vernalisation aus, d.h. auf jene Kulturen, welche für eine optimale Entwicklung von der Einwirkung tiefer Temperaturen im Frühstadium abhängig sind (Kältebedürfnis).

Die Höhe landwirtschaftlicher Erträge wird massgeblich durch die Verteilung der Niederschläge, beziehungsweise durch die Bodenfeuchte als Funktion von Niederschlag und Evapotranspiration, beeinflusst. Übersteigt die Evapotranspiration die Niederschlagsmenge, so sinkt der Bodenwassergehalt in Abhängigkeit vom Wasserrückhaltevermögen des Bodens und der Evapotranspirationsrate. Im Falle eines leichten oder flachgründigen Bodens und bei starker Evapotranspiration ist die Austrocknung besonders schnell. Eine Abnahme des Pflanzenwachstums erfolgt nach Erreichen eines Schwellenwerts des verfügbaren Bodenwassers. Eine Klimaänderung hat deshalb dort einschneidende Auswirkungen auf das Ertragspotential, wo die natürliche Wasserversorgung knapp ist und hohe Produktivität nur dank künstlicher Bewässerung möglich ist. Für die USA wurde berechnet, dass unter veränderten Klimabedingungen die Fläche der bewässerten Kulturen um 3.5 bis 10% steigt, während die Fläche der vom natürlichen Niederschlag abhängigen Kulturen um 27 bis 40% abnimmt (Adams *et al.*, 1990). Angesichts einer Steigerung des Bewässerungsbedarfs zur Erhaltung der Produktion entstehen ökonomische Folgen, die nur durch Fortschritte bei der Bereitstellung von Genotypen mit erhöhter Wasserausnützungseffizienz (= Ertrag pro konsumierte Einheit Wasser) wettgemacht werden können (Waggoner, 1993).

Zu den ertragsmindernden Faktoren gehören auch Verunkrautung, Pflanzenkrankheiten und Schädlingsbefall. Mit einer Verschiebung der agroklimatischen Zonen würden auch diese Faktoren verschoben, allenfalls sogar schneller und in grösserem Ausmass. Viele landwirtschaftlich wichtige Unkräuter stammen aus tropischen oder warm-gemässigten Zonen und ihr Wachstum reagiert positiv auf eine Zunahme der Temperatur. Eine Förderung dieser Unkräuter hätte Folgen für die Konkurrenz mit Kulturpflanzen; entsprechend würde der Bedarf an Unkrautbekämpfung zunehmen. Schliesslich darf nicht vergessen werden, dass bei einer Erwärmung, speziell in kühlen und gemässigten Klimazonen, die Gefahr besteht, dass sich wärmeliebende Organismen ausbreiten, und höhere Wintertemperaturen die Überwinterungschancen von Schädlingen verbessern.

2.2 Die Auswirkung der CO_2-Zunahme

Die Reaktionen der Pflanzen auf eine erhöhte CO_2-Konzentration ist komplex und kann in potentielle Veränderungen 1. und 2. Ordnung unterteilt werden. Zur 1. Ordnung gehören Veränderungen in Photosynthese, Atmung, Wachstum, Ertrag etc. Zur 2. Ordnung gehören Veränderungen in der Wechselwirkung mit anderen Organismen (Konkurrenzkraft, Symbiose, Herbivore, Bestäuber, Krankheitserreger). Im Falle der Herbivoren ist dies die Folge einer veränderten chemischen Zusammensetzung; steigt das C:N-Verhältnis im Pflanzenmaterial, so steigt ihre Nahrungsaufnahme zur Deckung des Energiebedarfs der pflanzenfressenden Insekten.

Im Gegensatz zu wenig oder gar nicht bewirtschafteten Systemen zeigen landwirtschaftliche Kulturen, insbesondere Monokulturen, eine einigermassen einheitliche Ertragsreaktion auf CO_2. Aufgrund der geringeren Affinität für CO_2 wirkt sich eine Steigerung der Konzentration stärker auf C3-Pflanzen als auf C4-Pflanzen aus Tabelle 2.

Bei einer Zunahme um 300 ppm steigt die Biomasse (Trockensubstanz) zahlreicher C3-Pflanzenarten um durchschnittlich 24% (Abbildung 2). Die relative Zunahme ist grösser, wenn die Wasserversorgung ungenügend ist, andererseits nimmt sie bei ungenügender Nährstoffversorgung (N,P) ab (Idso & Idso 1994). Dies unterstreicht die Bedeutung der Interaktion zwischen CO_2-Wirkung und Ressourcenverfügbarkeit, die mit abnehmender Bewirtschaftungsintensität zunehmen dürfte. In extensiven, nährstofflimitierten Wiesen konnte nur eine geringfügige CO_2-Wirkung auf die oberirdische Biomasse beobachtet werden, wobei das Verhalten einzelner Arten von diesem allgemeinen Trend abweichen kann (vgl. Körner, 1995). Auch in Kunstwiesen bestehen Unterschiede in der CO_2-Reaktion zwischen Arten, innerhalb von Gras-Klee-Mischungen profitieren speziell die Leguminosen von einer erhöhten Konzentration (Lüscher *et al.*, 1995). Die Wechselwirkung zwischen Ressourcenverfügbarkeit und CO_2-Wirkung hat zur Folge, dass die CO_2-Wirkung nur dann voll ausgenützt werden kann, wenn die Mittel für die Optimierung der Wachstumsbedingungen (Düngung, Bewässerung) vorhanden sind.

Eine wichtige Wirkung des erhöhten CO_2-Angebots besteht in der Abnahme der Transpiration auf der Basis der Blattfläche als Folge eines erhöhten Stomatawiderstandes. Die Reduktion des Wasserverlusts fällt allerdings auf der Stufe des Bestandes geringer aus, sofern der Blattflächenindex zunimmt, da der grösste Anteil der Photosyntheseleistung im obersten Kronenteil konzentriert, die Transpiration dagegen auf die gesamte Krone verteilt ist (Newton, 1991).Im Extremfall könnte der Wasserverbrauch einer Kultur bei erhöhter CO_2-Konzentration sogar höher sein und den Boden entsprechend rascher austrocknen.

Schliesslich ist es wichtig darauf hinzuweisen, dass die stimulierende Wirkung von erhöhtem CO_2 durch Akklimatisation (Anpassung) der Pflanzen infolge Assimilatanreicherung in den Blättern zurückgehen kann (vgl. Amthor, 1991).

2.3 Interaktion von Klimaänderung und CO_2-Zunahme

Die verschiedenen Auswirkungen von Klimaänderung und CO_2-Zunahme sind miteinander gekoppelt und können sich gegenseitig verstärken oder abschwächen. Erhöhte CO_2-Konzentration wirkt beispielsweise der Zunahme des Wasserbedarfs in einem wärmeren Klima entgegen oder hebt die ertragsmindernde Wirkung einer Temperaturzunahme ganz oder teilweise auf. Andererseits ist das Ausmass der CO_2-Förderung des Pflanzenwachstum abhängig von der Temperatur. Anhand von Modellsimulationen kann die Interaktion der verschiedenen Faktorenkombination untersucht werden.

Für das Dauergrünland im schweizerischen Mittelland berechnete Riedo (1996), dass die Evapotranspiration unter künftigen Klimabedingungen um 10-30% zu- und bei einer Verdopplung der CO_2-Konzentration um 10-15% abnimmt. Die kombinierte Wirkung besteht in einer Veränderung gegenüber heutigen Bedingungen um lediglich -5 bis 15%.

3. Potentielle Erträge unter künftigen Klimabedingungen
3.1 Global

Eine Abschätzung der potentiellen Erträge unter veränderten Klima- und CO_2-Bedingungen ist mit Hilfe empirischer oder mechanistischer Pflanzenmodelle möglich, wobei der Ertrag unter heutigen Bedingungen als Referenz verwendet wird. Es darf aber nicht vergessen werden, dass sich die Unsicherheit auf dem Weg von den globalen Klimamodellen über die regionale Klimaprognosen und die Simulation des Pflanzenwachstums bis zum geschätzten Ertrag fortpflanzt. Dadurch wird die Aussagekraft der Simulationsergebnisse relativiert, und es wäre nicht vertretbar, von eigentlichen Prognosen zu sprechen. Lässt man die Möglichkeit von Anpassungsreaktionen, wie die Korrektur der Saattermine, zusätzliche Bewässerung und Düngung, Auswahl angepasster Sorten etc. weg, so ergibt eine globale Analyse unter veränderten Klimabedingungen Verluste bei verschiedenen Kulturen von 16% bis gegen 60% ohne, und deutlich geringere Verluste bis zu Steigerungen mit Berücksichtigung der CO_2-Wirkung (Tab. 3). Die grosse Spannweite unterstreicht die Unsicherheit der Simulationsergebnisse.

Wegen der räumlichen Variabilität der Produktionsbedingungen, einschliesslich der Klimaelemente, fallen die simulierten Ertrags- und Produktivitätsveränderungen infolge Klimaänderung regional sehr verschieden aus. Für die meisten Getreideanbaugebiete der mittleren Breiten wird bei einer Erwärmung um $2^{o}C$ eine Abnahme des Ertragspotentials um 3-17% geschätzt (Warrick, 1988).

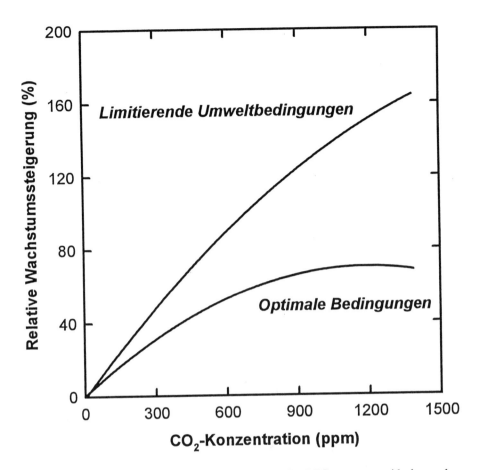

Abb. 2 Relative Wachstumsförderung durch CO_2 bei C3-Pflanzen unter idealen und nicht-idealen Umweltbedingungen (verändert nach Idso & Idso, 1994).

Gemäss neuesten Schätzungen des Intergovernmental Panel on Climate Change (IPCC) (1995) dürften besonders in Afrika bei wichtigen Kulturen wie Hirse und Mais massive Ertragsverluste (bis gegen 80%) eintreten, wogegen für Europa und andere Regionen der Welt sowohl Verluste wie Steigerungen erwartet werden. Rosenzweig (1993) berechnete, dass ohne Berücksichtigung produktionstechnischer Anpassungen Verluste von über 15% in weiten Teilen Afrikas, im mittleren Osten, in Südasien, Teilen Südamerikas und in Mexiko eintreten, während die nationale Produktion in Kanada, Nordeuropa und Russland steigt. Diese Simulationsergebnisse sind allerdings vom verwendeten Klimamodell abhängig. Durch Anpassungen - sofern finanziell und technisch realisierbar - können in mittleren und höheren Breiten die Auswirkungen weitgehend kompensiert werden, während dies in tieferen Breiten nur beschränkt möglich ist (Rosenzweig, 1993).

Die Flexibilität der landwirtschaftlichen Produktion ist dort am grössten, wo die notwendigen finanziellen und technischen Mittel zur Verfügung stehen.

Tab. 3: Relative Änderung der weltweiten Produktion wichtiger Kulturen unter veränderten Klimabedingungen (nach Rosenzweig, 1993)[§]

Kultur	CO_2-Wirkung	GISS	GFDL	UKMO	GISS +CO_2	GFDL +CO_2	UKMO +CO_2
Weizen	22	-16	-22	-33	11	4	-13
Mais	7	-20	-26	-31	-15	-18	-24
Reis	19	-24	-25	-25	-2	-4	-5
Soja	34	-19	-25	-57	16	5	-33

[§] Globale Zirkulationsmodelle: GISS: Goddard Institute for Space Studies; GFDL: Geophysical Fluid Dynamics Laboratory; UKMO: UK Meteorological Office

3.2. Europa

Für Europa liegen insbesondere für Mais (Wolf & Van Diepen, 1995) und Weizen (Wolf, 1993) neuere Abschätzungen vor. Beim Mais wurden aufgrund verschiedener Klimamodelle sehr unterschiedliche Ertragsveränderungen berechnet. Diese reichen von Steigerungen von über 200% in nördlichen Breiten, zu Abnahmen um 15-30% in zentralen und südlichen Regionen. Bei Wasserlimitierung sinken die Erträge in diesen Regionen noch stärker ab. Für Weizen werden Verluste sowohl im Norden wie im Süden berechnet, während für die zentralen Gebiete die Änderungen mit -8% bis +15% eher gering sind. Im Gegensatz zum Mais werden aber für wasserlimitierte Kulturen praktisch überall relative Ertragssteigerungen erwartet, was auf der Verbesserung der Wasserausnützung unter erhöhter CO_2-Konzentration beruht. Ohne Berücksichtigung der CO_2-Wirkung sinken die erwarteten Erträge in den meisten Gebieten. Aufgrund einer vergleichenden Sensitivitätsanalyse wurde bestätigt, dass bei abnehmenden Niederschlägen und zunehmender Temperatur die Erträge von Winterweizen und von Sommergerste zurückgehen, dass aber gleichzeitig der Ertragsabfall von Hackfrüchten (Kartoffel und Zuckerrübe) noch wesentlich ausgeprägter ist (Rogasik *et al.*, 1994).

3.3. Schweiz

Auswirkungen der Klimaänderung auf Ertragspotentiale in der Schweiz wurden bisher nur vereinzelt untersucht. Aufgrund eines Witterungs-Ertragsmodells berechnete Flückiger (1995) für verschiedene Kulturen unterschiedliche Ertragsrückgänge unter künftigen Klimabedingungen, bei gleichzeitiger Berücksichtigung der CO_2-Wirkung mit Ausnahme von Mais Ertragssteigerungen (Tab. 4).

Die Situation im Futterbau wurde anhand eines dynamischen Ökosystemmodells untersucht. Die Ergebnisse für Standorte bis ca. 1000 m ü.M. zeigen eine geringfügige Ertragsveränderung ohne und eine Ertragszunahme mit Berücksichtigung der CO_2-Düngungswirkung bis maximal +20% (Riedo, 1996). Diese Simulationsergebnisse zeigten auch, dass sich eine Trockenperiode stark negativ auf den Jahresertrag auswirkt, d.h. dass unter ungünstigen Niederschlags- und Bodenfeuchteverhältnissen die Grünlandproduktion rasch abnehmen könnte. Bei diese Veränderungen des Ertrags von Wiesen muss mitberücksichtigt werden, dass davon auch die Tierproduktion betroffen ist.

Für alle Alpenländer von besonderer Bedeutung ist die Reaktion der Vegetation

Tab. 4: Relative Ertragsveränderung (%) ausgewählter Kulturen in der Schweiz (nach Flückiger, 1995 und Riedo, 1996)

Kultur	Klimaänderung	Klimaänderung + CO_2-Wirkung
Weizen	-18	+12
Gerste	-29	+1
Kartoffel	-6	+24
Mais	-23	-8
Dauergrünland[§]	-1 bis 8[#]	6 bis 21[#]

[§] mittelintensive bis intensive Bewirtschaftung; [#] Abhängig von Klima-Szenario und CO_2-Akklimatisation

in erhöhten Lagen der voralpinen Hügelzone und in den Alpen. Auf jenen Höhen, auf welchen künftig Raigras angebaut werden könnte, dürfte das Ertragspotential besonders stark steigen. In den übrigen Gebieten dürfte die Veränderung schwächer und mit zunehmender Höhe abnehmend sein. Die Entwicklung ist aber noch kaum abschätzbar, da weder Klimaszenarien für den Alpenraum, noch zuverlässige Vegetationsmodelle für die alpine Vegetation zur Verfügung stehen. Immerhin zeigten Versuche auf 2470 m ü.M., dass alpine Rasen nicht mit einem erhöhten Wachstum reagieren (Schäppi & Körner, 1996).

4. Agrarökonomische Auswirkungen von Klimaänderungen und CO_2-Anstieg

Die ökonomischen Auswirkungen von Klimaänderungen lassen sich nur schwierig eingrenzen und quantifizieren, was ein Grund ist, weshalb ökonomische Fragen erst allmählich aufgegriffen werden. In der Folge soll auf einige Problembereiche hingewiesen werden, die bei einer Erweiterung von einem naturwissenschaftlichen zu einem ökonomischen Ansatz beachtet werden müssen:

- *Interdisziplinarität der Problemstellung:* Insgesamt herrschen über das Schadenspotential von Klimaänderungen und damit das Ausmass der Vorsorge noch grosse Unsicherheiten (vgl. oben). Analog zur Länge der *Ursachen-Wirkung-Kette* (vgl. Abb. 1) nimmt die Relevanz der Unsicherheiten zu. Dies kann einerseits auf die enge Verflechtung des landwirtschaftlichen mit den übrigen Sektoren zurückgeführt werden. Deswegen erhalten die multi-sektoriellen Ansätze eine immer grössere Bedeutung. Andererseits bestehen zwischen den naturwissenschaftlichen und gesellschaftlichen Auswirkungen diverse Rückkoppelungen, welche sich nur schwer modellieren lassen.

- *Methodische Probleme:* Die disziplinäre Erweiterung der Fragestellung verursacht zusätzliche methodische Probleme, weil den unterschiedlichen Prognosezeiträumen noch zuwenig Rechnung getragen werden kann (*Zeitliche Skalierung*). Die ökonomischen Modelle werden in der Regel auf kurz- bis mittelfristige Prognosen validiert. Sie werden zwar an die neuen langfristigen Problemstellungen adaptiert, bleiben aber nach wie vor der Kritik ausgesetzt, dass die zur Diskussion stehenden Zeithorizonte von 50 bis 100 Jahren und die Verwendung von Umweltparametern eine grundsätzliche Neukonzeption der ökonomischen Modelle verlangen. Gerade auf den Agrarmärkten sind Preisentwicklungen schlecht voraussehbar, was mit ihren Eigenheiten zusammenhängt (unelastische Nachfrage nach Grundnahrungsmitteln, Angebotsschwankungen etc.). Als Beispiel kann das rasche Zusammenbrechen der Preise nach 1975 angeführt werden, als physische Mengenschwankungen in Ländern mit grossen Angebots- (USA) bzw. Nachfragepotentialen (UdSSR) eintraten (Egger *et al.* 1992). Demgegenüber ergeben sich auch *räumliche Skalierungsprobleme*, weil nur globale Ansätze der Globalität von Klimaänderungen gerecht werden können. Die Skalierung auf grossdimensionierte Marktmodelle stellt jedoch wegen der Aggregation der Einzelflächen hohe Anforderungen an die Modellierung.

- *Extremereignisse*: Die Auswirkungen von vermuteten Extremereignissen können in Modellen nur schwierig erfasst werden (z.B. häufiger und heftigeres Auftreten von Wirbelstürmen, Starkniederschlägen, Dürren). In diesem Artikel beschränken wir uns auf die Auswirkungen von kontinuierlichen Veränderungen des Klimas.

4.1. Globale Aspekte

Mit Hilfe von langfristigen Angebots- und Nachfrageschätzungen können Preissimulationen auf den Agrarmärkten vorgenommen werden. Abb. 3 zeigt mögliche Angebotsentwicklungen für die Weltgetreideproduktion. Für das Jahr 2060 ergeben sich beträchtliche Produktionseinbussen, falls ausschliesslich der Einfluss veränderter agroklimatischer Bedingungen berücksichtigt wird (zweite Säulengruppe in Abb. 3).

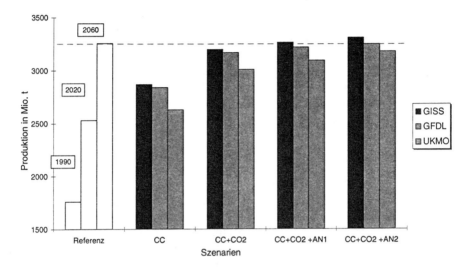

Abb. 3 Entwicklung der Weltgetreideproduktion bis zum Jahre 2060 unter verschiedenen klimatischen und anbautechischen Voraussetzungen.
Referenz: Sie zeigt vergleichsweise das Produktionsniveau für das Jahr 1990, 2020 und 2060 ohne die Auswirkungen der Klimaänderungen auf. *CC (climatic change)* stellt die Getreideproduktion im Jahre 2060 dar, die unter Berücksichtigung der möglichen Klimaänderungen erzeugt wird (exkl. 'CO_2-Düngungseffekt'); *CC+CO_2*: CC inkl. CO_2-Düngungseffekt; *CC+CO_2+AN 1*: Adaptationsniveau 1 berücksichtigt, d.h. minimale anbautechnische Anpassungen an die neuen Klimabedingungen. *CC+CO_2+AN 2*: Adaptationsniveau 2 berücksichtigt, d.h. umfangreiche Anpassungen an die neuen Klimabedingungen; *Klimaszenarien*: *GFDL-Klimamodell* (Geophysical Fluid Dynamics Laboratory); *GISS-Klimamodell* (Goddard Institute of Space Studies); *UKMO-Klimamodell* (UK Meteorological Office), die Abkürzungen der drei Klimamodelle aus den USA stehen für drei verschiedene Klimaszenarien. (Quelle: Rosenzweig & Parry, 1994)

Je nach Klimaszenario können die klimabedingten Produktionseinbussen bei rund 30% liegen. Werden jedoch zusätzlich die CO_2-bedingten Produktivitätszunahmen ('CO_2-Effekt') miteinbezogen, können solche Ertragseinbussen beinahe kompensiert werden (dritte Säulengruppe). Eine vollumfängliche Kompensation kann schliesslich durch verschiedene anbautechnische Anpassungsmassnahmen (Verschiebung des Saatzeitpunkts, Sortenwahl etc.)

erreicht werden (vierte und fünfte Säulengruppe). Ausgehend von diesen prognostizierten Angebotsverschiebungen und der langfristigen Nachfrageentwicklung werden die realen Weltmarktpreise für Getreide durch die Klimaänderungen je nach Klimaszenario zwischen 5% untehr und 30% über dem Referenzpreis liegen (Rosenzweig & Parry 1994). Erst unter der Annahme extremer Klimaszenarien und einer Vernachlässigung von anbautechnischen Anpassungsmassnahmen ist in verschiedenen Produktionsregionen mit umfangreichen klimabedingten Ernteverlusten im Getreideanbau zu rechnen. Daraus könnten Preiserhöhungen auf dem Weltmarkt bis zu 150% resultieren.

Langfristige Prognosen für die Weltgetreideproduktion gelten auch als Index für die Ernährungslage in Entwicklungsländern. Der Anteil der Weltbevölkerung, die an Unterernährung zu leiden hat, wird von der Entwicklung der Weltmarktpreise für Grundnahrungsmittel abhängen. Falls bei deutlichen Preisanstiegen auf dem Weltmarkt die reale Kaufkraft nicht gleichzeitig erhöht werden kann, verschlechtert sich entsprechend die Ernährungssituation.

5. Agrarökonomische Auswirkungen am Beispiel der Schweiz
5.1. Ökonomisches Sektormodell

Aufgrund der immer feineren räumlichen Auflösung der globalen Zirkulationsmodelle sind wir heute in der Lage, Klimaszenarien zu simulieren, die Temperatur- und Niederschlagswerte für einzelne Regionen der Schweiz berechnen. Diese werden dann als exogene Grössen für die Ertragsmodellierung verwendet. Die klimabedingten Produktivitätsveränderungen und Flächenverschiebungen werden vom ökonomischen Sektormodell als Szenariowerte übernommen. Die im Rahmen einer Fallstudie durchgeführte Sektoranalyse basiert auf der mathematischen Methode der 'Linearen Programmierung', die zur Maximierung der linearen Zielfunktion (Erlösmaximierung) unter Einhaltung von linearen Restriktionen (z.B. Flächenbegrenzungen) verwendet wird (Flückiger, 1995). Mit Hilfe von verschiedenen *Betriebstypen* können die regions- und betriebsspezifischen Faktorausstattungen modellhaft abgebildet werden. Die Betriebstypen verhalten sich ökonomisch immer optimal, d.h. sie halten genau soviel Tiere bzw. bauen soviel Flächen an, wie es ökonomisch für sie interessant ist (ökonomisches Optimalitätsprinzip). Damit kann den vielfachen Konkurrenzbeziehungen innerhalb des Produktionssystems *Landwirtschaft* um die zur Verfügung stehenden Faktoren (Boden, Arbeit, Gebäude, Maschinen, Tiere) Rechnung getragen werden. Mit Hilfe einer landwirtschaftlichen Sektoranalyse wurden die klimabedingten Veränderungen der Agrarstrukturen und Flächennutzung, bzw. die monetären Entwicklungen quantifiziert.

5.2 Formulierung von Szenarien

Mit Hilfe von Szenarien lassen sich die verschiedenen Dimensionen erfassen:

- *Referenz*: Die Referenzlösung gilt als Vergleichslösung, die sich auf die Datenbasis 1994 bezieht.
- *Szenario GATT/WTO*: Beim Szenario *GATT/WTO* wurden keine klimabedingten Produktionsveränderungen berücksichtigt. Es beinhaltet ausschliesslich die mittelfristigen Veränderungen bei den politischen und ökonomischen Rahmenbedingungen des Agrarsektors, wie sie aufgrund des *GATT/WTO-Abkommens* bis in 6 - 8 Jahren eintreten werden (Rieder et al. 1994).
- *Szenario THE[1] erwartet*: Das Szenario *THE erwartet* basiert auf dem Szenario *GATT/WTO* und setzt überdies klimabedingte Ertragsveränderungen voraus, die aufgrund von neusten Klimaszenarien (Gyalistras & Fischlin, 1994) erwartet werden können. Die Veränderungen bei den Flächenproduktivitäten beruhen bei den Ackerprodukten auf den Ergebnissen einer *ex post-Simulation* (Flückiger 1995) und beim Rauhfutter auf den Angaben von Riedo (1996) (vgl. Tabelle 4). Unter Berücksichtigung des Düngungseffekts einer höheren atmosphärischen CO_2-Konzentration ('CO_2-*Effekt*') und einer Verlängerung der Vegetationsperiode werden die klimabedingten Ertragsverluste kompensiert. Bei Weizen, Kartoffeln und im Rauhfutterbau kann sogar mit Ertragszunahmen gerechnet werden. Verlängerten Vegetationsperioden im Rauhfutterbau kommt eine besondere Bedeutung zu. Neben der ertragssteigernden Wirkung profitieren die Betriebe ferner von kürzeren Winterfütterungsperioden.

   Die Verschiebung der klimatischen Höhenstufen und der landwirtschaftlichen Nutzungszonen verläuft nicht kongruent. Die Flächennutzung wird nicht ausschliesslich von der Temperatur, sondern von zusätzlichen Kriterien, wie den topographischen Verhältnissen und der Erschliessung der Betriebe, bestimmt (FAT 1985). Unter der Annahme des '*Business as usual*'-Klimaszenarios (*IPCC* Szenario A) ist für das schweizerische Mittelland im Sommer mit einer Erhöhung der Temperaturen von +2.7°C bis zum Jahr 2030 zu rechnen (Beniston et al. 1992). Somit dürften sich rund 140'000 ha zusätzliche Fläche für die ackerbauliche Nutzung eignen.
- *Szenario THE extrem:* Im Unterschied zu den übrigen Szenarien setzt das *Szenario THE extrem* drastische klimabedingte Preiserhöhungen auf den Weltgetreidemärkten voraus (vgl. oben). Der inländische Getreideanbau erfährt dadurch komparative Standortvorteile.

Auf die Probleme bezüglich den zeitlichen Dimensionen wurde bereits hingewiesen. Mit Hilfe der Szenariotechnik gelingt es, den Zeithorizont der

---

[1] THE ist die Abkürzung für anthropogener Treibhauseffekt, welcher als Ursache der möglichen langfristigen Klimaänderungen in Frage kommt.

Agrarpolitik (6 bis 8 Jahre) und den Zeithorizont der langfristigen Klimaszenarien (rund 50 Jahre) simultan zu verwenden.

5.3 Ergebnisse der ökonomischen Sektoranalyse

- *Berggebiet als 'Verliererregion'*: Im Berggebiet werden die meisten Kulturen durch die Klimaänderungen ertragsphysiologisch leicht bevorteilt. Ihre ökonomische Konkurrenzfähigkeit hingegen wird in Relation zum Talgebiet verschlechtert. Der Standort Berggebiet erfährt somit eine komparative Verschlechterung. Die Einkommensunterschiede zwischen dem Tal- und Berggebiet vergrössern sich somit zunehmend. Dadurch werden die Betriebszahlen im Berggebiet tendenziell stärker reduziert und somit der Strukturwandel beschleunigt.

- *Flächennutzung*: Die veränderten Rahmenbedingungen wirken sich unterschiedlich auf die Konkurrenzfähigkeit der einzelnen Betriebstypen aus. Das *Szenario GATT/WTO* belastet die Preis-/Kostenstrukturen des Ackerbaus relativ stärker; die Milch- und Rindviehbetriebe werden somit relativ bevorzugt. Die Brotgetreideproduktion vermindert sich um 33%, die Gerstenproduktion um 13%; der Körnermais wird vollumfänglich aus dem Produktionsprogramm verdrängt (Abb. 4).

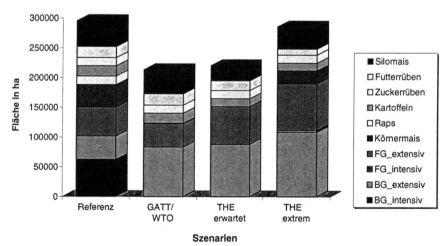

Abb. 4: Anbauflächen der wichtigsten Ackerkulturen verschiedener Szenarien
Szenarien: Referenz gilt als Vergleichslösung (Datenbasis 1994); *Szenario GATT/WTO* beinhaltet ausschliesslich die mittelfristigen Veränderungen bei den politischen und ökonomischen Rahmenbedingungen des Agrarsektors; *Szenario THE erwartet* setzt erwartete klimabedingte Ertragsveränderungen voraus; *Szenario THE extrem* basiert auf drastischen klimabedingten Preiserhöhungen auf den Weltgetreidemärkten; *BG_intensiv*: konventioneller Brotgetreideanbau; *BG_extensiv*: extensiver Brotgetreideanbau; *FG_intensiv*: konventioneller Futtergetreideanbau; *FG_extensiv*: extensiver Futtergetreideanbau. (Quelle: Flückiger, 1995)

Aufgrund der ökologischen Ausgleichszahlungen für extensiven Getreidebau ist der konventionelle (intensive) Getreidebau nicht mehr konkurrenzfähig. Die erwarteten klimabedingten Produktionssteigerungen verändern die Flächennutzung nur unwesentlich (*Szenario THE erwartet*). Deutliche Produktionssteigerungen gehen aus dem *Szenario THE extrem* hervor, weil der inländische Brot- und Futtergetreidesektor komparative Standortvorteile aufweist.

- *Agrarstrukturen*: Aus den veränderten Flächennutzungen resultiert auch eine Veränderung bei den Agrarstrukturen. Die Anzahl der hauptberuflichen Vollerwerbsbetriebe reduziert sich im Vergleich zur Refernz um 17%. Die klimatisch verbesserten Anbaubedingungen ermöglichen den kombinierten Ackerbau- und Milchwirtschaftsbetrieben der Talzone in die Rand- und Hügelregionen zu expandieren. Als Folge der tendenziell höheren Flächenerträge im '*Szenario THE erwartet*' werden weniger Flächen genutzt (Abb. 5), womit die Gesamtbetriebszahl um insgesamt 21% sinkt. Aufgrund des zusätzlichen Produktionspotentials im *Szenario THE extrem* erhöht sich andererseits die Gesamtbetriebszahl gegenüber der Referenz um 5%.

- *Erwerbskombination im Berggebiet*: Im Berggebiet hat die Erwerbskombination seit jeher eine grosse Bedeutung und leistet einen wesentlichen Beitrag an die Stabilisierung und Erhaltung der Bevölkerungs- und Wirtschaftsstrukturen. Durch eine Verschlechterung der Schneeverhältnisse werden Regionen mit Ausrichtung auf den Wintertourismus benachteiligt. Infolge dessen werden in den skitouristischen Regionen die Zu- und Nebenerwerbsmöglichkeiten zurückgehen. Damit nimmt der Stellenwert der Vollerwerbsbetriebe zu. Dies verursacht schliesslich einen Abwanderungsdruck aus dem Berggebiet.

- *Einkommensentwicklung*: Die tieferen Produzentenpreise beim *Szenario GATT/WTO* reduzieren das Sektoreinkommen um 24%. Durch die erwarteten Klimaänderungen wird die durchschnittliche Einkommenssituation nur unwesentlich verändert. Bei den extremen Veränderungen (*Szenario THE extrem*) werden sie schliesslich rund 10% verbessert.

Der Agrarsektor wird mittel- bis langfristig den Spannungsfeldern zwischen den ökonomischen Entwicklungen ('*GATT/WTO-Effekt*') und den Klimaänderungen ('*Klimaeffekt*') ausgesetzt sein. Gemäss den Berechnungen wird der '*GATT/WTO-Effekt*' den inländischen Agrarsektor bedeutend stärker beeinträchtigen als der '*Klimaeffekt*'.

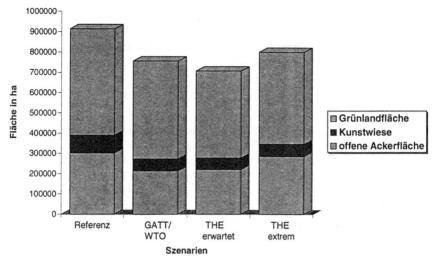

Abb. 5 Landwirtschaftliche Flächennutzung verschiedener Szenarien
Szenarien: vgl. Abbildung 4 (Quelle: Flückiger, 1995)

6. Schlussfolgerungen

Klimaänderung und CO_2-Anstieg verändern die natürlichen Rahmenbedingungen für die landwirtschaftiche Pflanzenproduktion. Die Stoffumsätze in Agrarökosystemen werden verändert, der Wasserbedarf steigt, und die Limitierung der Produktion durch Faktoren wie Bodenfeuchte, Pflanzenkrankheiten etc. steigt. Als Folge der räumlichen Inhomogenität der Verteilung von Temperatur- und Niederschlagsveränderung sind aber nicht alle Regionen der Erde in gleichem Masse davon betroffen. Weniger betroffen dürften kühl-gemässigte Zonen sein, ungünstiger ist die Situation in ariden und semi-ariden Gebieten. Der Verschiebung der agroklimatischen Zonen werden die potentiellen Anbaubedingungen speziell in nördlichen Breiten und in höheren Lagen verbessert. Weltweit sinken aber die durchschnittlichen potentiellen Erträge wichtiger Kulturen, wie Weizen, Mais, Reis oder Soja, wobei der CO_2-Anstieg einen Teil der klimabedingten Ausfälle kompensieren kann.

Die Ausdehnung der Fragestellung von den naturwissenschaftlichen zu den agrarökonomischen Auswirkungen verursacht zum einen eine Erweiterung der ohnehin schon komplexen Zusammenhänge, zum anderen tritt eine Verschiebung der zentralen Kausalitäten ein. Es stehen nicht mehr primär das Klima oder die Ökosysteme im Mittelpunkt der Betrachtungen. Der Fokus richtet sich vermehrt auf die Märkte und seine politischen bzw. ökonomischen Rahmenbedingungen. Dabei verlieren die klimabezogenen Variablen an Gewicht. Es kann davon ausgegangen werden, dass Veränderungen der ökonomischen und politischen Rahmenbedingungen weltweit die stärkeren Auswirkungen auf den Agrarsektor haben werden, als die klimabedingten

Entwicklungen. Treten die Klimaänderungen kontinuierlich ein, wird die weltweite Landwirtschaft mit technischen Anpassungen reagieren können. Zu den relativen Gewinnern können vorwiegend Länder gezählt werden, die sich auf den mittleren und nördlichen Breiten befinden. Die Entwicklungsländer liegen mehrheitlich in den Zonen der tiefen Breitengrade ('Hungergürtel'). Wegen ihrer Lage und der überaus grossen Bedeutung des klimasensiblen Agrarsektors müssen sie zu den Verlierern gezählt werden. Viele Entwicklungsländer werden unter der enormen Last der Geburtenüberschüsse und den klimabedingten Umweltschäden langfristig gezwungen sein, ihren Nettoeinfuhrbedarf an Getreide aus Industriestaaten zu erhöhen. Daraus kann eine weitere Polarisierung der weltweiten räumlichen Trennung von Anbau und Verbrauch und somit eine Verschärfung des 'Nord-Süd-Konflikt' abgeleitet werden.

Am Beispiel der Schweiz können die möglichen agrarökonomischen Auswirkungen für ein westeuropäisches Land aufgezeigt werden. Aus den überdurchschnittlichen klimabedingten Rauhfutterertragszunahmen in den Tal- und Hügelzonen dürften zusätzliche Kostenvorteile für die rauhfutterabhängigen Betriebszweige resultieren. Die Milch- und Fleischproduktion erfährt dadurch komparative Standortvorteile. Bei Extremszenarien können deutlich höhere Weltagrargüterpreise zu Vorteilen für verschiedene Länder führen.

7. Literatur

ACOCK, B. & ACOCK, M.C. (1993): Modeling approaches for predicting crop ecoystem responses to climate change. In: International Crop Science I (D.R. Buxton et al., Eds.), *Crops Science Society of America, pp. 299-306.*

ADAMS, R.M. ET AL. (1990): Global climate change and US agriculture. *Nature* 345: 219-224.

AMTHOR, J. (1995): Terrestrial higher-plant response to increasing atmsopheric (CO_2) in relation to the global carbon cycle. *Global Change Biology* 1: 243-274.

BARROW, E.M. (1993): Scenarios of climate change for the European Community. *Eur. J. Agron.* 2: 247-260.

BENISTON, M. ET AL. (1992): Establishment of climatological scenarios for the alpine regions (EPICH/FUTURALP EUROPROJECT), In: Programmleitung NFP 31, Schweizerischer Nationalfonds: Bern (Interner Bericht).

BROUWER, F. (1988): Determination of broad-scale landuse changes by climate and soils. Working paper Wp-88-007, International Institute for Applied Systems Analysis, Laxenburg, Austria, 21pp.

BUNDESAMT FÜR LANDWIRTSCHAFT (BLW) (1985): Zonengrenzen der Schweiz, 1:400'000, Bern.

CARTER, T.R., PORTER, J.H. & PARRY, M.L. (1992): Some implications of climate change for agriculture in Europe. *J. Exp. Bot.* 43: 1159-1167.

EGGER, U., RIEDER, P., CLEMENZ, D. (1992): Internationale Agrarmärkte, Verlag der Fachvereine, Zürich.

EIDGENÖSSISCHE FORSCHUNGSANSTALT FÜR AGRARWIRTSCHAFT UND LANDTECHNIK (FAT) (1985): Hauptbericht über die Testsbetriebe FAT: Tänikon.

ENQUETE-KOMMISSION (1992): Klimaveränderung gefährdet globale Entwicklung. Bericht der Enquete-Kommission des Deutschen Bundestages (Hrsg.). Economica Verlag, Bonn.

FAT (1985): Hauptbericht über die Testbetriebe. Eidg. Forschungsanstalt für Agrarwirtschaft und Landtechnik (FAT), Tänikon.

FLÜCKIGER, S. D. (1995): Klimaänderungen: Ökonomische Implikationen innerhalb der Landwirtschaft und ihrem Umfeld aus globaler, nationaler und regionaler Sicht, Diss. ETH Nr. 11276, Zürich.

GOUDRIAAN, J. & ZADOKS, J.C. (1995): Global climate change: modelling the potential responses of agr-ecosystems with special reference to crop protection. *Environ. Pollut.* 87: 215-224.

GRUB, A. & FUHRER, J. (1995): Treibhausgasemissionen der schweizerischen Landwirtschaft. *Agrarforschung* 2: 217-220.

GYALISTRAS, D. & FISCHLIN, A. (1994): Derivation of Climatic Change Scenarios for Mountainous Ecosystems: A GCM-based Method and the Case Study of Valais, Switzerland, Systems Ecology ETHZ Report 20, Zürich.

GYALISTRAS, D., RIEDO, M. & FISCHLIN, A. (1996): Herleitung stündlicher Wetterszenarien unter künftigen Klimabedingungen. In: Fuhrer, J. (Hrsg.) Klimaänderung und Grünland. In Vorbereitung.

HOFFMANN, J. (1995): Einfluss von Klimaveränderungen auf die Vegetation in Kulturlandschaften. *Angew. Landschaftsökologie* 4: 191-211.

HOUGHTON, J.T., JENKINS, G.J. & EPHRAUMS, J.J. (1990): Climate Change - The IPCC Sciesntific Asessment. Cambridge University Press.

IDSO, K.E. & IDSO, S.B. (1994): Plant responses to atmospheric CO_2 enrichment in the face of environmental constraints: a review of the past 10 year's research. Agricult. *Forest Meteorol.* 69: 153-203.

IPCC (1995): Summary for Policymakers - Working Group I. Im Druck.

ISERMANN, K. (1994): Agriculture's share in the emission of trace gases affecting the climate and some cause-oriented proposals for sufficiently reducing this share. *Environ. Pollut.* 83: 95-111.

KÖRNER, CH. (1995): Biodiversity and CO_2: global change is underway. *Gaia* 4: 234-243.

LÜSCHER, A., RÜEGG, K. & NÖSBERGER, J. (1995): CO_2-Reaktion von Wiesenpflanzenarten und Genotypen. *Agrarforschung* 2: 500-503.

NEWTON, P.C.D. (1991): Direct effects of increasing carbon dioxide on pasture plants and communities. *New Zealand J. Agricult. res.* 34: 1-24.

NFP31 (1992): Mögliche Szenarien als Grundlage für die Forschungsarbeiten im Rahmen des NFP31. Internes Arbeitspapier. Programmleitung NFP31, Bern.

PARRY, M.L., PORTER, J.H. & CARTER, T.R. (1990): Climate change and ist implications for agriculture. *Outlook on Agriculture* 19: 9-15.

RIEDO, M. (1996): Sensitivität von Dauergrünland auf Wetterszenaien unter künftigen Klimabedingungen. In: Fuhrer, J. (Hrsg.) Klimaänderung und Grünland. In Vorbereitung.

ROGASIK, J., DÄMMGEN, U., OBENAUF, S. & LÜTTICH, M. (1994): Wirkungen physikalischer und chemischer Klimaparameter auf Bodeneigenschaften und Bodenprozesse. In: H. Brunnert & U. Dämmgen (Hrsg.) Klimaveränderungen und Landbewirtschaftung, Teil II. Landbauforschungs Völkenrode, *SH* 148: 107-139.

ROSENZWEIG, C. (1993): Recent global assessments of crop responses to climate change. In: International Crop Science I (D.R. Buxton *et al.*, Eds.), *Crops Science Society of America*, pp. 265-272.

ROSENZWEIG, C. & PARRY, M. L. (1994): Potential impact of climate change on world food supply. *Nature* 367: 133-138.

Rieder, P., Rösti, A., Jörin, R. (1994): Auswirkungen der GATT-Uruguay-Runde auf die schweizerische Landwirtschaft, Institut für Agrarwirtschaft der ETH Zürich.

SCHÄPPI, B. & KÖRNER, CH. (1996): Growth responses of alpine grassland to elevated CO_2. *Oecologia* 105: 43-52.

SCHOBER, M. (1992): Extreme Trockensommer in der Schweiz und ihre Folgen für Natur und Wirtschaft. Geographica Bernensis G40.

WAGGONER, P.E. (1983): Agriculture and a climate changed by more carbon dioxide. In: NRC, Changing Climate. National Academy Press, Washington DC, pp. 383-418.

WAGGONER, P.E. (1993): Preparing for climate change. In: International Crop Science I (D.R. Buxton *et al.*, Eds.), *Crops Science Society of America*, pp. 239-245.

WARRIK, R.A. (1988): Carbon dioxide, climatic change and agriculture. *Geogr. J.* 154: 221-233.

WOLF, J. (1993): Effects of climate change on wheat production potential in the European Community. *Eur. J. Agron.* 2: 281-292.

WOLF, J. & VAN DIEPEN, C.A. (1995): Effects of climate change on grain maize yield potential in the European Community. *Climatic Change* 29: 299-331.

Simulierte Auswirkungen von postulierten Klimaveränderungen auf die Waldvegetation im Alpenraum

Felix Kienast[1], Bogdan Brzeziecki[2], Otto Wildi[1]

[1] Eidg. Forschungsanstalt für Wald, Schnee und Landschaft, CH-8903 Birmensdorf
[2] Warsaw Agricultural University, Dept. of Silviculture, 02-528 Warsaw, Poland

1. Einleitung

Die Problematik einer vom Menschen mitverursachten Klimaänderung beschäftigt nicht nur die Klimatologie selbst, sondern auch die Natur- und Landschaftsschutzpraxis (Dobson et al., 1989; Halpin, 1994; Peters, 1990; Peters und Darling, 1985; Peters und Lovejoy, 1992). Dabei geht es in erster Linie darum, ob die Artenvielfalt bei möglichen grossräumigen Vegetations- und Landnutzungsveränderungen langfristig erhalten bleibt oder ob mit drastischen Verlusten der Artenzahl gerechnet werden muss. Weiter ist für die Praxis von grossem Interesse, ob die Schutzziele der zwangsläufig ortsgebundenen Natur- und Landschaftsschutzgebiete aufrechterhalten werden können oder ob sie an die veränderten Klimabedingungen angepasst werden müssen. Solche Risikoabschätzungen lassen sich - zumindest was die Vegetation anbelangt - mit Hilfe von computergestützten Modellen durchführen. Risikoabschätzungen sind keine Prognosen, sondern dienen dazu, die ökologischen Auswirkungen von Umweltveränderungen nach bestem Wissen abzuschätzen (Graham et al., 1991).

Die Auswirkungen potentieller Klimaänderungen auf die Vegetation haben eine räumliche und eine zeitliche Komponente. Die räumliche Dimension hängt damit zusammen, dass es sich um globale Veränderungen der Umweltbedingungen handelt. Wenn die von vielen Klimaforschern prognostizierte Temperaturerhöhung tatsächlich stattfindet, werden alle Ökosysteme, Pflanzengesellschaften, sämtliche Populationen und Individuen in ihrer Funktionsweise und Physiologie betroffen (Grabherr et al., 1994; Mooney und Koch, 1994). Die zeitliche Dimension ist mit der Tatsache verbunden, dass sich die aufgezählten Systeme in Abhängigkeit von der Zeit verändern, und zwar jedes Ökosystem und jede Pflanzenart in unterschiedlichem Tempo (Ozenda und Borel, 1990, 1991). Wegen dieser raum-zeitlichen Dimension des Problems müssen sowohl räumlich explizite als auch zeitlich explizite Modellierungstechniken angewendet werden, wie in Kienast und Brzeziecki (1993) postuliert.

Das Hauptziel der hier beschriebenen Untersuchung ist es, aufgrund verfügbarer Simulationsmodelle die naturnahe Waldvegetation unter heutigen und veränderten Klimabedingungen für ein Gebiet im Alpenraum (Schweiz) abzuschätzen. Das ca. 40'000 km^2 grosse Gebiet weist eine grosse

Standortsheterogenität und klimatische Vielfalt auf und ist mit Standorts- bzw. Umweltdaten gut dokumentiert, weshalb es sich gut für ein solches Modellexperiment eignet. Drei Unterziele stehen bei der präsentierten Arbeit im Vordergrund, nämlich: (a) Es sollen jene Gebiete und/oder Waldökosysteme bezeichnet werden, die bei einer möglichen Klimaerwärmung besonders starken Veränderungen ausgesetzt sein könnten. (b) Ein Vergleich zwischen der postulierten räumlichen Verbreitung der naturnahen Waldvegetation *unter heutigen Klimaverhältnissen* und der realen Vegetation soll Gebiete mit hohem bzw. tiefem Naturnähepotential aufzeigen. (c) Ein Vergleich zwischen der postulierten räumlichen Verbreitung der naturnahen Waldvegetation *unter veränderten Klimaverhältnissen* und der realen Vegetation soll Gebiete aufzeigen, in denen die erwarteten Baumarten schon vorhanden bzw. noch nicht vorhanden sind. Diese Risikoabschätzung dient dem Zweck, Gebiete mit hohem bzw. tiefem Adaptationspotential zu eruieren.

Für den praktischen Naturschutz sind die erhaltenen Simulationsergebnisse insofern von Bedeutung, als dass sie die möglichen Änderungen des ökologischen Potentials von Lebensräumen als Folge der makroklimatischen Änderungen aufzeigen. Und weil sich der Natur- und Landschaftsschutz am ökologischen Potential von Lebensräumen orientiert, ist die prognostizierte Vegetationsdynamik wegweisend für zukünftige Schutzkonzepte.

2. Verfügbare Modelle

Für die vorliegende Arbeit wurden zwei prinzipiell unterschiedliche Simulationsmodelle angewendet, nämlich (a) ein statisches Gleichgewichtsmodell, mit dem die naturnahen Waldgesellschaften der Schweiz an jedem Punkt eines 250 m-Rasters geschätzt werden können, und (b) ein dynamisches Waldentwicklungsmodell, mit dem die individuelle Entwicklung von Baumarten an ausgewählten Lokalitäten im Verlauf der Zeit simuliert werden kann. Das statische Gleichgewichtsmodell ist in Brzeziecki et al. (1993, 1994), das dynamische Waldentwicklungsmodell in Kienast und Kuhn (1989) sowie Bugmann (1994) detailliert beschrieben.

2.1 Statisches Gleichgewichtsmodell "Standort - Waldgesellschaft"

Für eine landesweite Simulation der Vegetation ist es nötig, über flächendeckend erhobene, digitale Daten möglichst vieler prägender Standortsfaktoren zu verfügen (Abb. 1a). Für die im Modell angestrebte Genauigkeit ist als Grundraster ein für die ganze Schweiz erhältliches Geländemodell mit einer Auflösung von 250 m eine geeignete Grundlage. Ausgehend von diesen Höhenpunkten wurden Exposition und Neigung jedes Datenpunktes berechnet. Das 250 m-Höhenmodell ist das Grundraster, auf das sich sämtliche zusätzlichen landschaftsökologischen Daten wie z.B. die Monats- und Jahresmittel der Temperaturen oder der Niederschläge beziehen. Die sogenannten "overlay-Funktionen" der GIS-Software ARC/INFO dienten dabei dazu, jedem 250 m-Rasterpunkt den aus den digitalen Karten (z.B. Temperatur, Niederschlag etc.) hervorgehenden Wert zuzuweisen. Im jetzigen Zeitpunkt verfügen wir über die in der Abb. 1a angegebenen Geoinformationen.

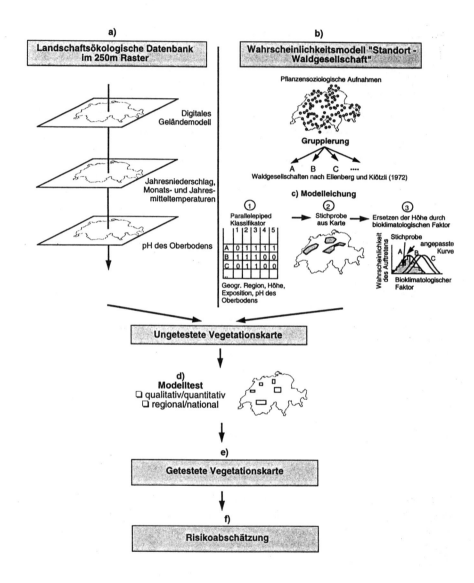

Abb. 1 Die Herstellung digitaler Vegetationskarten (e) mittels Simulationsmodell (b,c), landschaftsökologischer Datenbasis (a) und GIS-Technologie.

Die abhängige Variable im Modell 'Naturnahe Waldvegetation - Standort' ist eine der nach Ellenberg und Klötzli (1972) beschriebenen Waldgesellschaften (Abb. 1b). Obwohl dieses Klassifikationssystem gewisse Mängel aufweist (Keller, 1975), ist es in der Schweiz weit verbreitet und sowohl in der Forst- und Naturschutzpraxis als auch in der forstlichen Standortskartierung akzeptiert (Burnand et al., 1990; Lienert, 1982).

Für die vorliegende Untersuchung wurde nur mit zonalen Gesellschaften gearbeitet (33 Einheiten), d.h. Gesellschaften, die per Definition in erster Linie klima- und nicht boden- oder reliefabhängig sind.

Für die Eichung des Modells liegt eine umfangreiche Datenbasis von Vegetationsaufnahmen aus natürlichen oder naturnahen Waldstandorten vor (Sommerhalder et al., 1986; Wohlgemuth, 1992). Rund 3500 Aufnahmen entstammen dieser Datenbank, während 4000 weitere Aufnahmen aus der Literatur und durch systematische Beprobung von standortskundlichen Karten gewonnen wurden (Abb. 1b). Auf diese Weise konnten die von Ellenberg und Klötzli (1972) vorgeschlagenen Waldgesellschaften mit empirischen Daten dokumentiert und zur Kalibrierung des Modells verwendet werden. Dieser für die Modellqualität entscheidende Schritt ist in Brzeziecki et al. (1993) detailliert wiedergegeben. Wichtig sind dabei die bei pflanzensoziologischen Aufnahmen vermerkten Angaben über die Standortsbedingungen, unter welchen die betreffenden Einheiten beobachtet wurden (Tabellenkopf). Mit Hilfe der geographischen Koordinaten der Aufnahmen konnten ferner verschiedene andere ökologische Kenngrössen bestimmt werden, die nicht im Feld erhoben worden waren (z.B. klimatische Eigenschaften).

Die Wahl des Modelltyps richtet sich nach der Art der abhängigen Variablen, der Waldgesellschaft. Diese Variable ist eine diskrete Grösse und nimmt eine der willkürlich gewählten Nummern der Waldgesellschaften nach ELLENBERG und Klötzli (1972) an. In einem solchen Fall versagen konventionelle regressionsanalytische Methoden. Als Alternative schlagen verschiedene Autoren Wahrscheinlichkeitsmodelle vor, die für jede Kombination von unabhängigen Standortsfaktoren angeben, mit welcher Wahrscheinlichkeit die berücksichtigten Waldgesellschaften vorkommen können (Wrigley, 1985). Aus der Palette von statistischen Möglichkeiten wurde das Bayes-Modell gewählt, das von Fischer (1990 a,b) erfolgreich zur Simulation von Pflanzengesellschaften verwendet wurde.

Für die diskreten Variablen "pH des Oberbodens", "Exposition" und "geographische Region" wurden sogenannte Zuordnungsmatrizen hergeleitet (Abb. 1c), bei denen "0" bedeutet, dass eine bestimmte Vegetationseinheit unter den betreffenden Bedingungen nicht auftritt, und "1" bedeutet, dass sie auftreten kann. Für die Variable "Höhe" wurde jeder Gesellschaft eine Zone zugeordnet, in der sie auftreten kann. Das klimasensitive Modell wurde nun hergestellt, indem die Höhe durch direkte Umweltfaktoren ersetzt wurde (Austin et al., 1984; Palmer und VanStaden, 1992). Vom bioklimatologischen Standpunkt aus sind die Vegetationsgürtel hauptsächlich temperatur- bzw. niederschlagsbedingt (Federici und Pinnati, 1991). Deshalb wurde die Höhe durch den Quotienten zwischen Julitemperatur und Jahresniederschlag (Ellenberg-Index, Ellenberg, 1963) (Modellversion A) bzw. die Höhe durch die Jahresmitteltemperatur ersetzt (Modellversion B). Dieser Substitutionsprozess wird wie folgt durchgeführt: Für jede berücksichtigte Gesellschaft werden jene Punkte der landschaftsökologischen Datenbank bestimmt, in denen das Auftreten der Gesellschaft aufgrund der diskreten Variablen "pH des Oberbodens", "Exposition", "geographische Region" und "Höhe" möglich ist. Für alle Punkte dieser gesellschaftsspezifischen Stichprobe wird die Jahresmitteltemperatur (Modellversion B) bzw. der Ellenberg-Index (Modellversion A) eruiert und die empirische Verteilung bestimmt. Die theoretische Verteilung wird anschliessend unter Annahme einer Normalverteilung geschätzt. Letztere fliesst nun in das Bayes-Modell ein, welches für jeden zu simulierenden Punkt eine Rangfolge der möglichen Gesellschaften angibt (Wahrscheinlichkeitsmodell).

Für ausgewählte Gebiete wurde das Modell mittels Feldkartierungen getestet und in einem iterativen Prozess durch Einbezug zusätzlicher empirischer Daten verbessert (Abb. 1d). Ein solcher Vergleich erfolgte für den Gebirgskanton Obwalden, der über eine Waldstandortskartierung im Massstab 1: 50'000 verfügt (Lienert, 1982), sowie für Gebiete des Mittellandes und des Juras (Keller, 1982; Richard, 1965). Wie in Brzeziecki et al. (1993) und Kienast et al. (1994) gezeigt, liegt die Übereinstimmung zwischen im Feld kartierten und simulierten Vegetationsmustern auf der hierarchischen Stufe der Waldgesellschaft bei 50 bis 80% je nach Pflanzengesellschaft.

2.2 Dynamisches Waldentwicklungsmodell

Im Gegensatz zu den statischen, räumlich expliziten Modellen existieren verschiedene Ansätze, welche dynamische Prozesse in Pflanzenbeständen mit mehreren Arten und Altersklassen nachbilden (Martin, 1992). Sie eignen sich zur Untersuchung und Voraussage von Sukzessionsprozessen. Konkurrenz um Licht spielt dabei eine entscheidende Rolle. Dies ist ausgesprochen der Fall in Waldgesellschaften, und für diese wurden sogenannte "gap-Modelle" (gap, engl. = Öffnung, hier gemeint im Kronendach) entwickelt. Das erste gap-Modell wurde für nordamerikanische Laubmischwälder entwickelt (Botkin et al., 1972). Für mitteleuropäische Verhältnisse mussten die artspezifischen Wachstumsparameter bestimmt und in einigen Fällen den hier üblichen Messverfahren angeglichen werden. Eine solche Anpassung für die wichtigsten Baumarten Mittel- und Nordeuropas wurde von verschiedenen Autoren in den achziger Jahren durchgeführt (Bugmann und Fischlin, 1992; Kienast und Kuhn, 1989; Leemans und Prentice, 1989). Mit dem Computermodell wurden natürliche Waldsukzessionen für das Schweizerische Mittelland und den Alpenbereich simuliert (Kienast und Kuhn, 1989) und Simulationen unter sich ändernden Standorts- und Klimabedingungen durchgeführt (Kienast, 1991).

Bei gap-Modellen werden die Verjüngung sowie das Wachstum und Absterben von Einzelbäumen auf vielen kleinen Bestandesflächen von 1/12 ha stochastisch simuliert, wobei mehrere Umwelteinflüsse modifizierend wirken.

Die durchschnittliche Stammzahl- und Biomassenentwicklung dieser Flächen erlaubt Aussagen über die Entwicklung der Baumartenzusammensetzung auf regionaler Stufe. Dieses Konzept basiert auf Sukzessionsstudien, welche zeigen, dass ein Waldökosystem mit Hilfe vieler kleiner Flächen unterschiedlicher Entwicklungsstufen beschrieben werden kann. Die Fläche von 1/12 ha wurde in Übereinstimmung mit Modellen aus den Appalachen gewählt. Sie stellt etwa jene Lücke dar, die entsteht, wenn ein herrschender Baum in einem geschlossenen Kronendach abstirbt.

Jede Simulation kann entweder auf kahlen Bestandesflächen oder mit einer vorgegebenen Baumartenzusammensetzung beginnen. Im ersten Fall wird die Anzahl Jungpflanzen mit einem durchschnittlichen Brusthöhendurchmesser (BHD) von 1.27 cm stochastisch bestimmt, wobei je nach Umweltbedingungen gewisse Arten ausgeschlossen werden. Die Verjüngung findet immer dann statt, wenn die Lichtverhältnisse eine Keimung und ein Jugendwachstum erlauben. Das Wachstum jedes Einzelbaumes wird simuliert, indem die maximal mögliche Zuwachsrate bei entsprechendem Baumdurchmesser mit Hilfe verschiedener wachstumslimitierender Faktoren reduziert wird. Bäume sterben in Abhängigkeit von ihrem Alter gemäss einer altersspezifischen Mortalitätsrate. Mortalität tritt aber auch auf, wenn sie wegen allzu grosser Konkurrenz während längerer Zeit eine minimale Wuchsleistung unterschreiten (Botkin et al., 1972).

Die abschliessende Aussage über die Zusammensetzung des Bestandes stützt sich auf eine grössere Zahl simulierter Flächen (Plots). Um die vielen zufallsbedingten Schwankungen auszugleichen, sind in der Regel 50 - 200 oder mehr Flächen simultan zu modellieren (Bugmann, 1994).

3. Resultate

3.1 Das Naturnähepotential von Wäldern im Alpenraum unter heutigen Klimaverhältnissen

Das räumlich explizite statische Gleichgewichtsmodell bietet die Möglichkeit, die potentielle natürliche Waldvegetation für jeden 250 m-Punkt der Schweiz zu schätzen (Abb. 2). Diese simulierte Verteilung kann nun mit der aktuellen Waldvegetation verglichen und der Grad der Naturnähe des Schweizer Waldes evaluiert werden.

Ähnliche Vergleiche wurden für den Kanton Zürich im Zusammenhang mit der standortskundlichen Kartierung der Wälder durchgeführt (Oberforstamt Kt. Zürich/Amt für Raumplanung Kt. Zürich, 1984). Die Basis zur Abschätzung der aktuellen Waldvegetation bildet in der vorliegenden Untersuchung das regelmässige Probenetz des Schweizerischen Landesforstinventars (LFI) im 1 km-Raster (EAFV, 1988).

Dieses liefert für jeden Waldpunkt Angaben über die Basalfläche verschiedener Baumarten von Bäumen mit Brusthöhendurchmesser (BHD) _ 12 cm bzw. Angaben über die Stammzahl bei BHD < 12 cm. Diese aktuelle Baumartenzusammensetzung wurde der naturnahen Baumartenzusammensetzung gegenübergestellt. Letztere wurde nach ELLENBERG und Klötzli (1972, Anhang C IV) und Oberforstamt Kt. Zürich/Amt für Raumplanung Kt. Zürich (1984) bestimmt, indem jeder Waldgesellschaft die von den zitierten Autoren postulierten, natürlicherweise dominierenden Baumarten zugeordnet wurden (Tab. 1). Der Vergleich beschränkt sich folglich auf die Baumschicht.

Er konnte an rund 10'000 Waldpunkten durchgeführt werden, an denen sowohl vom Landesforstinventar als auch von der Simulation her auswertbare Daten vorlagen.

Je nach verwendeter Modellversion (Substitution der Höhe mit Jahresmitteltemperatur bzw. Ellenberg-Index) weisen 25 bis 30% aller LFI-Flächen eine Baumartenzusammensetzung auf, bei der die Basalfläche der natürlicherweise dominierenden Baumarten weniger als 20% der Basalfläche aller Baumarten ausmachen. Auf gut einem Fünftel dieser - aufgrund der grösseren Bäume - als naturfern angesprochenen Flächen sind allerdings die kleineren Bäume mit BHD < 12 cm gut bis mässig an die als natürlich postulierte Baumartengarnitur angepasst, d.h. über 20% der gesamten Stammzahl sind Bäume der postulierten naturnahen Arten.

3.2 Wie könnte sich die Vegetation des Alpenraumes bei einem Klimawechsel verändern?

Für zwei Klimaszenarien wurde nun eine geographische Verteilung der Waldgesellschaften generiert, indem je nach Modellversion die Jahresdurchschnittstemperaturen bzw. die Julitemperaturen erhöht wurden (Modellversion B: je nach Region um 1.0°C bis 1.4°C erhöhte Jahresmitteltemperatur für mässige Erwärmung bzw. um 2.0°C bis 2.8°C erhöhte Jahresmitteltemperatur für starke Erwärmung; Modellversion A: unabhängig von Region Erhöhung der Julitemperatur um 1.5°C für mässige Erwärmung bzw. um 3.0°C für starke Erwärmung).

Die berücksichtigten Erwärmungen entsprechen den IPCC-"business as usual"-Szenarien, die mittels statistischer Methoden auf die Ebene Region gebracht wurden (statistical downscaling) (Gyalistras et al., 1993). Für eine kritische Diskussion der Klimaszenarien und den Wert einer "Equilibriumsimulation", siehe Kapitel "Diskussion".

Tab. 1: Dominierende Baumarten in den von ELLENBERG und KLÖTZLI (1972) beschriebenen zonalen Waldgesellschaften. Arten, die berücksichtigt wurden, sind Fichte (S) (*Picea abies*), Weisstanne (F) (*Abies alba*), Arve (SSP) (*Pinus cembra*), andere Nadelbäume (OC), Buche (B) (*Fagus sylvatica*), Kastanie (C) (*Castanea sativa*), andere Laubbäume (OD). Arten mit * umfassen mehr als eine Art, so Föhre (P) (*Pinus sylvestris, Pinus mugo, Pinus nigra*); Lärche (L) (*Larix decidua, Larix kaempferi*); Ahorn (M) (*Acer pseudoplatanus, Acer platanoides*); Esche (A) (*Fraxinus excelsior, F. ornus*); Eiche (O) (*Quercus robur, Q. petrea, Q. pubescens, Q. cerris, Q. rubra*).

Höhenstufe	Gesellschaft	int. No.	S	F	P*	L*	SSP	OC	B	M*	A*	O*	C	OD
	unbekannte, kolline Gesellschaften	80-84			●							●		●
	Fraxino orni-Ostryetum	37										●	●	
	Carpino betuli-Ostryetum	36									●	●	●	
kollin - submontan	Cruciato glabrae-Quercetum castanosum	34										●	●	
	Arunco-Fraxinetum castanosum	33										●		
	Galio silvatici-Carpinetum	35									●	●		●
	Phyteumo betonicifoliae-Quercetum castanosum	42									●	●	●	
	Arabidi turritae-Quercetum pubescentis	38			●							●		●
	Pyrolo-Pinetum silvestris	66			●									
	Pulmonario-Fagetum typicum	9								●	●	●		●
	Galio odorati-Fagetum typicum	7								●		●		●
	Sileno nutantis-Quercetum	40									●			●
	Galio odorati-Fagetum luzuletosum	6								●		●		●
	Cytiso-Pinetum silvestris	64			●									
	Luzulo niveae-Fagetum typicum	3							●					
	Luzulo niveae-Fagetum dryopteridetosum	4		●					●					
tiefmontan	Carici albae-Fagetum typicum	14		●					●					●
	Erico-Pinetum silvestris	65			●									
	Milio-Fagetum	8	●	●					●	●	●			
	Carici albae-Fagetum caricetosum montanae	15		●					●	●	●	●		
	Cardamino-Fagetum typicum	12		●					●	●	●			
	Abieti-Fagetum typicum	18		●					●	●				
	Abieti-Fagetum luzuletosum	19		●					●					
	Melico-Piceetum	54	●	●		●								
hochmontan	Galio-Abietetum	51	●	●										
	Carici albae-Abietetum	52	●	●	●									
	Calamagrostio villosae-Abietetum	47	●	●						●				
	Aceri-Fagetum	21								●	●			
	Adenostylo-Abietetum	50	●	●						●		●		
tiefsubalpin	Sphagno-Piceetum calamagrostietosum villosae	57	●			●								
	Larici-Piceetum	58	●		●	●								
hochsubalpin	Larici-Pinetum cembrae	59			●	●	●							
	Erico-Pinetum montanae	67			●	●								
	Rhododendro hirsuti-Pinetum montanae	69			●									

Die wichtigsten Veränderungen, die sich in der "Landschaft Schweiz" als Folge einer starken Temperaturerhöhung (2.0°C bis 2.8°C) ergeben könnten, sind aus dem Vergleich der Abb. 2 oben und unten ersichtlich.

Tab. 2: Flächenanteile wichtiger Waldvegetationstypen auf heute bewaldeten Flächen der Schweiz und mögliche Veränderungen unter Klimaänderung.

Vegetationstyp	Vegetationsgürtel	Prozentualer Anteil an der bewaldeten Fläche der Schweiz[1] unter "heutigen" Klimabedingungen		Relative Änderung in % der heute bewaldeten Fläche des entsprechenden Vegetationstyps Moderate Temperaturerhöhung versus "heute"		Relative Änderung in % der heute bewaldeten Fläche des entsprechenden Vegetationstyps Starke Temperaturerhöhung versus "heute"	
		A^2 %	B^2 %	A^2 %	B^2 %	A^2 %	B^2 %
Luzulo-Fagion (Südalpen)	montan / submontan	3.7	2.8	+58.8	+1.4	+64.2	+3.5
Eu-Fagion (Braunmull)	tiefmontan/ submontan	25.6	25.6	+5.9	-0.5	+2.7	-19.9
Eu-Fagion (Rendzina)	submontan	7.1	6.2	+11.8	+55.5	+19.5	+15.9
Eu-Fagion (Rendzina)	tiefmontan	8.2	9.3	+2.9	-26.1	-5.9	-54.4
Cephalanthero-Fagion	submontan	0.9	0.7	+52.1	+121.4	+137.5	+251.4
Abieti-Fagion	hochmontan	17.2	18.7	-18.9	-33.1	-36.7	-67.8
Aceri-Fagion	tiefsubalpin	2.5	2.6	-43.0	-75.4	-64.0	-97.3
Carpinion betuli	kollin / submontan	4.3	3.8	+97.0	+329.3	+272.4	+749.0
Quercion pubescenti-petraeae	kollin / submontan	0.8	1.0	+60.3	+82.5	+128.2	+176.3
Quercion robori-petraeae	kollin / submontan	0.7	1.2	-10.1	+69.1	+43.5	+117.9
Piceo-Abietion	hochmontan	13.1	12.9	-17.2	-27.9	-34.6	-44.6
Vaccinio-Piceion (Picea abies) und ähnliche Einheiten	hochmontan / tiefsubalpin	9.6	9.3	-11.8	-19.5	-38.2	-70.0
Vaccinio-Piceion (Larix decidua, Pinus cembra)	hochsubalpin	3.9	3.8	-61.1	-85.6	-86.0	-100.0
Erico-Pinion	kollin - subalpin	2.3	2.2	+5.1	+6.2	+15.2	+69.2
heute unbekannte Gesellschaften	kollin / planar	0	0	+0.2[3]	+0.8[3]	+0.9[3]	+5.6[3]

[1] Die gesamte bewaldete Fläche der Schweiz beträgt 1'186'300 ha oder 11863 Probeflächen in einem 1 km-Raster. Die vorliegenden Berechnungen schliessen alle unzugänglichen Punkte oder Gebüschwald sowie Punkte ohne Simulation oder ohne terrestrische Aufnahme aus (1734 Punkte oder 15% der bewaldeten Fläche der Schweiz).

[2] A: Modellversion mit Ellenberg-Index als bioklimatologischem Inputparameter; B: Modellversion mit Jahresdurchschnittstemperatur als bioklimatologischem Inputparameter.

[3] Relative Änderung in % der heute bewaldeten Fläche der Schweiz.

Es handelt sich dabei um die Simulation mit Modellversion B (Substitution der Höhe durch die Jahresdurchschnittstemperatur). Diese Version ist generell sensitiver als Modellversion A (Substitution der Höhe durch den Ellenberg-Index), d.h. die Anzahl Punkte des 1 km-Rasters, welche die potentiell natürliche Vegetationseinheit als Folge der Klimaänderung wechseln, ist grösser.

Auffällig ist beim Vergleich der Abb. 2 oben und unten das Vorrücken des Eichen-Hainbuchen-Gürtels im Mittelland sowie das räumliche Zusammendrängen verschiedener montaner Gesellschaften. Werden die Waldgesellschaften zu den in der Legende zur Abb. 2 beschriebenen 15 Vegetationseinheiten zusammengefasst und nur die bewaldeten Punkte des

1 km-Rasters des LFI berücksichtigt, dann bleiben im dargestellten Szenario "starker Temperaturanstieg" nur 11% aller berücksichtigten Rasterpunkte in der gleichen Einheit. Bei der Version mit dem Ellenberg-Index sind es 45% aller Punkte. Für moderaten Klimawechsel lauten die Zahlen 45% für die Version mit der Jahresmitteltemperatur und 70% für die Version mit dem Ellenberg-Index. Aus der Tab. 2 sind "Gewinner" und "Verlierer" klar ersichtlich.

Wichtig für eine Risikoabschätzung ist es nun abzuklären, welche Waldbestände sich tendenziell leicht oder schwer an zukünftige Klimabedingungen anpassen können. Die heutige Baumartenzusammensetzung kann dabei gewisse Hinweise geben. Wie bei der Abschätzung des Naturnähegrades für heutige Klimaverhältnisse wurden wiederum all jene LFI-Punkte eruiert, an denen die vom Modell vorausgesagten, dominierenden Baumarten weniger als 20% der gesamten Basalfläche ausmachen. Bei mässigem Temperaturanstieg erhöht sich der prozentuale Anteil schlecht adaptierter LFI-Punkte um 5 bis 10% je nach Modellversion, bei starkem Temperaturanstieg um 10 bis 30%. Bei Berücksichtigung der Bäume mit einem BHD < 12 cm vermindert sich die Anzahl schlecht adaptierter Punkte um rund einen Fünftel.

Werden die Resultate des statischen Gleichgewichtsmodells durch ein davon völlig unabhängiges Modell, nämlich dem auf dem individualistischen Artenkonzept beruhenden gap-Modell bestätigt?

Abb. 2 (nächste Seite), oben: Simulierte räumliche Verbreitung von 33 zonalen Waldgesellschaften (aufgrund floristischer Eigenschaften zu 15 Einheiten zusammengefasst) unter heutigen Klimaverhältnissen im 1 km-Raster. Das Modell berücksichtigt "Jahresmitteltemperatur", "geographische Region", "Exposition" und "pH des Oberbodens" als unabhängige Eingangsgrössen (Modellversion B).
unten: Simulierte räumliche Verbreitung von 33 zonalen Waldgesellschaften (aufgrund floristischer Eigenschaften zu 15 Einheiten zusammengefasst) im 1 km-Raster bei einer Erhöhung der Jahresmitteltemperatur um 2.0°C und 2.8°C (abhängig von Region). Das Modell berücksichtigt "Jahresmitteltemperatur", "geographische Region", "Exposition" und "pH des Oberbodens" als unabhängige Eingangsgrössen (Modellversion B).

Pflanzensoziologische Einheiten bzw. Landnutzungseinheiten: (1) Luzulo-Fagion (Südalpen), montan / submontan; (2) Eu-Fagion (Braunmull), tiefmontan/ submontan; (3) Eu-Fagion (Rendzina), submontan; (4) Eu-Fagion (Rendzina), tiefmontan; (5) Cephalanthero-Fagion, submontan; (6) Abieti-Fagion, hochmontan; (7) Aceri-Fagion, tiefsubalpin; (8) Carpinion betuli, kollin / submontan; (9) Quercion pubescenti-petraeae, kollin / submontan; (10) Quercion robori-petraeae, kollin / submontan; (11) Piceo-Abietion, hochmontan; (12) Vaccinio-Piceion (Picea abies) und ähnliche Einheiten, hochmontan / tiefsubalpin; (13) Vaccinio-Piceion (Larix decidua, Pinus cembra), hochsubalpin; (14) Erico-Pinion, kollin - subalpin; (15) heute unbekannte Gesellschaften, kollin / planar; (16) alpine Rasen; (17) Gewässer; (18) Städte.

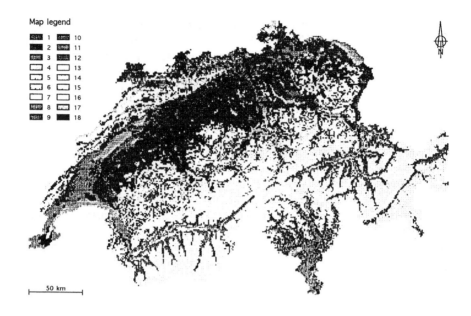

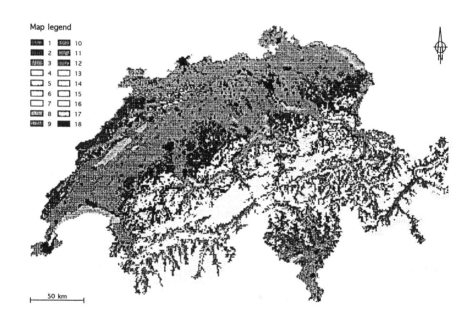

Um diese Frage zu beantworten, wurde ein Simulationsexperiment durchgeführt, das eine Analyse der Waldentwicklung an rund 36 Lokalitäten im zentralen Alpenraum unter sich verändernden Temperaturbedingungen zulässt (Kienast, 1991). Nebst einer "Null"-Simulation über rund 1000 Jahre unter heutigen Klimaverhältnissen wurde eine Simulation mit folgenden Annahmen durchgeführt: Zwischen Jahr 1 und 400 nach Simulationsbeginn auf Kahlflächen herrscht "heutiges" Klima. Zwischen Jahr 400 und 500 erfolgt ein linearer Anstieg der Monatsmitteltemperaturen um 1.5°C (entspricht Szenario "moderater Temperaturanstieg"); zwischen Jahr 500 und 700 erfolgt ein weiterer linearer Anstieg der Monatsmitteltemperaturen um 1.5°C (entspricht Szenario "starker Temperaturanstieg"); und zwischen Jahr 700 und 1000 herrscht konstant erwärmtes Klima. Details zum Szenario sind Kienast (1991) zu entnehmen.

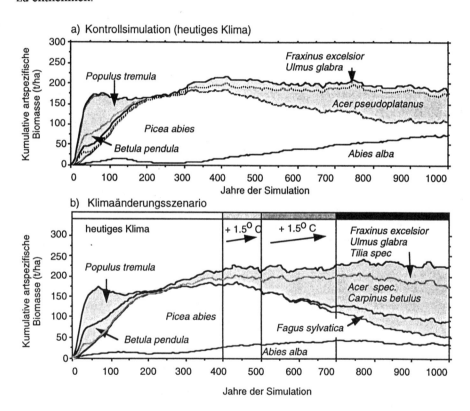

Abb. 3 Simulierte durchschnittliche Biomassenentwicklung von 50 hochmontanen Waldbeständen (plots) unter heutigen Klimabedingungen (oben) und bei einem Klimaänderungsszenario (Klimastation Airolo, 1149 m ü.M.) (abgeändert nach Kienast, 1991).

Die Abb. 3 zeigt ein Beispiel einer solchen Simulation für eine Lokalität im hochmontanen Gürtel der Zentralalpen. Das Klima entspricht der Station Airolo, 1149 m ü.M. Das obere Diagramm stellt die Entwicklung eines Waldbestandes auf einer kahlen Fläche dar. Es stellt sich ein hochmontaner Fichten-Tannenwald ein. In der unteren Grafik sind die Ergebnisse eines Klima-Szenarios zu sehen. Die Auswirkungen der angenommenen Umweltveränderung stellen sich nach einer Latenzzeit von einigen Jahrzehnten ein. Die Fichte und die Tanne büssen ihre vorherrschende Rolle zugunsten von verschiedenen Laubbaumarten wie z.B. Buche, Esche, Hainbuche, Ahorn stärker ein als in der Kontrollsimulation. Aber auch wärmeliebende Arten wie Linde und - im Tessin - die Kastanie etablieren sich. Nach Abschluss der Simulation (Jahr 1000) mit starker Erwärmung über rund 500 Jahre machen die Nadelbaumarten nur noch rund 25% der gesamten Biomasse aus gegenüber ca. 60% bei "heutigen" Klimaverhältnissen. Eine Gesamtbetrachtung der Simulationsergebnisse an 36 Lokalitäten zeigt, dass sich verschiedene Laubbäume (vor allem Buche und Ahorn) bis weit in den montanen Gürtel ausbreiten können und Nadelbaumarten verdrängen. Spezialisierte Arten wie etwa *Pinus cembra* werden im Modell in ihrer Existenz stark bedrängt. Ebenfalls bestätigt wurde das Verdrängen von Buche aus der kollin-submontanen Stufe durch Eiche, nicht aber durch Hagebuche.

4. Diskussion

Simulationen der potentiell natürlichen oder naturnahen Waldvegetation sind gute Hilfsmittel, um allfällige klimabedingte Veränderungen des ökologischen Potentials von Waldstandorten abzuschätzen. Bis vor wenigen Jahren war die traditionelle Vegetationskartierung die einzige Methode, solche Abschätzungen vorzunehmen. Der technische Durchbruch im Bereich der Geographischen Informationssysteme und der Simulationstechnik erlaubt es heute, solche Abschätzungen in relativ hoher räumlicher Auflösung und für grössere Gebiete durchzuführen. Trotz der grossen Vorteile solcher Modelle muss auf Interpretationsgrenzen hingewiesen werden, bevor für die Forstwirtschaft oder für den Natur- und Landschaftsschutz Schlussfolgerungen gezogen werden:

(1) Der statische Equilibriumansatz ist grundsätzlich nur innerhalb demjenigen Temperatur/Niederschlags-"Raum" (environmental space) gültig, der durch die empirischen und zur Kalibrierung verwendeten Daten begrenzt wird (Austin et al., 1984; Graham und Grimm, 1990). Jede Extrapolation über diesen Raum hinaus ist als sehr unsicher zu taxieren. Das Simulationsmodell kennzeichnet solche Fälle.

(2) Die angewendeten Modelle sind keine mechanistischen Modelle im engeren Sinne, auch wenn der gap-Ansatz versucht, kausale Prozessketten miteinander zu verknüpfen. Die Kausalität zwischen Eingangs- und Ausgangsgrössen ist aber oft nicht gegeben (Bugmann, 1994; Prentice et al., 1993). In Anbetracht

der heute oft fehlenden kausalen Zusammenhänge zwischen Pflanzenwachstum und Umweltparameter stellen die angewendeten Modelle jedoch die bestmöglichen Lösungsansätze dar.

(3) Die berücksichtigten Erwärmungen entsprechen den IPCC-"business as usual"-Szenarien, die mittels statistischer Methoden auf die Ebene Region gebracht wurden (statistical downscaling) (Gyalistras et al., 1993). Dabei muss zur Kenntnis genommen werden, dass globale Zirkulationsmodelle heute weder über die Veränderung von Niederschlagsverteilungen über das Jahr, noch über das Verhalten der Temperaturextreme genügend detaillierte Auskünfte geben. Diese für die Vegetation wichtigen, bestimmenden Faktoren bleiben also unberücksichtigt, und es kann nur das langfristige Verhalten der Vegetation evaluiert werden, wie es sich aufgrund des stark integrierenden Faktors der Jahresmitteltemperatur ergibt (Lenihan und Neilson, 1993). Ferner muss beachtet werden, dass Gleichgewichtszustände verglichen werden, also keine Angaben über das Übergangsverhalten der Ökosysteme erwartet werden können. Insbesondere ist nicht anzunehmen, dass sich bei veränderten Standortsbedingungen ganze Gesellschaften quasi "en bloc" an neue geographische Lokalitäten verschieben werden. Vielmehr liefert die Simulation Angaben darüber, an welchen räumlichen Ausschnitten der Erdoberfläche sich das ökologische Potential derart ändert, dass sich die dominierenden Arten anderer Gesellschaften als konkurrenzfähig erweisen könnten.

(4) Die räumliche Auflösung der Eingangsdaten des statischen, räumlich expliziten Ansatzes ist wohl beeindruckend im Vergleich zu den wenigen Punktaussagen der dynamischen Modellierung oder im Vergleich mit experimentellen Untersuchungen an einigen wenigen Punkten. Es darf aber nicht vergessen werden, dass viele räumlich explizite Umweltdaten durch räumliche Extrapolation und Expertenwissen aus mehr oder weniger dicht verteilten Punktdaten stammen. Es ist klar, dass bezüglich der räumlichen Auflösung verbesserte Geländedaten bzw. Boden- und Klimakarten die Qualität des Modells und der Simulation erhöhen würden.

(5) Die in der Risikoabschätzung benützten Angaben über die in jeder Waldgesellschaft natürlicherweise dominierenden Baumarten müssten für weitergehende Untersuchungen diskutiert und hinterfragt werden. Sie stellen den Wissensstand der Experten aus den 1970'er Jahren dar. Der Begriff "natürlicherweise dominierende Baumart" ist in einem weiten Sinne zu verstehen und bedeutet, dass diese Baumart in naturnahen Beständen häufig dominant ist. In der Risikoabschätzung muss ferner betont werden, dass die Anwesenheit von erwarteten dominierenden Arten weder den problemlosen Übergang zu neuen Klimabedingungen garantiert, noch bedeutet die Abwesenheit von solchen Arten den Zusammenbruch der Bestände. Die Abschätzung des Adaptationspotentials zeigt lediglich, welche Bestände noch besser adaptierter Arten bedürfen. Öffnungen im Kronendach, bedingt durch

Stürme, Insekten oder andere Prozesse, werden eine solche Invasion begünstigen.

(6) Die Bedeutung des Naturnähe- bzw. Adaptationspotentials für den Natur- und Landschaftsschutz muss ebenfalls hinterfragt werden. Es ist klar, dass die Vegetation des Alpenraums von Natur aus sowohl vom Artenspektrum als auch von der räumlichen Struktur her viel homogener wäre und dass das durch die traditionelle Landnutzung entstandene Mosaik verschiedener Landnutzungen weitgehend entfiele. Möglichst hohe Naturnähe muss also nicht durchwegs generelles Naturschutzziel sein, da es die Biodiversität auch signifikant herabsetzen kann.

5. Folgerungen

Unter den oben erwähnten Unsicherheiten können folgende Schlussfolgerungen gezogen werden:

(1) Bei moderatem Temperaturanstieg (Jahresmitteltemperatur zwischen 1.0°C und 1.4°C höher bzw. Julitemperatur um 1.5°C höher, je nach Modellversion) zeigen 30 bis 55% der heute bewaldeten 1 km-Rasterpunkte des Schweiz. Landesforstinventars (LFI) einen Wechsel im potentiell natürlichen Waldvegetationstyp (Anzahl der aufgrund floristischer Eigenschaften unterschiedenen Vegetationseinheiten = 15). Die Spannweite der Prozentangaben ergibt sich aufgrund verschiedener Modellversionen. Bei starkem Temperaturanstieg (Jahresmitteltemperatur zwischen 2.0°C und 2.8°C höher bzw. Julitemperatur um 3.0°C höher, je nach Modellversion) steigt der Anteil von LFI-Punkten, welche die potentiell natürliche Vegetationseinheit wechseln, auf 55 bis 89%. Eigentliche Gewinner der Vegetationsverschiebung sind die Eichen - Hainbuchenwälder. Hauptverlierer sind die montanen und hochmontanen Nadelwälder, welche einer Invasion von Laubbäumen gegenüberstehen.

(2) Werden aktuelle und potentiell natürliche Vegetation auf dem Niveau der dominierenden Baumarten verglichen, so zeigt sich, dass unter heutigen Klimabedingungen rund 25 bis 30% der heute bewaldeten 1 km-Rasterpunkte des Landesforstinventars (LFI) schlecht an die naturnahen Bedingungen angepasst sind. Die Artenzusammensetzung entspricht nicht den erwarteten Arten (Basalfläche der erwarteten Baumarten machen weniger als 20% der totalen Basalfläche aller Bäume mit BHD _ 12 cm aus). Bei mässigem Temperaturanstieg steigt der Anteil schlecht adaptierter Bestände um 5 - 10% aller LFI-Punkte und bei starkem Temperaturanstieg um 10 - 30%. Die Unterschiede ergeben sich durch die Modellversionen.

(3) Für ein Landschafts- bzw. Naturschutzkonzept auf Stufe Region oder Bundesstaat kann mit Hilfe dieser Untersuchung angegeben werden, welches die

Regionen sind, die sowohl unter heutigen als auch unter künftigen Klimabedingungen ein hohes Naturnähe- bzw. Adaptationspotential aufweisen. Diese "Allroundregionen" würden eine gewisse Konstanz der Naturschutzziele gewährleisten, stellen aber kaum Extremstandorte mit einer Vielzahl von Arten und Gesellschaften dar. Gebiete, die schlecht an künftige Temperaturerhöhungen angepasst sind, erfordern vermutlich eine dauernde Anpassung der Naturschutzziele. Innerhalb eines regionalen Landschaftsschutzkonzeptes ist es wünschenswert, auch solche Gebiete zu berücksichtigen, da hier Übergangs-, Zusammenbruchs- und Pionierphasen unter möglicher Klimaerwärmung studiert werden könnten.

6. Literatur

AUSTIN, M.P., CUNNINGHAM, R. B. u. FLEMING, P.M. (1984): New approaches to direct gradient analysis using environmental scalars and statistical curve-fitting procedures. - *Vegetatio* 55: 11-27.

BOTKIN, D.B., JANAK, J.F. u. WALLIS, J.R. (1972): Some ecological consequences of a computer model of forest growth. - *J. Ecol.* 60: 849 - 872.

BUGMANN, H., (1994): On the ecology of mountainous forests in a changing climate: a simulation study. Diss. ETHZ Nr. 10638. Zürich.

BUGMANN, H. u. FISCHLIN, A., (1992): Ecological processes in forest gap models - analysis and improvement. In: TELLER, A., MATHY, P. u. JEFFERS, J.N.R. (eds): Responses of forest ecosystems to environmental changees. Elsevier Applied Science, London, New York, pp. 953 - 954.

BRZEZIECKI, B., KIENAST, F. u. WILDI, O. (1993): A simulated map of the potential natural forest vegetation of Switzerland. - *Journal of Vegetation Science* 4: 499-508.

BRZEZIECKI, B., KIENAST, F. u. WILDI, O. (1994): Potential impacts of a changing climate on the vegetation cover of Switzerland: a simulation experiment using GIS technology. In PRICE, M.F. u. HEYWOOD, D.I.: Mountain environments & Geographic Information Systems. London & Bristol: Taylor & Francis, S. 263 - 279.

BURNAND, J., HASSPACHER, B. u. STOCKER, R., (1990): Waldgesellschaften und Waldstandorte im Kanton Basel-Landschaft. Verlag Kanton Basel, Liestal.

DOBSON, A., JOLLY, A. u. RUBENSTEIN, D., (1989): The greenhouse effect and biological diversity. -*Tree* 4: 64 - 68.

EIDG. ANSTALT FÜR DAS FORSTLICHE VERSUCHSWESEN (EAFV), (1988): Schweiz. Landesforstinventar. Ergebnisse der Erstaufnahme 1982 - 1986. Eidg. Anst. forstl. Versuchswes., Ber. 305.

ELLENBERG, H. u. KLÖTZLI, F., (1972): Waldgesellschaften und Waldstandorte der Schweiz. - *Mitt. Schweiz. Anst. Forstl. Versuchsw.* 48: 388-930.

FEDERICI, F. u. PIGNATTI, S. (1991): The warmth index of Kira for the interpretation of vegetation belts in Italy and southwest Australia: two regions with Mediterranean type bioclimates. - *Vegetatio* 93: 91-99.

FISCHER, H.S., (1990a): Simulating the distribution of plant communities in an alpine landscape. - Coenoses 5: 37-43.FISCHER, H.S., (1990b): Simulation der räumlichen Verteilung von Pflanzengesellschaften auf der Basis von Standortskarten. Dargestellt am Beispiel des MaB Testgebietes Davos. Diss. ETH Nr. 9202.

GRABHERR, G., GOTTFRIED, M. u. PAULI, H., (1994): Climate effects on mountain plants. - *Nature* 369: 448.

GRAHAM, R.L., HUNSAKER, C.T. u. O'NEILL, R.V., (1991): Ecological risk assessment at the regional scale. - *Ecological Applications* 1: 196-206.

GRAHAM, R.W. u. GRIMM, E.C., (1990): Effects of global climate change on the patterns of terrestrial biological communities. - *Trends Ecol. Evol.* 5: 289 - 292.

GYALISTRAS, D., VONSTORCH, H., FISCHLIN, A. u. BENISTON, M., (1993): Linking GCM-simulated climate changes to ecosystem models: case studies of statistical downscaling in the Alps. Swiss Federal Institute of Technology, Department of Environmental Sciences, Institute of Terrestrial Ecology. Report 17.

HALPIN, P.N., (1994): GIS analysis of the potential impacts of climate change on mountain ecosystems and protected areas. In: PRICE, M.F. u. HEYWOOD, D.I.: Mountain environments & Geographic Information Systems. London & Bristol: Taylor & Francis, S. 281 - 301.

KIENAST, F., (1991): Simulated effects of increasing atmospheric CO_2 and changing climate on the successional characteristics of Alpine forest ecosystems. - *Landscape Ecology* 5(4): 225 - 238.

KIENAST, F. u. BRZEZIECKI, B., (1993): Potential temporal and spatial responses of forest communities to climate change: application of two simulation models for ecological risk assessment. - IUFRO world series vol. 4: 20 - 21.

KIENAST, F. u. KUHN, N., (1989): Simulating forest succession along ecological gradients in southern Central Europe. - *Vegetatio* 79: 7 - 20.

KIENAST, F., BRZEZIECKI, B. u. WILDI, O., (1994): Computergestützte Simulation der räumlichen Verbreitung naturnaher Waldgesellschaften in der Schweiz. - *Schweiz. Z. Forstwes.* 145: 293 - 309.

KELLER, W., (1975): Querco-Carpinetum calcareum Stamm 1938 redivivum? Vegetationskundliche Notizen aus dem Schaffhauser Reiat. - *Schweiz. Z. Forstwes.* 126: 729-749.

KELLER, W., (1982): Die Waldgesellschaften im 2. Aargauer Forstkreis. Waldwirtschaftsverband des 2. Aargauischen Forstkreises. Aarau. (unpubl. Karten 1: 5'000 beim Kreisforstamt 2, Aarau)

LEEMANS, R. u. PRENTICE, I.C., (1989): FORSKA, a general forest succession model. Institute of Ecological Botany, Uppsala, 70 p.

LENIHAN, J.M. u. NEILSON, R.P., (1993): A rule-based vegetation formation model for Canada. - *J. of Biogeography* 20: 615 - 628.

LIENERT, L., (ed.) (1982). Die Pflanzenwelt in Obwalden. Ökologie. Kant. Oberforstamt OW, Sarnen.

MARTIN, P., (1992): EXE-A climatically sensitive model to study climate change and CO_2 enhancement effects on forests. - *Aust. J. Bot.* 40: 717 - 735.

MOONEY, H.A. u. KOCH, G.W., (1994): The impact of rising CO_2 concentrations on the terrestrial biosphere. - *Ambio* 23: 74 - 76.

OBERFORSTAMT KT. ZÜRICH/AMT FÜR RAUMPLANUNG DES KT. ZÜRICH, (1984): Kommentar zur Vegetationskundlichen Kartierung der Wälder im Kanton Zürich, Forstkreis 7. 48 S., Anhang.

OZENDA, P. u. BOREL, J.L., (1990): The possible responses of vegetation to a global climatic change. Scenarios for Western Europe, with special reference to the Alps. In: BOER, M.M. u. DEGROOT, R.S. (eds.). Proc. Europ. Conf. on Landscape ecological impact of climatic change. pp. 221 - 249. IOS Press, Amsterdam.

OZENDA, P. u. BOREL, J.L., (1991): Les conséquences écologiques possibles des changements climatiques dans l'Arc alpin. Rapport FUTURALP No. 1. ICALPE, Le Bourget du Lac cedex, France. 49p.

PALMER, A.R. u. VAN STADEN, J.M. (1992): Predicting the distribution of plant communities using annual rainfall and elevation: an example from southern Africa. - Journal of Vegetation Science 3: 261-266.

PETERS, R.L., (1990): Effects of global warming on forests. - *Forest Ecology and Management* 35: 13 - 33.

PETERS, R.L. u. DARLING, J.D., (1985): The greenhouse effect and nature reserves. *Bioscience* 35: 707 - 717.

PETERS, R.L. u. LOVEJOY, T.E., eds. (1992): Global warming and biological diversity. Proc. of the WWF Conference on consequences of the greenhouse effect for biological diversity, 1988. Yale University Press. New York.

PRENTICE, I.C., SYKES, M.T. u. CRAMER, W., (1993): A Simulation Model for the Transient Effects of Climate Change on Forest Landscapes. - *Ecol. Model.* 65: 51-70.

RICHARD, J.-L., (1965): Extraits de la carte phytosociologique des forêts du canton de Neuchâtel. - *Beitr. Geobot. Landesaufn. Schweiz* 47: 1-48.

SOMMERHALDER, R., KUHN, N., BILAND, H.-P., VON GUNTEN, U. u. WEIDMANN, D., (1986): Eine vegetationskundliche Datenbank der Schweiz. - *Botanica Helvetica* 96: 77-93.

WOHLGEMUTH, TH., (1992): Die vegetationskundliche Datenbank. - *Schweiz. Z. Forstw.* 143: 22-36.

WRIGLEY, N., (1985): Categorical Data Analysis for Geographers and Environmental Scientists. Longman, New York.

Perspektiven einer nachhaltigen und umweltgerechten Wirtschaft

Hans Christoph Binswanger

Hochschule St. Gallen, CH-9010 St.Gallen

Wir leben heute in einer Zeit des Umbruchs, in der Neuorientierung eine Notwendigkeit geworden ist. Gerade in solchen Zeiten der Veränderung braucht es eine langfristige Perspektive. Eine solche ist mit der Rio-Konferenz von 1992 geschaffen worden. Sie sollte Grundlagen für ein Sustainable Development legen. Wir sprechen auch von einer "dauerhaften und umweltgerechten Wirtschaft" als neuem Leitziel. Dieses Leitziel möchte ich aus meiner Sicht in drei Schritten begründen und konkretisieren.

In einem ersten Schritt gilt es, ein neues Verständnis über die Rolle und den Beitrag der Natur bzw. der Umwelt im Wirtschaftsprozess zu gewinnen.

Für die herkömmliche Ökonomie war bzw. ist noch weitgehend das Sozialprodukt (P) *allein* eine Funktion von Arbeits- und Kapitaleinsatz. Es gilt:

$$P = f(A,K)$$

Wenn man sagt: das Sozialprodukt (P) sei eine Funktion von Arbeit (A) und Kapital (K), heisst dies, von rechts nach links gelesen: man nehme X Einheiten Arbeit, und Y Einheiten Kapital, dann entstehen Z Einheiten Sozialprodukt. Die Natur und die Leistungen der Natur werden ausgeblendet. Das ist so, wie wenn man einen Kuchen nach dem Rezept backen will: man nehme einen Topf und einen Löffel (das Kapital) und rühre so und so lange darin herum (die Arbeit). Das Resultat sei ein Kuchen. Was wird aber entstehen? Nichts! Ohne Mehl, Eier, Zucker wird es keinen Kuchen geben. Dasselbe gilt für die Wirtschaft. Man kann ohne Natur - d.h. ohne Material, das man der Natur entnimmt - nichts produzieren, und umgekehrt kann der Konsum nichts vernichten, sondern entlässt alles in Form von Abfällen und Emissionen wieder in die Natur. Nichts wird aus nichts. Ebenso gilt: nichts wird zu nichts. Produzieren und Konsumieren ist also im Grunde nur *Transformation* von natürlichen Stoffen. Diese fügt zwar den Stoffen einen gewissen Nutzen hinzu bzw. nimmt ihn weg, aber vermehrt oder verringert sie nicht in ihrer Substanz. Das ist offensichtlich. Wie hat man dann aber überhaupt in der Ökonomie so tun können, als ob man *allein* aus Arbeit und Kapital etwas herstellen könne? Wie hat man eine solche Produktionsfunktion allein mit Arbeit und Kapital, ohne Natur aufstellen können, zumal ja die natürlichen Substanzen auch ausserhalb von Produktion und Konsum einen Nutzen (als Natur) oder einen Unnutzen (als Abfall) haben bzw. haben können.

Die Erklärung ist folgende: Die Ökonomie orientiert sich im Grunde immer noch an der vorindustriellen Produktionsweise, in der nur erneuerbare, regenerierbare Ressourcen genutzt werden und dies nur soweit, als sie erneuerbar bleiben. Erneuerbare Ressourcen sind die Grundlagen der Landwirtschaft sowie der Wald-, Weide-, und Fischwirtschaft. Wenn diese Ressourcen genutzt werden, entstehen aus den Abfällen immer wieder neue Ausgangsstoffe.

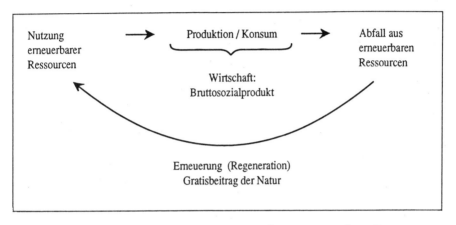

Abb. 1 Bild einer früheren Wirtschaft auf der Grundlage nur erneuerbarer Ressourcen

Abb. 1 verdeutlicht diese Aussage: die Abfälle werden durch die ökologischen Kreisläufe wieder zu Erde, Wasser, Luft, Nährstoffen, also zu neuen Ressourcen. Dies macht die Natur allein. Man muss ihr dabei nicht helfen. Sie macht es - das ist entscheidend - gratis. Der Regenerationsprozess darf als *Geschenk* betrachtet werden. *Geschenke sind aber nicht Teil der Wirtschaft.*

Zur Wirtschaft zählt nur, was man - real und monetär - bezahlen muss. Solange also der Regenerationsprozess gewährleistet blieb, und solange im wesentlichen nur regenerierbare Ressourcen verwendet wurden, solange war es *nicht* notwendig, die Natur explizit in die Produktionsfunktion aufzunehmen. Man durfte sagen: Die Gratisleistung der Natur ist nicht Gegenstand der Wirtschaft, auch wenn sie selbstverständlich immer mitwirkt.

In einer solchen Situation muss man sich in der Wirtschaft nur um Produktion und Konsum im engeren Sinne, also den Transformationsprozess, kümmern, nicht um die natürlichen *Re*produktionsprozesse, die dahinter stehen. In diesem Sinne darf man daher die einfache Produktionsfunktion vor allem von links nach rechts lesen, nämlich nicht vor allem als Aussage darüber, wie das Sozialprodukt entsteht, sondern wie es verteilt werden kann. Einen Anteil am Sozialprodukt beanspruchen nur diejenigen Produktionsfaktoren, die ohne eine Gegenleistung, zumindest dem Reproduktionsaufwand entspricht, nicht zur

Verfügung stehen, nämlich Arbeit und Kapital. Ihnen bzw. den beiden Sozialpartnern, die hinter Arbeit und Kapital stehen, den Arbeitnehmern und Arbeitgebern, kann alles, was produziert wird, zur Verfügung gestellt werden. Die Natur fordert in der traditionellen Wirtschaft keine Gegenleistung, keinen Reproduktionsaufwand, sodass man ihren Produktionsbeitrag ohne weiteres an Arbeitnehmer und Arbeitgeber mitverteilen kann. Man kann daher sozusagen in verkürzter Form schreiben:

In der Folge wurde aber diese Produktionsfunktion missverstanden. Sie schien anzudeuten, dass die Natur überhaupt nicht an der Produktion mitwirke, dass sie daher auch am Wachstum der Produktion gar nicht beteiligt sei. Wohl hat man festgestellt, dass das Sozialprodukt schneller zunimmt als der Arbeits- und Kapitaleinsatz, dass also noch ein anderer Faktor beteiligt sein muss. Diesen nannte man aber einfach technischen Fortschritt (F), und schrieb:

$$P = f(A,K,) \rightarrow P = f(A,K,F)$$

Man verstand aber unter F nur einen Faktor, der wie Manna vom Himmel regnet, und daher als solcher nichts kostet, dem man daher auch nichts bezahlen muss. Er gilt einfach als verlängerter Arm von Arbeit und Kapital, dessen Beitrag ohne weiteres an Arbeitnehmer und Arbeitgeber mitverteilt werden kann. In Wirklichkeit steht aber hinter dem technischen Fortschritt neben dem Einsatz menschlicher Intelligenz für Forschung und Entwicklung auch eine immer intensivere Nutzung der Natur, indem aus der Natur nicht nur Material, sondern auch Energie entnommen wird, und mit Hilfe der Energie auch immer mehr Material. Die Zunahme des Energieverbrauchs in den letzten 150 Jahren macht diese enorme Intensivierung deutlich (vgl. Abbildung 2).

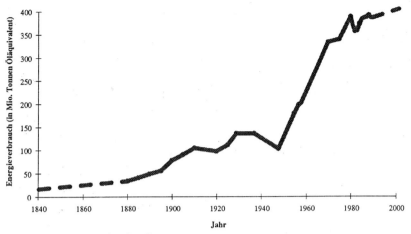

Quelle: Eigener Darstellung aufgrund von Daten aus:
DEWHURST, J.F.: Europe's Needs and Resources, Trends and prospects in 18 countries, New York: Twentieth Century Fund 1961
OECD:OECD Environmental Data Compendium, Paris 1991
SVENNILSON, L; Growth and stagnation in the European Economy. Genf (Xerokopie) 1954
Datengrundlage bis 1920 waren Abgaben über die Kohlenproduktion, die in Oläquivalente umgerechnet wurden.
Ab 1925 bedeutet Energieverbrauch: Energieproduktion plus Nettoimporte, einschliesslich Lagerveränderungen

Abb. 2 Entwicklung des Energieverbrauchs in Deutschland seit 1840

Dabei wird bei einer solchen Intensivierung in hohem Mass Raubbau an erneuerbaren Ressourcen betrieben, so dass ihre Erneuerbarkeit nicht mehr gewährleistet ist. Vor allem aber werden nicht-erneuerbare, d.h. erschöpfbare Ressourcen, wie Metalle, chemische Grundstoffe, fossile Energieträger, Uran usw. verwendet, die mit der Verwendung *ver*braucht werden. Die Abfälle und Emissionen aus nicht-erneuerbaren Ressourcen bleiben daher auch "liegen", d.h. sie erneuern sich ex definitione nicht und führen damit zur Umweltverschmutzung und -zerstörung. Zur Umweltbelastung im weiteren Sinne des Wortes gehören auch die Grossrisiken, die mit den neuen Techniken wie Kernkraft und Gentechnik verbunden sind. All das vollzieht sich hinter dem Vorhang dieses "F", des sog. technischen Fortschritts.

Um der Umwelt eine Chance zu geben, müssen wir nun den Vorhang dieses "F" auf die Seite schieben, die Natur dahinter hervorholen und deutlich machen, was mit ihr geschieht. Dann sehen wir, dass die moderne Wirtschaft schon längst nicht mehr nur auf Geschenken der Natur beruht, bei der ihre Substanz erhalten bleibt, sondern auch auf einem Raubbau an natürlichen Ressourcen, bzw. auf einer *Übernutzung der Natur,* der die Substanz zerstört und zunehmend Unnutzen produziert. Damit wird die Funktionsfähigkeit der Natur *sowohl* als Wirtschaftsgrundlage für die künftigen *als auch* als Lebensgrundlage für die gegenwärtigen und die künftigen Generationen in Frage gestellt.

Um eine solche Entwicklung zu vermeiden, muss der Rahmen der Wirtschaft wesentlich weitergespannt werden, als dies im herkömmlichen Selbstverständnis der Wirtschaft der Fall ist. Nicht nur die Reproduktion von Arbeit und Kapital, sondern auch die Reproduktion bzw. Instandhaltung der Natur muss als Aufgabe der Wirtschaft betrachtet werden. Die Natur (N) muss als dritter Produktionsfaktor *und* auch als dritter Sozialpartner anerkannt werden. Dabei ist zu berücksichtigen, dass mit dem wirtschaftlichen Prozess nicht nur das Sozialprodukt hergestellt, sondern auch die Umweltqualität (U) als Teil der Lebensqualität positiv oder negativ beeinflusst wird. Wir müssen daher die Produktionsfunktion in folgender Weise erweitern:

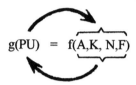

Nur das Ergebnis des technischen Fortschritts als solches, nicht das Ergebnis, das sich aus der Übernutzung der Natur ergibt, darf an Arbeit und Kapital mitverteilt werden. Das heisst, dass entweder die Natur einen Anteil am Sozialprodukt erhalten muss, dass also ein Teil desselben der Natur in Form bestimmter ökonomischer Aktivitäten zurückerstattet werden muss, *oder* dass die Natur im Sinne einer nachhaltigen Wirtschaftsweise dadurch in ihrer Substanz bewahrt bleibt, dass auf bestimmte Möglichkeiten ihrer Nutzung bzw. Übernutzung verzichtet wird. Das heisst: so oder so muss für die Natur etwas *bezahlt* werden, im Sinne der effektiven Zahlung oder im Sinne eines Verzichts, so dass nicht mehr "alles" auf Arbeit und Kapital verteilt werden kann bzw. nicht alles produziert werden kann, was an sich möglich wäre. Ressourcenbewirtschaftung incl. Verzichte, Recycling und umfassender Umweltschutz werden zu Teilen der Wirtschaft (vgl. Abb. 3).

Wirtschaft umfasst dann den gesamten Prozess vom Gebrauch bzw. Verbrauch der natürlichen Ressourcen bis zu den Abfällen und Emissionen inklusive die Tätigkeiten, die weder dem unmittelbaren Konsum oder der Investition in Maschinen und Gebäude dienen, sondern der Reproduktion der Natur. Dabei geht es in der Wirtschaft nicht nur um die Herstellung des Sozialprodukts im engeren Sinne, sondern auch um die Herstellung, Bewahrung oder Wiederherstellung von Lebens- bzw. Umweltqualität.

Erst aufgrund eines solchen erweiterten Verständnisses des Wirtschaftens bekommt die Zielsetzung des nachhaltigen Wirtschaftens einen, so - möchte ich sagen - nachhaltigen Sinn. Dabei muss allerdings diese Zielsetzung verdeutlicht werden. Sie qualifiziert das Wachstum des Sozialprodukts in der Weise, dass es entscheidenden Nebenbedingungen untergeordnet wird. Als solche lassen sich vor allem vier ausmachen.

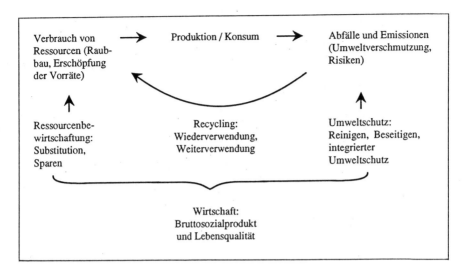

Abb. 3 Bild einer ökologieverträglichen Wirtschaft unter Einbezug von Leistungen für die Natur

Die ersten beiden Bedingungen sind in der Literatur über das nachhaltige Wirtschaften allgemein anerkannt:
 Die erste ergibt sich aus der Idee der Nachhaltigkeit selbst, die ja bekanntlich aus der Waldwirtschaft stammt, also aus der Bewirtschaftung einer regenerierbaren, erneuerbaren Ressource. Sie lässt sich auf alle regenerierbaren Ressourcen, also vor allem auch auf die Fischerei und die Landwirtschaft, anwenden. Man kann sie etwa so formulieren: "Die Inanspruchnahme der erneuerbaren Ressourcen ist so zu gestalten, dass die Nutzungsrate die natürliche Regenerationsrate nicht übersteigt."
 Das zweite Postulat betrifft die Umweltbelastungen. Sie bezieht sich auf die beschränkte Möglichkeit der Absorption der Abfälle und Emissionen durch die Umweltmedien Boden, Wasser, Luft, und lautet: "Bei der Belastung der Umwelt durch Abfälle und Emissionen ist sicherzustellen, dass die Verschmutzungsrate gleich oder geringer ist als die Absorptionsrate."
 Umweltbelastungen ergeben sich aber auch durch Störfälle bei risikoreichen Technologien, wie insbesondere Kernenergie und Gentechnologie. Ein drittes Postulat muss daher lauten: "Technologische Risiken, deren ökologische Folgen im Störfall die anderen Nachhaltigkeitspostulate verletzen oder sogar nicht abschätzbar sind, sind zu vermeiden."
 Ein viertes Postulat bezieht sich auf die Nutzung nicht-erneuerbarer Ressourcen, die die wichtigste Grundlage des wirtschaftlichen Wachstums sind. Es handelt sich einerseits um fossile Brennstoffe und andererseits um mineralische Rohstoffe und chemische Grundstoffe, die aus den im Boden vorhandenen Vorräten herausgeholt werden. Hier gibt es definitionsgemäss nur eine Ernte, also kein "Nachwachsen". Die Idee des nachhaltigen Wirtschaftens

ist daher so, wie er aus der Waldwirtchaft stammt, nicht anwendbar. Sollte man daher die Lösung darin finden, dass man sie in der Substitution der nichterneuerbaren Ressourcen durch regenerierbare, erneuerbare Ressourcen sieht? Ich meine: nein bzw. nur in einem sehr beschränkten Ausmass, denn alle erneuerbaren Ressourcen, insbesondere im Energiebereich, wie Sonnen- und Windenergie sind mit einem gewaltigen Boden-, Natur- und Landschaftsverbrauch verbunden. Sonnenenergie als erneuerbare Energiequelle sollte daher nur in dem Ausmass eingesetzt werden, als sie dezentral in Siedlungsgebieten gewonnen werden kann. Auf keinen Fall darf die Lösung aber in der Windenergie gesucht, deren Gewinnung nicht auf Siedlungsgebiete beschränkt werden kann und bei der der Energieertrag in gar keinem Verhältnis zum damit verbundenen Landschaftsverlust steht.

Es bleibt daher als Lösung nichts anderes als die Einsparung von Energie, z.B. durch Wärmekraftkoppelung, als auch durch konsequente Einführung neuer Technologien, die nicht mehr in erster Linie auf Arbeitseinsparung, sondern auf Vermeidung von Energievergeudung ausgerichtet sind. Dies ist bei weiten die ökologisch effektivste und gleichzeitig ökonomisch effizienteste, nämlich nicht nur die kostengünstige, sondern auch eine gewinnbringende Art der Umweltschonung.

Die Energieeinsparung muss begleitet werden durch Rohstoffeinsparung, vor allem mittels Weiter- und Wiederverwendung von Abfällen in dem Ausmass, als - über den ganzen Lebenszyklus des Produkts bzw. des Abfalls gerechnet - gleichzeitig auch Energie eingespart wird.

Nur so kann erreicht werden, dass ein Betrag zur CO_2-Verminderung und damit zur Abwendung einer möglichen Klimakatastrophe geleistet wird, ohne dass andere, zusätzliche Umweltbeeinträchtigungen und -katastrophen entstehen.

Diese Überlegungen führen uns schliesslich drittens zur Frage, wie diese Postulate aus der heutigen Problemlage heraus in die Praxis umgesetzt werden kann. Es steht ausser Frage: es muss eine Energiesteuer eingeführt werden. Sie sollte auf aller *gekaufter* Energie erhoben werden, mit der einzigen Ausnahme von dezentral in Siedlungsgebieten gewonnener Sonnenenergie. Die Einnahmen aus der Energiesteuer muss zur Senkung der Lohnnebenkosten verwendet werden, um die Arbeit zu verbilligen und somit einen Anreiz zu geben, den technologischen Fortschritt nicht mehr so sehr in der Einsparung von Arbeit, sondern in der Einsparung von Energie und damit von Umweltverbrauch zu suchen. Diese Forderung liegt so sehr in der Logik der Sache, in der Logik eines qualitativen, d.h. den Nachhaltigkeitspostulaten unterstellten Wachstums, dass wir es über kurz oder lang zu einer solche ökologische Steuerreform kommen wird. Davon bin ich überzeugt.

In der Schweiz wird bekanntlich im Jahr 2003 das Geld zur Finanzierung der Altersrenten ausgehen. Anderen Ländern geht es ähnlich. Es droht die Kürzung der Altersrenten oder eine nochmalige Erhöhung der Lohnprozente und damit eine weitere Verteuerung der Arbeit. Ist es da nicht ökonomisch und ökologisch sinnvoller, eine Energiesteuer zu erheben, deren Erträge, soweit sie von den

Produzenten aufgebracht werden, in einen Fonds einbezahlt werden, der der (Teil-)Finanzierung der Renten dient. Die Arbeitgeber erhalten dann entsprechend ihren Beiträgen an die Altersrenten aus dem Fonds eine Rückvergütung aus den Erträgen der Energiesteuer. Diese sollte in gewissen Etappen bis zu einem vorbestimmten Satz ansteigen. Es kann und muss dann offen bleiben, in welchem Ausmass der Energiekonsum wegen der Steuer zurückgeht - bei realistischen Energiesteuersätzen von ca. 50% der Endenergiepreise - könnte dies, so ist aus ökologischen Gründen zu hoffen, ca. 10 - 15% betragen. 85 - 90% der Energie blieben damit immer noch als Steuersubstrat übrig.

Ich meine: Die ökologische Steuerreform ist zwar nicht hinreichend, um eine Hinwendung zu einer nachhaltigen Wirtschaft zu bewirken - das muss man auch deutlich sagen -, aber umgekehrt gilt auch: ohne eine solche Reform wird es keine nachhaltige Wirtschaft geben.

Einsicht in ökologische Zusammenhänge und Umweltverhalten

Andreas Diekmann, Axel Franzen

Institut für Soziologie, Universität Bern, CH-3012 Bern

1. Einleitung

Wie in unserer Gesellschaft mit den natürlichen Ressourcen umgegangen wird, ist das Resultat einer Vielzahl von Handlungen in Politik, Wirtschaft und im persönlichen Alltagsleben. Dabei können uns die Naturwissenschaften zwar wichtige Einsichten in ökologische Zusammenhänge vermitteln, beispielsweise zu den Folgen des Verbrauchs fossiler Energien für das globale Klima. In welcher Weise aber diese Zusammenhänge und ökologischen Gefährdungen der natürlichen Lebensgrundlagen wahrgenommen werden und das Handeln der Menschen als Entscheidungsträger oder im persönlichen Alltag prägen, ist eine Frage, die an die Adresse der Sozialwissenschaften gerichtet ist. Konkret stellt sich das Problem, von welchen Bedingungen es denn abhängt, dass Personen in mehr oder minder starkem Ausmass ökologieorientiert handeln oder auf der anderen Seite relativ sorglos mit der knappen Ressource "Natur" umgehen.

Dieser Frage wird in der Sozialpsychologie und Soziologie mit Labor- und Feldexperimenten, Fallstudien oder mit Befragungsstudien ("Surveys") zum Umweltverhalten nachgegangen. Eine ganze Reihe mutmasslicher Einflussfaktoren auf das Umwelthandeln kommen in Betracht: Die Einstellung zum Umweltproblem, d. h. das Umweltbewusstsein einer Person, das Wissen um ökologische Zusammenhänge (Umweltwissen), die persönliche Betroffenheit durch Umweltbelastungen wie Lärm oder Abgase am Wohnort, die Einbindung in mehr oder minder umweltfreundliche soziale Netzwerke wie Freundeskreise und Nachbarschaften und nicht zuletzt ökonomische Anreize. Dazu zählen die Preise, Zeitkosten und Qualitäts- oder Bequemlichkeitseinbussen bzw. Gewinne ökologieorientierten Handelns im Vergleich zur weniger umweltgerechten Handlungsalternative.

In der vorliegenden Arbeit befassen wir uns hauptsächlich mit zwei Aspekten der Einstellung zur Umwelt. Zunächst untersuchen wir, in welchem Ausmass ökologische Zusammenhänge und Probleme von der Bevölkerung überhaupt wahrgenommen werden. Zur Beantwortung dieser ersten, deskriptiven Fragestellung werden repräsentative Umfragedaten benötigt. Mit dem "Schweizer Umweltsurvey", basierend auf einer Zufallsstichprobe von 3019 Schweizerinnen und Schweizern, stehen repräsentative Daten zu zahlreichen Aspekten des Umweltverhaltens, zum Umweltbewusstsein und Umweltwissen zur Verfügung.[1] Weiterhin wurde ein Teil der Fragen im Rahmen des "International Social Survey Program (ISSP)" gleichzeitig Personen aus Bevölkerungsstichproben in mehr als zwanzig Ländern innerhalb und ausserhalb Europas vorgelegt. Die Schweizer und die ISSP-Daten erlauben damit zusätzlich internationale Vergleiche bezüglich der Wahrnehmung von Umweltproblemen.

Neben der Frage nach dem Ausmass umweltbezogener Einstellungen und Verhaltensweisen stellt sich zweitens die Frage nach dem Zusammenhang zwischen ökologischen Einsichten und konkreten Umweltaktivitäten. So wird beispielsweise versucht, das persönliche Umwelthandeln im Alltag durch vermehrte ökologische Bildung und Aufklärung zu verbessern. Es fragt sich allerdings, ob die pädagogische Strategie wirklich nennenswerte Früchte trägt. Dies wäre nur dann der Fall, wenn auch empirisch Zusammenhänge zwischen dem Ausmass des Umweltwissens und dem Umweltverhalten nachweisbar wären. Handeln also Personen, die sich um vermehrtes ökologisches Wissen bemühen, tatsächlich umweltgerechter? Zur Prüfung dieser und weiterer Hypothesen stützen wir uns gleichfalls auf die Daten des Schweizer Umweltsurveys.

2. Gewachsenes Umweltbewusstsein in Europa

In den westeuropäischen Ländern, in denen regelmässig Befragungen zur Umweltthematik unternommen werden, zeigt sich ein relativ eindeutiger Trend zunehmenden Umweltbewusstseins. Gemäss der Eurobarometerumfrage wurde die Priorität der Umweltpolitik in den Staaten der Europäischen Union in der Vergangenheit ausgesprochen hoch eingeschätzt. Die Einstufung der Dringlichkeit der Umweltpolitik ist in den Jahren von 1988 bis 1992 sogar nochmals stark angestiegen (Abbildung 1a und 1b). Allerdings ist dieser Trend durch eine Einschränkung zu qualifizieren. Eine Reihe von Studien haben nämlich gezeigt, dass zwischen Lippenbekenntnissen zur Dringlichkeit des Umweltschutzes und dem eigenen Tun erhebliche Diskrepanzen bestehen (Diekmann, Preisendörfer 1992; Diekmann, Franzen 1995; Hines et al. 1986; Weigel 1977). Neben der Kluft zwischen Umweltbewusstsein und Umweltverhalten zeigen zweitens

---

[1] Der Schweizer Umweltsurvey 1994 entstand unter Leitung der Autoren. Das Projekt wurde vom Schweizer Nationalfonds innerhalb des Schwerpunktprogramms Umwelt finanziert. Eine Zufallsstichprobe aller Schweizer Stimmbürger wurde telefonisch und schriftlich befragt (vgl. zur Methode Diekmann, Franzen 1995 Der Schweizer Umweltsurvey 1994: Codebuch). Die Ausschöpfungsquote der telefonischen Interviews betrug 52%, die der schriftlichen 88% (von den 52% realisierter Telefoninterviews). Die hier berichteten Randverteilungen wurden nach der Haushaltsgrösse gewichtet. Dank einer Zusatzfinanzierung durch die Innerschweizer Kantone, konnten für die Innerschweiz 300 zusätzliche Interviews durchgeführt werden. Diese Überrepräsentierung der Innerschweiz wird ebenfalls durch Gewichtung berücksichtigt. Die Gewichtungsfaktoren basieren auf den bekannten Auswahlwahrscheinlichkeiten gemäss Stichprobenplan (Designgewichte). Auf die höchst umstrittene Prozedur der Anpassung an bekannte Randverteilungen (Redressement, Nachgewichtung) haben wir verzichtet.

detailliertere internationale Vergleichsstudien, dass die Bewertung von Umweltzielen mit der Bewertung ökonomischer Ziele konkurriert. Wird z. B. nach der Bereitschaft zu Abstrichen am Lebensstandard zugunsten der Umwelt oder zur relativen Bedeutung der Umweltpolitik im Vergleich zum Problem der Arbeitslosigkeit gefragt, so wird die Bedeutung des Umweltschutzes deutlich niedriger eingestuft.

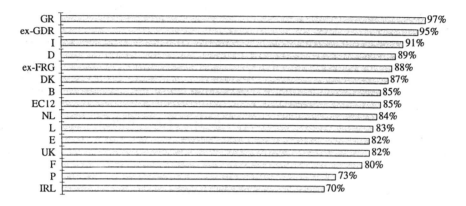

Abb. 1a Zustimmung in % zur Frage: "Umweltschutz als dringliches Problem", 1992

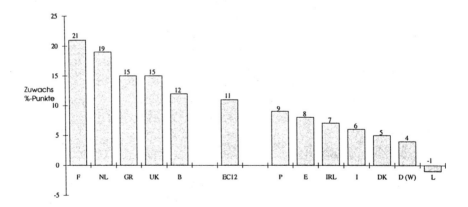

Abb. 1b Veränderung der Zustimmungsquoten zwischen 1988 und 1992
(Legende siehe Abb.2)

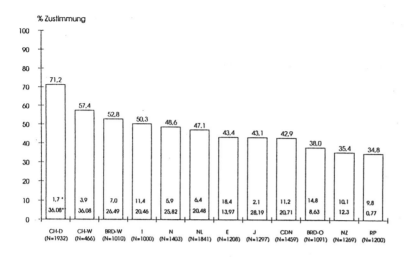

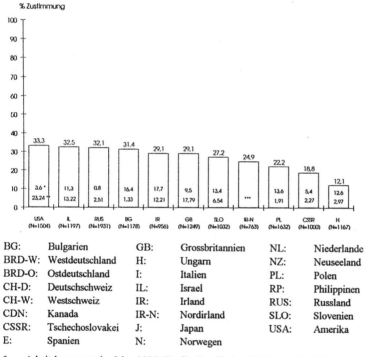

BG:	Bulgarien	GB:	Grossbritannien	NL:	Niederlande
BRD-W:	Westdeutschland	H:	Ungarn	NZ:	Neuseeland
BRD-O:	Ostdeutschland	I:	Italien	PL:	Polen
CH-D:	Deutschschweiz	IL:	Israel	RP:	Philippinen
CH-W:	Westschweiz	IR:	Irland	RUS:	Russland
CDN:	Kanada	IR-N:	Nordirland	SLO:	Slowenien
CSSR:	Tschechoslovakei	J:	Japan	USA:	Amerika
E:	Spanien	N:	Norwegen		

* Arbeitslosenquote im Jahre 1992 (Quelle: Der Fischer Weltalmanach '94.)
** BSP pro Kopf in 1000 $ im Jahre 1992 (Quelle: Der Fischer Weltalmanach '95.)
*** Für Nordirland keine Angaben.
Der Spearman Rangkorrelationskoeffizient zwischen dem BSP und der Zustimmung beträgt 0.77.

Abb. 2 Inwieweit fänden Sie es persönlich akzeptabel, Abstriche von Ihrem Lebensstandard zu machen, um die Umwelt zu schützen? (Anteil Befragte die dies eher oder sehr akzeptabel finden.)

Weiterhin korreliert die Bewertung des Umweltproblems, wie unsere Auswertungen der ISSP-Daten demonstrieren, stark mit der wirtschaftlichen Situation eines Landes. Der Spearman Rang-Korrelationskoeffizient zwischen Umweltbewusstsein und dem Bruttosozialprodukt pro Kopf beträgt 0,77.

Tab. 1: Umweltwissen der Schweizer Bevölkerung

	% richtige Angaben			
	Alle	D-CH	W-CH	Tessin
a) Können Sie mir sagen, wieviel Ihr Haushalt für eine Kilowattstunde Strom bezahlen muss? (Richtig: 10 - 30 Rappen)	15,4	14,4	18,9	16,7
b) Was meinen Sie, wieviel Kernkraftwerke sind in der Schweiz in Betrieb? (Richtig: 4 - 6)	48,5	53,2	34,0	33,5
c) FCKW oder Fluor-Chlor-Kohlenwasserstoff wurde lange Zeit als Treibmittel in Spraydosen verwendet. Weiterhin ist es auch als Kältemittel in Kühlgeräten enthalten. Wissen Sie, was FCKW verursacht? (Richtig: schädigt die Ozonschicht)	75,8	78,9	68,0	56,6
d) Können Sie mir sagen, welches Gas hauptsächlich zum Treibhauseffekt beiträgt? (Richtig: CO_2 oder Kohlendioxid)	33,4	35,5	27,3	24,4
e) Nennen Sie mir bitte alle Namen von nicht-staatlichen Umweltschutzorganisationen, die sie kennen. (Nennung von wenigstens einer Organisation. Genannt wurden an erster Stelle Greenpeace, ...)	73,4	77,5	62,1	53,8
f) Man redet heute viel über Ozonwerte. Wo stellen hohe Ozonwerte eine Gefahr für Mensch und Umwelt dar, am Boden oder in der Erdatmoshäre? (Richtig: am Boden)	38,3	42,0	27,8	21,3
g) Was schätzen Sie, wieviel mal weniger Strom als eine gewöhnliche Glühbirne braucht eine Energiesparlampe? (Richtig: 3 - 10 mal weniger)	42,5	46,0	34,7	17,6
h) Wie sollte man Ihrer Meinung nach im Winter umweltschonend lüften? (Richtig: 3 x pro Tag je drei Minuten Durchzug)	69,7	75,7	53,4	40,3
i) Weshalb, glauben Sie, wird empfohlen, Batterien nicht in den Abfall zu werfen, sondern an Sammelstellen abzugeben? (Richtig: wegen Gift bzw. Schwermetallen)	79,4	83,9	61,8	76,9
Mittelwerte aus der standardisierten Skala (1-10) Cronbachs Alpha = 0,51	5,76	6,06	4,88	4,41

Das Gut "intakte Umwelt" ist ökonomisch gesprochen ein "superiores Gut", das bei günstiger wirtschaftlicher Lage und steigenden Einkommen offenbar vermehrt an Bedeutung gewinnt.

3. Einstellungen zur Umwelt in der Schweiz

Wie steht es nun genauer um das Umweltwissen und Umweltbewusstsein in der schweizerischen Bevölkerung? Wir können hier zunächst einmal zwei Dimensionen des Umweltwissens unterscheiden: (1) Umweltpraktisches Handlungswissen (Beispiel: "Wie sollte man ihrer Meinung nach im Winter umweltschonend lüften?") und (2) die Kenntnis ökologischer Zusammenhänge und Fakten (z.B. "Können Sie mir sagen, welches Gas hauptsächlich zum Treibhauseffekt beiträgt?"). Zu beiden Dimensionen werden im Schweizer Umweltsurvey eine Reihe von Fragen gestellt.

Tab 2: Umweltbewusstsein in der Schweiz

	% Zustimmung			
	Alle	D-CH	W-CH	Tessin
1) Wenn wir so weiter machen wie bisher, steuern wir auf eine Umweltkatastrophe zu.	70,0	73,0	59,6	64,3
2) Nach meiner Einschätzung wird das Umweltproblem in seiner Bedeutung von vielen Umweltschützern stark übertrieben.	33,9	31,3	43,0	38,6
3) Es ist noch immer so, dass die Politiker viel zu wenig für den Umweltschutz tun.	62,6	61,3	67,2	65,9
4) Das Ozonloch stellt eine ziemliche oder grosse Bedrohung dar.	69,0	70,9	60,4	72,7
5) Die moderne Wissenschaft wird unsere Probleme bei nur geringer Veränderung unserer Lebensweise lösen.	27,9	29,1	21,6	32,5
6) Wir machen uns zu viele Sorgen über die Zukunft der Umwelt und zu wenig um Preise und Arbeitsplätze.	28,9	26,9	34,2	38,3
7) Fast alles, was wir in unserer modernen Welt tun, schadet der Umwelt.	46,4	50,1	35,0	33,7
8) Die Leute machen sich zu viele Sorgen, dass der menschliche Fortschritt der Umwelt schadet.	31,0	33,3	23,0	26,8
9) Und inwieweit fänden Sie es für sich persönlich akzeptabel, Abstriche von Ihrem Lebensstandard zu machen, um die Umwelt zu schützen?	69,8	72,7	59,6	62,6
Mittelwert der standardisierten Skala (0-10) Cronbachs Alpha = 0,76	6,39	6,52	6,01	5,95

Tabelle 1 informiert über den Prozentsatz korrekter Angaben zu neun Wissensfragen, aufgeschlüsselt nach den drei Sprachregionen. Bei den eher umweltpraktischen Wissensfragen fällt auf, dass den meisten Verbrauchern nicht einmal die ungefähre Höhe des Strompreises bekannt ist.

Über die Grössenordnung des Sparpotentials von Energiesparlampen sind weniger als die Hälfte der Befragten informiert. Interessant ist auch, dass trotz der häufigen Medienberichterstattung zu den Themen "Ozon" und "Treibhauseffekt" das Wissen um die ökologischen Zusammenhänge äusserst oberflächlich ist und sich meist nur auf der Ebene von Schlagworten bewegt. Nur knapp ein Drittel der Schweizerinnen und Schweizer kann spontan angeben, dass Kohlendioxid als Hauptverursacher des Treibhauseffektes gilt. Wenig grösser ist der Anteil der Befragten, die eine zutreffende Auskunft zur Ozonproblematik geben. Lediglich die schädlichen Folgen des Ozonkillers FCKW sind weithin bekannt. Besonders auffallend ist der systematische Unterschied im Umweltwissen zwischen der Deutschschweiz einerseits und der Romandie und dem Tessin auf der anderen Seite.

Aber nicht nur das Umweltwissen, sondern auch das Umweltbewusstsein und Umweltverhalten ist in der Deutschschweiz durchgehend stärker ausgeprägt als in den westlichen Landesteilen (Tabelle 2 und 3). Der Aussage 'Wenn wir so weiter machen wie bisher, steuern wir auf eine Umweltkatastrophe zu' stimmen z.B. 73% der Befragten in der Deutschschweiz eher oder stark zu, aber 'nur' etwa 60% der Befragten in der Westschweiz[2]. Die einzige Ausnahme stellt die Zustimmungsquote zu Aussage 3 in Tabelle 2 dar. Mehr Befragte aus der Westschweiz und dem Tessin glauben, dass die Politiker noch immer zu wenig für den Umweltschutz tun als dies in der Deutschschweiz der Fall ist. Von dieser Ausnahme einmal abgesehen findet sich bei den Wissens-, Einstellungs- und Verhaltensfragen des Umweltsurveys aber ein tiefer "Umwelt-Röstigraben" zwischen den Landesteilen.

Neben den Unterschieden zwischen den Landesteilen bestehen beim Umwelthandeln erhebliche Unterschiede zwischen verschiedenen umweltrelevanten Handlungsbereichen. Während ein Grossteil der Befragten angibt, Kompost (76%), Aluminium (72%) und Papier (96%) getrennt vom übrigen Abfall zu sammeln, geben nur relative wenig Befragte an, Heizenergie zu sparen (27%), Haushaltseinkäufe mit öffentlichen Verkehrsmitteln zu erledigen (45%) oder der Umwelt zuliebe kein Auto zu besitzen (7%). Die Unterschiede legen die Vermutung nahe, dass umweltfreundliche Handlungsweisen dann eher ausgeführt werden, wenn diese mit geringen Einbussen an Kosten und Bequemlichkeit verbunden sind. Wir werden auf diese These weiter unten zurückkommen. Die Befragungsergebnisse zeigen aber auch ein Problem von Umfragen, nämlich die Tendenz, das selbstberichtete Umweltverhalten zu beschönigen. So geben z.B. 95% der Befragten an, bei der Wahl zwischen Mehrweg- und Einwegverpackungen

---

[2] Die Aussagen aus Tabelle 2 konnten die Befragten mit 'stimme sehr zu', 'stimme eher zu,' 'stimme weder zu noch lehne ab', 'lehne eher ab' oder 'lehne stark ab' beantworten. Angegeben ist hier der Anteil an Befragten, die den Aussagen eher oder sehr zustimmen.

beim Getränkekauf erstere zu wählen. Demgegenüber beträgt der Marktanteil von Mehrwegverpackungen für Getränke in der Schweiz aber nur ca. 80 %[3].

Der schon angesprochene markante Unterschied zwischen der West- und der Deutschschweiz zeigt sich auch bei Fragen nach der Handlungsbereitschaft zum Schutz der Umwelt. Fragt man weiterhin die Schweizerinnen und Schweizer, welchen Betrag sie *zusätzlich* zu bestehenden Steuern und Abgaben zum Schutz der Umwelt monatlich zu zahlen bereit sind, so beziffert sich der Durchschnittsbetrag auf rund Fr. 40.-. In der Deutschschweiz sind dies Fr. 46.-, in derWestschweiz Fr. 27.- und im Tessin Fr. 25.-. Die durchschnittliche Zahlungsbereitschaft für alle Befragte beträgt 41.- Fr. oder ca. 1,4% des Nettoeinkommens[4] (Tabelle 4, Abbildung 3).

Paradoxerweise ergibt sich bei der wahrgenommenen Umweltbetroffenheit ein anderes Muster. Auch hier sind regionale Unterschiede erkennbar. Doch wird die Umweltbelastung in der Deutschschweiz mit Ausnahme des Verkehrslärms und der Autoabgase geringer eingestuft als in der Westschweiz (Tabelle 5). Das Ost-West-Gefälle beim Umweltwissen, Umweltbewusstsein und Umweltverhalten kontrastiert demnach mit einem West-Ost-Gefälle bei der subjektiven Umweltbetroffenheit.

---

[3] Angaben des Bundesamtes für Umwelt, Wald und Landschaft, Informationen zum Recycling von Verpackungsglas, 1994
[4] Bezogen auf das durchschnittliche Einkommen der Stichprobe, die z.B. Schüler, Studierende und Personen mit geringfügigen Zusatzeinkommen einschliesst.

Tab. 3: Umweltverhalten in der Schweiz

	% Ja Antworten			
	Alle	D-CH	W-CH	Tessin
Einkaufen				
Wenn Sie privat etwas schreiben, verwenden Sie dann Umweltschutzpapier?	47,0	49,0	38,8	49,3
Benutzen Sie in ihrem Haushalt Toilettenpapier, das aus 100% Altpapier hergestellt ist?	74,5	78,5	60,7	64,9
Wie häufig achten Sie beim Einkauf auf die Hinweise zu der Umweltverträglichkeit, bevor Sie sich zum Kauf entscheiden?	59,9	61,2	55,9	55,0
Haben Sie in den letzten vier Wochen etwas nicht gekauft, weil es ihrer Meinung nach zuviel Verpackung hatte?	29,7	30,0	27,6	32,2
Recyclingverhalten				
Kompost	76,8	81,9	59,1	66,4
Aluminium	72,4	74,2	65,7	70,4
Papier	96,9	98,6	90,7	95,5
Wenn Sie beim Kauf von Getränken zwischen Mehrweg- und Einwegverpackungen wählen können welche Verpackungsart kaufen Sie dann?	95,2	95,7	94,4	90,5
Energiesparen				
Wenn Sie im Winter Ihre Wohnung für mehr als 4 Stunden verlassen, drehen Sie da normalerweise die Heizung ab oder herunter?	27,0	26,7	26,0	34,4
Drehen Sie die Heizung im Winter nachts herunter?	62,9	62,3	63,7	69,2
Verwenden Sie in Ihrem Haushalt Energiesparlampen?	51,5	52,5	49,9	41,6
Drehen Sie beim Duschen während des Einseifens oder während des Shampoonierens der Haare das Wasser ab?	61,8	62,6	58,2	61,6
Verkehrsverhalten				
Wie viele tausend Kilometer haben Sie mit Ihrem Auto im letzten Jahr schätzungsweise zurückgelegt? (Anteil der Personen, die weniger als 12'000 km (Median der Autofahrer) pro Jahr mit dem Auto zurücklegen)	64,4	64,7	62,6	66,5
An wie vielen Tagen in der Woche fahren Sie normalerweise selbst ein Auto? (einmal oder weniger pro Woche)	29,6	31,4	22,4	27,8
Benutzung öffentlicher Verkehrsmittel für Haushaltseinkäufe	45,8	48,4	35,9	41,0
Ich habe der Umwelt zuliebe kein Auto.	6,9	8,0	2,7	4,5
Mittelwert der Skala (0-16)	8,97	9,20	8,09	8,67

Tab. 4: Handlungsbereitschaft, die Umwelt zu schützen

	Alle	D-CH	W-CH	Tessin
Durchschnittliche Zahlungsbereitschaft für einen verbesserten Umweltschutz zusätzlich zu bestehenden Steuern und Abgaben in sFr. pro Monat (in % vom Nettoeinkommen)	40,99 (1,44%)	45,62 (1,49%)	26,74 (1,35%)	24,62 (1,01%)

Tabelle 5: Wahrgenommene Umweltbetroffenheit

	% die sich stark oder sehr stark betroffen fühlen			
	Alle	D-CH	W-CH	Tessin
1) Verkehrslärm auf den Strassen	22,4	22,7	18,7	30,8
2) Autoabgase	33,8	32,7	33,1	52,0
3) Fluglärm	9,0	8,6	11,2	7,2
4) Abwässer und Abgase von Fabriken	16,7	13,1	30,6	16,9
5) Abfälle	23,0	18,4	38,7	32,6
6) Kernkraftwerke	20,0	15,6	36,6	24,9
7) Wie zufrieden sind Sie insgesamt mit der Umweltqualität in Ihrer Wohngegend? (eher zufrieden oder sehr zufrieden)	74,0	76,0	73,3	45,7
Skalenmittelwerte der standardisierten Skala (0-10)	3,01	2.82	3,58	3,86

4. Zusammenhänge mit dem Umwelthandeln

Wie sich zeigte, konnte rund ein Drittel bzw. 40% der Befragten auf die CO_2- und die Ozon-Frage eine zutreffende Antwort geben (Tabelle 1). Es fragt sich nun, ob das Umweltwissen auch in ein entsprechendes Verhalten umgesetzt wird. Sind z.B. umweltinformierte Personen eher bereit, die Nutzung des privaten Autos einzuschränken? Zur Illustration berechnen wir die geschätzten Jahreskilometer mit dem Auto für informierte und nicht-informierte Autobesitzer.

Wie Tabelle 6 zu entnehmen ist, legen die informierten Autobesitzer pro Jahr sogar eine grössere Strecke zurück als die nicht-informierten Autobesitzer. Selbst wenn man Personen einbezieht, die über kein Auto verfügen und für diese Personen eine Jahreskilometerleistung von null einsetzt, liegt die durchschnittliche Autonutzung der informierten Befragten immer noch über derjenigen der nicht-informierten Befragten.

Tab. 6 Pro Jahr zurückgelegte Kilometer mit dem Auto nach der Antwortreaktion auf die CO_2- und Ozon-Frage*

		Nur Autobesitzer	Alle Personen
1) CO_2	gewusst	16452	12943
	nicht gewusst	15265	12295
2) Ozon	gewusst	15790	12628
	nicht gewusst	15577	12439

*Arithmetischer Mittelwert der Jahreskilometer

Gewiss handelt es sich hierbei eher um ein illustratives Beispiel als um einen strikten Test der Informations-Verhaltenshypothese. Aufschlüsse über den Zusammenhang zwischen ökologischem Wissen und dem Umwelthandeln erhalten wir, wenn die einzelnen Indikatoren (die Antworten auf die einzelnen Fragen) jeweils zu einem Index des Umweltwissens und des Umweltverhaltens zusammengefasst werden. In ähnlicher Weise lassen sich additive Indizes des Umweltbewusstseins und der Umweltbetroffenheit bilden. Es ergibt sich dann zwischen dem Index des Umweltwissens und dem Verhaltensindex eine Korrelation von nahe Null ($r=0,03$). Nun könnte es aber noch der Fall sein, dass die Schätzung von Richtung und Stärke des (bivariaten) Zusammenhangs durch "Drittvariablen" wie Einkommen, Bildung, Alter und weitere Merkmale verzerrt ist. Mit multivariaten statistischen Analysen lassen sich eventuelle Drittvariableneffekte soziodemographischer Merkmale der befragten Personen kontrollieren. Darüber hinaus sind aber auch die Effekte weiterer Variablen auf das Umweltverhalten per se von Interesse. So fragt es sich z.B., welche Verhaltensrelevanz dem Umweltbewusstsein und der Umweltbetroffenheit zukommt. Weiterhin wurde mit dem Umweltsurvey die Einbindung der befragten Personen in mehr oder minder umweltfreundliche soziale Netzwerke sowie die Stärke sozialer Kontakte erhoben. Es ist anzunehmen, dass in integrierten sozialen Gemeinschaften bestehende soziale Anreize ebenfalls positive Einflüsse auf das Umweltverhalten ausüben.

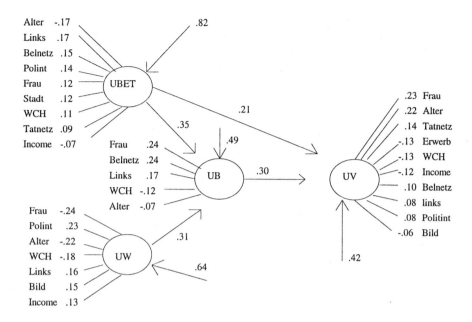

Erläuterungen: Die eingekreisten Abkürzungen bezeichnen die folgenden latenten Variablen: UV=Umweltverhalten; UW=Umweltwissen; UB=Umweltbewusstsein; UBET=Umweltbetroffenheit. Eingetragen sind die standardisierten Regressionkoeffizienten die mit dem unweighted-least-square Verfahren geschätzt wurden und mindestens auf dem 5% Niveau signifikant sind. Das Strukturgleichungsmodell wurde mit dem Programm LISREL 7.20 geschätzt. Die Berechnungen erfolgten aufgrund einer polychorischen Korrelationsmatrix, die mit dem Programm PRELIS erstellt wurde. Die Anpassungsmasse betragen GOF=0,915 (AGOF=0,901) und RMR=0,51. Die Pfeilrichtungen beschreiben die unterstellte kausale Struktur zwischen den latenten Variablen (η). Diese η-Variablen werden jeweils durch diejenigen Indikatoren (x-Variablen) gemessen, die in den Tabellen 1, 2, 3, und 4 aufgeführt sind. Um die Abbildung lesbar zu halten sind die Messmodelle in der Abbildung nicht enthalten. Links bzw. rechts von den latenten Variablen sind diejenigen unabhängigen ξ-Variablen aufgeführt, die einen signifikanten Einfluss ($\alpha > 0.05$) auf die latenten Variablen ausüben. Die unabhängigen Variablen wurden jeweils nur durch einen Indikator (x-Variable) gemessen. Die Abkürzungen, soweit nicht selbsterklärend, haben die folgende Bedeutung:

Tatnetz: Stärke des Umwelthandelns der drei besten Bekannten;
Belnetz: Stärke der erwarteten Belohnung durch die drei besten Bekannten für umweltfreundliches Handeln;
Polint: Ausmass des politischen Interesses;
WCH: Befragter aus der Westschweiz
Links: Ausmass der politischen Linksorientierung
Erwerb: Befragter ist erwerbstätig (versus nicht erwerbstätig)
Income: Höhe des Haushaltseinkommen
Stadt: Wohnort des Befragten liegt in einer Stadt/Agglomeration (versus auf dem Land)

Die Schätzung basiert auf einer Fallzahl von 1484 Personen mit gültigen Angaben bei sämtlichen Variablen des geschätzten Modells.

Abb.4 Rekursives Strukturgleichungsmodell des Umweltverhaltens

Richtung und Stärke des Zusammenhngs dieser Variablen mit dem Umweltverhalten können mit geeigneten statistischen Techniken anhand der Daten geschätzt werden. Da es sich bei den Variablen Umweltwissen, Umweltbewusstsein, Umweltbetroffenheit und Umwelthandeln um nicht direkt bebachtbare Konstrukte handelt, empfiehlt sich anstelle einfacher Regressionsanalysen die Schätzung eines sogenannten Strukturgleichungsmodells mit latenten Variablen. Hierbei werden das Strukturmodell und das Messmodell simultan geschätzt. Wir verwenden dazu das von Psychometrikern entwickelte Programm LISREL.

Die Ergebnisse der Schätzung anhand der Surveydaten gehen aus dem "Pfadmodell" in Abbildung 4 hervor. Aufgeführt sind nur signifikante Koeffizienten der soziodemographischen Merkmale, der Netzwerk- und Kontaktvariablen sowie der latenten Variablen Umweltwissen, Umweltbetroffenheit und Umweltbewusstsein. Die standardisierten Regressionskoeffizienten (Pfadkoeffizienten) informieren über die Richtung und Stärke der Einflussbeziehungen.

Die Hauptergebnisse lauten:

1. Das Umweltbewusstsein und die wahrgenommene Umweltbetroffenheit üben moderate positive Einflüsse (0,30 bzw. 0,21) auf das Umwelthandeln aus.

2. Es besteht kein direkter Einfluss des Umweltwissens auf das Verhalten. Da aber das Umweltbewusstsein mit dem Umweltwissen anwächst, existiert ein schwacher indirekter Effekt auf das Verhalten via Umweltbewusstsein von 0,09 (=0,31 * 0,30).

3. Die Netzwerkvariablen (Tatnetz, Belnetz) weisen konsistent positive und signifikante Effekte auf das Umweltverhalten auf. Es lässt sich demnach festhalten: Je stärker Personen in umweltfreundliche soziale Netzwerke eingebunden sind, desto grösser ist das Ausmass ökologieorientierten Handelns.

4. Auch in der multivariaten Analyse zeigen sich beim Umweltverhalten, Umweltbewusstsein und Umweltwissen durchgehend negative Effekte der Westschweiz. Bei den sozialdemographischen Merkmalen fallen weiterhin Geschlechts- und Alterseffekte auf.

Umweltbewusstsein und Umweltverhalten sind bei Frauen stärker ausgeprägt als bei Männern. Ältere Menschen haben zwar ein geringeres Umweltwissen und Umweltbewusstsein als jüngere Personen; beim Umweltverhalten schneiden die älteren Personen aber besser ab als die jüngeren Befragten. Eine Rolle spielen auch das Haushaltseinkommen und der Erwerbsstatus. Personen mit höherem Haushaltseinkommen und Berufstätige handeln weniger ökologieorientiert als Nicht-Erwerbstätige und Personen mit geringerem Haushaltseinkommen.

Sämtliche berücksichtigten Merkmale "erklären" rund die Hälfte der Varianz des Umweltverhaltens. Gemäss der skizzierten Analyse lässt sich zwar nicht behaupten, dass Einstellungen wie Umweltwissen und Umweltbewusstsein keinerlei Handlungsrelevanz aufweisen; das Ausmass der Effekte der Einstellungsmerkmale ist auf der anderen Seite aber nicht besonders stark ausgeprägt. Insbesondere hat das Umweltwissen allenfalls einen schwachen, indirekten Einfluss auf das Verhalten. Viele umweltschädliche Aktivitäten werden mithin wider besseren Wissens praktiziert. Sind demnach Aufklärungs- und Informationskampagnen völlig wirkungslos? Diese Frage ist differenzierter zu beantworten. Sofern die Informationen sich nur auf allgemeine, umweltschädliche Konsequenzen von Handlungen beziehen, sind tatsächlich keine nennenswerten Verhaltensänderungen zu erwarten. Nur wenige Personen, die z.B. darüber informiert werden, dass jede Autofahrt zum Treibhauseffekt beiträgt, werden aus diesem Grund ihr Auto in der Garage belassen. Anders verhält es sich dagegen mit Informationen, die das Eigeninteresse der Adressaten ansprechen und damit gewissermassen für ökologische Markttransparenz sorgen. Wenn z.B. ein Grossteil der Bevölkerung nicht darüber informiert ist, dass Energiesparlampen (unter bestimmten Bedingungen) das eigene Portemonnaie und die Umwelt entlasten, dann können Informationen zu diesem Thema durchaus Resonanz in Form entsprechender Verhaltensänderungen finden.

5. Ökonomische Anreize versus Umweltbewusstsein

Die empirische Schätzung von Pfadmodellen mit dem Umweltverhalten als abhängiger sowie Einstellungen und sozialdemographischen Merkmalen als unabhängigen Variablen knüpft an Forschungstraditionen der Sozialpsychologie und Soziologie an (Balderjahn 1988; Langeheine, Lehmann 1986; Urban 1986). Derartige Pfadmodelle von Zusammenhängen zwischen hochaggregierten Indizes liefern zwar eine gewisse Orientierung. Ein genaueres Bild der Bestimmungsgründe ökologischen Handelns erhält man jedoch erst durch die Untersuchung einzelner, spezifischer Umweltaktivitäten. Zwei Gründe sprechen für eine Strategie der Disaggregierung:

1. Das Umweltverhalten ist vielschichtig. Einstellungen und sozialdemographische Merkmale haben unterschiedliche Effekte je nach Art der betrachteten Umweltaktivitäten wie z.B. Energiesparen, Verkehrsverhalten usw. Derartige Interaktionseffekte werden durch hochaggregierte Modelle kaschiert. Massnahmen, wie z.B. Informationskampagnen, die eventuell bei der Aktivität X wirksam sind, können sich bei Aktivität Y als völlig unwirksam herausstellen.

2. Nutzen und Kosten des Umweltverhaltens werden in Pfadmodellen nicht oder nur implizit berücksichtigt. Wenn z.B. Erwerbstätige signifikant geringere Werte des Verhaltensindexes aufweisen, so ist dies eventuell auf die höheren Opportunitätskosten des Autoverzichts von Berufspendlern zurückzuführen. Um die Effekte ökonomischer Anreize, d.h. von relativen Kosten, Zeitaufwand und Bequemlichkeitseinbussen auf das Umweltverhalten zu ermitteln, müssen spezifische Umweltaktivitäten untersucht werden.

Die Vernachlässigung von Kosten- und Nutzenkomponenten ist auch ein wesentlicher Grund für die relativ geringe Erklärungskraft von Einstellungs-Verhaltensmodellen sowie die notorische Kluft zwischen Umweltbewusstsein und Umweltverhalten. Denn wenn die Barrieren ökologischen Handelns in Gestalt von Kosten, Zeitaufwand und Unbequemlichkeiten sehr hoch liegen, wird auch ein stark ausgeprägtes Umweltbewusstsein nicht darüber hinweghelfen. Auf der anderen Seite weisen aber auch die Modelle der Umweltökonomik Mängel auf. Soziale Anreize (soziale Netzwerke, wechselseitige soziale Sanktionen, Prestigeeinbussen oder Gewinne ökologischen Handelns, der Erwerb von Umweltgütern zur Demonstration von Status und Lebensstil) sowie die intrinsische Motivation zum Umwelthandeln ("Umweltbewusstsein") kommen in den ökonomischen Modellen normalerweise nicht vor.

Aus den erwähnten Gründen haben wir spezifische Umweltaktivitäten aus den vier Verhaltensbereichen Energiesparen, Verkehrsmittelwahl, Recycling und Konsum detaillierter untersucht. Speziell mit den Daten des Schweizer Umweltsurveys können die relativen Einflussgewichte von Einstellungsvariablen (Umweltbewusstsein, Umweltwissen, wahrgenommene Umweltbetroffenheit), Netzwerkmerkmalen und sozialdemographischen (Kontroll-)variablen einerseits und von Komponenten der ökonomischen Anreizstruktur andererseits auf die drei Umweltaktivitäten Sparen von Heizenergie, Verkehrsmittelwahl von Berufspendlern und Recyclinganstrengungen empirisch bestimmt werden. Die Ergebnisse zeigen, dass soziale Netzwerke und Umweltbewusstsein nur unter bestimmten Bedingungen wirksam sind, ökonomische Anreize für umweltgerechtes Verhalten dagegen das Umwelthandeln konsistent positiv befördern (zu den Details siehe Diekmann, Franzen, Preisendörfer 1995).

Wie wir oben gesehen haben, neigen Befragte häufig zu einer Beschönigung selbstberichteter Verhaltensweisen im Umweltbereich. Zusätzlich zu den Surveystudien empfiehlt es sich daher, das Umweltverhalten auch mit sogenannten nicht-reaktiven Verfahren wie z.B. durch Beobachtung in Feldexperimenten zu untersuchen.

Ein Beispiel ist ein Feldexperiment zur Bestimmung der relativen Einflussgewichte von Appellen an das Umweltbewusstsein und Preisnachlässen auf die Nachfrage nach ökologisch wertvollen Produkten. Die Testprodukte des Feldexperiments in einem Schweizer Supermarkt waren Freilandeier versus Eier aus der üblichen Massentierhaltung. In der "Experimentalphase 1" wurde der Preis der teureren

Freilandeier auf das Niveau der Eier aus Massentierhaltung herabgesetzt und die Nachfrage registriert. Nach einer Kontrollphase wurde sodann die Nachfrageänderung durch Appelle an das Umweltgewissen erhoben (Experimentalphase 2). Führte die Preisreduktion zu einem Anstieg der Verkäufe um mehr als 100%, so hatte der moralische Appell durch Plakate mit einer Nachfragesteigerung um ca. 10-20% nur eine relativ bescheidene Wirkung. [5]

Folgt nun aus den empirischen Ergebnissen, dass die Umweltpolitik gemäss der Modellvorstellung vom "homo oeconomicus" gut beraten wäre, ausschliesslich der Verhaltenswirksamkeit ökonomischer Anreize zu vertrauen? So gestellt ist die Frage zu verneinen. Denn zum einen ist das Umweltbewusstsein in einer Reihe von Situationen durchaus für das Umweltverhalten von Bedeutung. Insbesondere liefern unsere Untersuchungen Belege für die "Niedrigkostenhypothese" (vgl. North 1986). Demnach übt das Umweltbewusstsein dann einen Effekt auf das Verhalten aus, wenn die Kosten und Unbequemlichkeiten ökologischen Handelns relativ gering sind (Abb. 5).

Maximal ist der Effekt des Umweltbewusstseins, wenn eine Person zwischen der ökologischen Handlung X und der Alternativhandlung Y indifferent ist. Das Umweltbewusstsein ist dann quasi das Zünglein an der Waage. Als der Preis für bleifreies Benzin über dem Preis von Benzin mit Bleizusätzen lag, wurde relativ wenig bleifreies Benzin getankt.

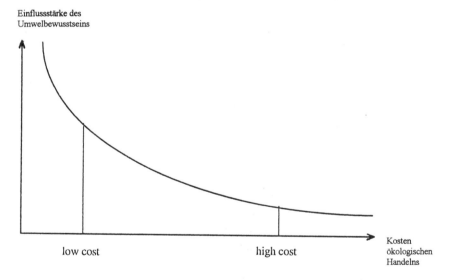

Abb. 5 Niedrigkostenhypothese bezüglich der Einflussstärke des Umweltbewusstseins

---

[5] Das Feldexperiment wurde im Rahmen eines Seminars der Autoren an der Universität Bern von Matthias Burki, Sibylle Steinmann und Bernhard Weber durchgeführt.

Sind beide Preise identisch, so ist zu erwarten, dass das Umweltbewusstsein den Ausschlag gibt. Ist der Preis des bleifreien Benzins geringer als der Preis von bleihaltigem Benzin, werden umweltbewusste und nicht-umweltbewusste Personen gleichermassen ökologisch agieren. Stärkere Einflüsse des Umweltbewusstseins auf das Umwelthandeln sind mithin nur dann zu erwarten, wenn eine Kostendifferenz bis hin zur Indifferenz zwischen ökologischem und nicht-ökologischem Handeln besteht und diese Kostendifferenz relativ gering ist. Wie gering ist dabei zweifellos eine empirische Frage.

Nach der strikten Version des "Homo-Oeconomicus-Modells" müsste dagegen, um ein Beispiel zu geben, das deutsche duale System (recyclierbarer Abfall wird getrennt vom Restmüll in gelben Säcken gesammelt) längst kollabiert sein. Bei diesem System praktiziert ein Grossteil der Haushalte Abfalltrennung, obwohl damit in der Regel keine ökonomischen Vorteile erzielt werden. Bei der Abfalltrennung spielt das Umweltbewusstsein, die "intrinsische Motivation", offenbar eine relativ grosse Rolle. Zu bedenken ist auch, dass ökonomische Instrumente neben Transaktions- und Kontrollkosten nicht selten unerwünschte Nebenwirkungen hervorrufen. Eine dieser eventuellen Nebenwirkungen ist der "Verdrängungseffekt" (Frey, Busenhart 1995). So kann es passieren, dass neu eingeführte ökonomische Anreize das vorhandene intrinsische Potential ökologischen Handelns zerstören oder zumindest abschwächen. In jedem Einzelfall sollten daher die möglichen Wirkungen und Nebenwirkungen ökonomischer Instrumente genau analysiert werden.

Zweitens aber und bedeutsamer ist der folgende Aspekt. Wirksame ökonomische Anreizregelungen wie Öko-Steuern, Umweltabgaben, Emissionszertifikate usw. haben im politischen Prozess erst dann eine Durchsetzungschance, wenn sie in der Bevölkerung auf Akzeptanz stossen. So zeigen auch die empirischen Resultate des Schweizer Umweltsurveys, dass neue politische Massnahmen und Anreizregelungen um so eher befürwortet werden, je umweltbewusster eine Person ist. Selbst wenn die Verhaltenswirksamkeit des Umweltbewusstseins gering und im wesentlichen auf Niedrigkostensituationen beschränkt ist, so ist ein hohes Umweltbewusstsein in der Bevölkerung doch eine entscheidende Voraussetzung ökologischer Reformpolitik.

6. Zusammenfassung und Schlussfolgerungen

1. Im internationalen Vergleich zeichnet sich die Schweizer Bevölkerung durch ein hohes Umweltbewusstsein aus. Rund 70% der Befragten wären bereit, Abstriche von ihrem Lebensstandard zu akzeptieren, um die Umwelt zu schützen. Nach diesem Massstab ist das Umweltbewusstsein in der Schweiz höher als in Deutschland, den Niederlanden, Italien oder den USA (vgl. Abbildung 2). Das Wissen um naturwissenschaftliche Zusammenhänge der Umweltgefährdung ist dagegen zum Teil gering. So können nur etwa ein Drittel der Befragten Kohlendioxid (bzw. CO_2) als den Hauptverursacher des Treibhauseffekts benennen. Durchweg ist das Umweltbewusstsein in der Deutschschweiz stärker ausgeprägt als in der Romandie und dem Tessin.

Dieser "Röstigraben" in umweltrelevanten Einstellungen zeigt sich darüber hinaus auch beim Umweltwissen, der Handlungsbereitschaft und der Zahlungsbereitschaft. Weiterhin variiert das Ausmass des selbstberichteten Umwelthandelns stark je nach befragtem Handlungsbereich. Während ein Grossteil der Befragten angibt, Wertstoffe (Papier, Aluminium, Kompost) vom übrigen Kehricht getrennt zu sammeln, ist die Bereitschaft zum Energiesparen oder Autoverzicht weitaus geringer ausgeprägt.

2. Neben den deskriptiven Ergebnissen beschäftigt sich der analytische Teil unserer Studie mit der Frage nach den Ursachen des Umweltengagements. Handeln Personen mit einem höheren Umweltbewusstsein, einem höherem Umweltwissen und einer stärkeren Umweltbetroffenheit auch umweltfreundlicher? Würde es mit anderen Worten das Umwelthandeln fördern, wenn das Umweltbewusstsein durch geeignete Massnahmen (wie z.B. Umwelterziehung, moralische Appelle) erhöht würde? Die Ergebnisse der Zusammenhangsanalysen unterstreichen die Skepsis, Umweltpolitik primär auf die Förderung des Umweltbewusstseins hin zu orientieren. Umweltrelevante Einstellungen haben - je nach betrachteter Aktivität - oftmals nur einen geringen Effekt auf das alltägliche Umweltverhalten in der Bevölkerung. Personen, die z.B. um die umweltschädliche Wirkung bodennahen Ozons wissen, fahren keineswegs weniger Auto als Personen, denen diese Zusammenhänge nicht bekannt sind. Die Analyse zeigt, dass Umweltbewusstsein und Umweltwissen im allgemeinen keine hinreichenden Bedingungen für praktizierten Umweltschutz im Alltag darstellen. Vielmehr legen weitere Analysen den Schluss nahe, dass ökonomische Anreizregelungen (z.B. die verbrauchsabhängige Heizkostenabrechnung beim Energiesparen, Zeit- und Kostenaspekte bei der Verkehrsmittelwahl, die Sackgebühr beim Recycling usw.) einen weit grösseren Einfluss ausüben als das Umweltbewusstsein.

3. Allerdings folgt daraus nicht, dass das Umweltbewusstsein bedeutungslos ist. So lässt sich nachweisen, dass das Umweltbewusstsein einen starken Effekt auf die Akzeptanz umweltpolitischer Massnahmen hat (Franzen 1996). Anreizbezogene Regelungen zur Förderung des Umweltverhaltens - z.B. die Einführung von Ökosteuern - haben im politischen Prozess nur dann eine Durchsetzungschance, wenn in der Bevölkerung ein stark ausgeprägtes Umweltbewusstsein vorherrscht.

4. Ökonomische Modelle vernachlässigen die Effekte sozialer Anreize auf das Umweltverhalten. Analysen mit dem Umweltsurvey demonstrieren, dass die Einbindung in umweltfreundliche soziale Netzwerke zur Förderung umweltverantwortlichen Handelns beiträgt. Mutmasslich breiten sich neue Umweltaktivitäten auch entlang der Beziehungen in sozialen Netzwerken aus, wobei sozialen Anreizen eine gewichtige Rolle. Ein Beispiel ist das

Modell des "car sharing". Es dürfte sicher lohnenswert sein, den Prozessen sozialer Diffusion von Umweltinnovationen empirisch genauer nachzugehen.

7. Literatur

BALDERJAHN, I. (1988): Personality Variables and Environmental Attitudes as Predictors of Ecological Responsible Consumption Patterns. *Journal of Business Research* 17: 51-56.

BARATTA, VON M. (HG.), (1993): Der Fischer Weltalmanach '94. Frankfurt am Main: Fischer Taschenbuch Verlag.

BARATTA, VON M. (HG.), (1994): Der Fischer Weltalmanach '95. Frankfurt am Main: Fischer Taschenbuch Verlag.

DIEKMANN, A. UND PREISENDÖRFER, P. (1992): Persönliches Umweltverhalten. Diskrepanzen zwischen Anspruch und Wirklichkeit. *Kölner Zeitschrift für Soziologie und Sozialpsychologie.* 44: 226-251.

DIEKMANN, A. UND FRANZEN, A. (HRSG.), (1995a): Kooperatives Umwelthandeln. Modelle, Erfahrungen, Massnahmen. Zürich: Verlag Rüegger.

DIEKMANN, A. UND FRANZEN, A. (1995b): Umwelthandeln zwischen Moral und Ökonomie. In: Unipress. Nr. 85. S. 7-10.

DIEKMANN, A. UND FRANZEN, A. (1995c): Der Schweizer Umweltsurvey 1994: Codebuch. Universität Bern: Mimeo.

DIEKMANN, A., FRANZEN, A. UND PREISENDÖRFER, P. (1995): Explaining and Promoting Ecological Behavior. Universität Bern: Mimeo.

EUROPEAN COMMISSION (1992): Europeans and the Environment in 1992. European Coordination Office.

FRANZEN, A. (1996): Umweltbewusstsein, Verkehrsmittelwahl und die Akzeptanz verkehrspolitischer Massnahmen. Eine empirische Analyse. Universität Bern: Mimeo.

FREY, B.S. UND BUSENHART, I. (1995): Kooperatives Umwelthandeln. Modelle, Erfahrungen, Massnahmen. Zürich: Verlag Rüegger.

HINES, J.M., HUNGERFORD, H.R. UND TOMERA, A.N. (1986): Analysis and Synthesis of Research on Responsible Environmental Behavior: A Meta-Analysis. *The Journal of Environmental Education.* 18: 1-8.

KLEY, J. UND FIETKAU, H.J. (1979): Verhaltenswirksame Variablen des Umweltbewusstseins. In: Psychologie und Praxis. S. 13-22.

LANGEHEINE, R. UND LEHMANN, J. (1986): Ein neuer Blick auf die soziale Basis des Umweltbewusstseins. *Zeitschrift für Soziologie.* 15: 378-384.

NORTH, D.C. (1986): The New Institutional Economics. *Journal of Institutional and Theoretical Economics.* 142: 230-237.

SCHUSTER. F. (1992): Starker Rückgang der Umweltbesorgnis in Ostdeutschland. In: Informationsdienst Sozialer Indikatoren, ZUMA, Mannheim, S. 1-5.

WEIGEL, R. (1977): Ideological and Demographic Correlates of Proecology Behavior. *The Journal of Social Psychology.* 103: 39-47.

Klimapolitische Massnahmen der Schweiz

Markus Nauser und Gilbert Verdan

Bundesamt für Umwelt, Wald und Landschaft, CH-3006 Bern

1. Verpflichtungen der Schweiz aus der Klimakonvention

Mit der Unterzeichnung und Ratifizierung der Klimakonvention (Rahmenübereinkommen der Vereinten Nationen über Klimaänderungen) hat sich die Schweiz dazu verpflichtet, eine aktive Politik bei der Bewältigung des Treibhausproblems zu betreiben. Die Bestimmungen der Klimakonvention verpflichten die in Anhang 1 genannten, wirtschaftlich hochentwickelten Länder, zu welchen die Schweiz gehört, dazu

- ein nationales Inventar der Treibhausgasemissionen zu erstellen,
- ein nationales Massnahmenprogramm zur Begrenzung der Emissionen zu erarbeiten,
- die CO_2- und die sonstigen nicht durch das Montrealer Protokoll geregelten Treibhausgasemissionen bis im Jahr 2000 auf das Niveau von 1990 zu reduzieren,
- dem Sekretariat der Klimakonvention periodisch über ergriffene und geplante Massnahmen und deren Wirkung Bericht zu erstatten sowie
- den wirtschaftlich weniger entwickelten Ländern bei der Verfolgung der Ziele der Klimakonvention finanzielle, technische und Know-how-Unterstützung zukommen zu lassen.

Die erste Tagung der Konferenz der Vertragsparteien, die im Frühjahr 1995 in Berlin stattfand, hat diese Verpflichtungen zum Teil präzisiert; dies allerdings ohne hinsichtlich der Reduktion von Treibhausgas-Emissionen neue und weitergehende Ziele festzulegen.

Die Schweiz hat indessen bereits 1992, anlässlich der Konferenz der Vereinten Nationen über Umwelt und Entwicklung in Rio, zusammen mit Österreich und Liechtenstein eine Erklärung abgegeben, wonach sie entschlossen ist, nicht nur ihre Treibhausgas-Emissionen bis zum Jahr 2000 auf dem Niveau von 1990 zu stabilisieren, sondern, "auf der Grundlage der besten verfügbaren wissenschaftlichen, technischen und ökonomischen Kenntnisse", nach dem Jahr 2000 weiter zu reduzieren.

Ungeachtet des gegenwärtigen wirtschaftspolitischen Umfelds ist der Bundesrat der Überzeugung, dass die Dimensionen des Klimaproblems keinen Aufschub bei der Entwicklung und Umsetzung geeigneter Massnahmen erlauben. Es gilt dabei diese Massnahmen so zu gestalten, dass sie der schweizerischen Wirtschaft keine unverhältnismässigen Nachteile bringen.

2. Treibhausgasemissionen der Schweiz

Im September 1994 hat die Schweiz im Rahmen ihrer Verpflichtungen gegenüber der UNO ihren ersten nationalen Bericht zuhanden des Sekretariates der Klimakonvention in Genf abgeliefert. Mit diesem Bericht wurde auch ein umfassendes Inventar erstellt, welches die Emissionsmengen an CO_2, Methan und Lachgas sowie an Vorläufersubstanzen von Treibhausgasen ausweist.

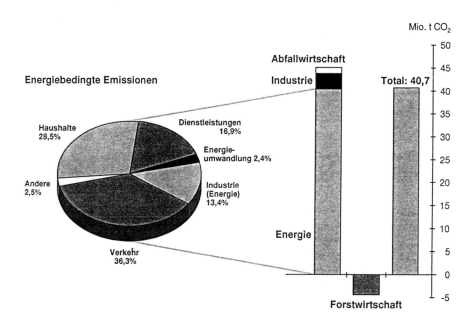

Abb. 1 CO_2-Inventar Schweiz 1990

Die Schweiz emittierte 1990 brutto rund 45 Mio t Kohlendioxid. Davon können aufgrund des zunehmenden Waldbestandes rund 5 Mio t CO_2 in Abzug gebracht werden. Damit verbleibt ein Netto-Emissionsvolumen von ca. 40 Mio t CO_2. Diese Zahl ist relativ niedrig, vor allem wenn man sie mit dem Pro-Kopf-Emissionsvolumen anderer Industrieländer vergleicht. Sie verdeutlicht, dass in der Schweiz die emissionsstarken Schwerindustriezweige kaum vertreten sind und die Stromerzeugung weitgehend CO_2-frei erfolgt. Dadurch wird allerdings auch das Potential für spektakuläre Reduktionen geschmälert.

Der weitaus grösste Teil der CO_2-Emissionen ist energiebedingt. Von den energiebedingten Emissionen entfallen gut 36% auf den Verkehr und 28% auf die Privathaushalte. Der Rest verteilt sich zu etwa gleichen Teilen auf den Dienstleistungssektor, in welchem aus statistischen Gründen auch Gewerbe und Landwirtschaft enthalten sind, sowie die Industrie.

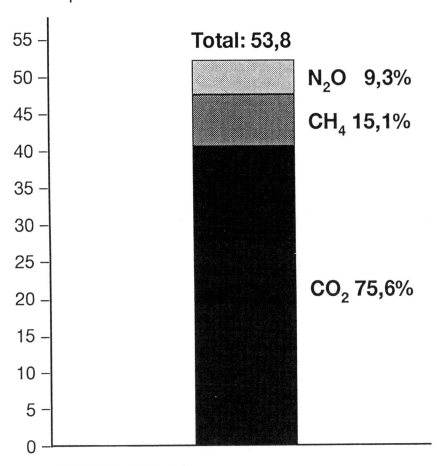

Abb. 2 Treibhausgasbilanz Schweiz 1990 - nach Treibhausgas; (GWP: Global Warming Potential)

Nimmt man die Treibhausgase Methan und Lachgas dazu, so emittierte die Schweiz im Referenzjahr 1990 brutto knapp 54 Mio t CO_2-Äquivalente. Gut 9% davon entfallen auf Lachgas, weitere 15% auf Methan. 76% werden in Form von CO_2 emittiert. Grundlage der Abbildung 2 sind die vom Intergovernmental Panel on Climate Change (IPCC) im Spätherbst 1994 publizierten Werte für das Treibhauspotential klimawirksamer Substanzen. Diesen zufolge beträgt das Treibhauspotential von Methan das 24.5-fache und dasjenige von Lachgas das 320-fache von CO_2.

Nicht im Treibhausgasinventar ausgewiesen sind gemäss den Richtlinien der Klimakonvention Substanzen, die unter das "Protokoll von Montreal vom 16.9.1987 über Stoffe, welche die Ozonschicht abbauen" fallen, z.B. die auch als Treibhausgas sehr wirksamen, aber in naher Zukunft vollumfänglich verbotenen FCKW. Die Erfassung der Emissionsmengen von klimawirksamen FCKW-Ersatzstoffen wurde 1995 eingeleitet. Erste Daten werden im zweiten Rechenschaftsbericht der Schweiz zuhanden der Klimakonvention im Frühjahr 1997 veröffentlicht werden. Rechtliche Einschränkungen sind geplant, falls die Verwendung dieser Stoffe an Bedeutung gewinnen sollte.

3. Bestehende klimawirksame Massnahmen

Was tut die Schweiz, um ein weiteres Ansteigen der Emissionsmengen zu verhindern und mittelfristig eine Emissionsreduktion zu erzielen?

Bereits vor Beginn der internationalen Verhandlungen über die Klimakonvention wurde vom Bundesrat eine Arbeitsgruppe eingesetzt, welche erste Elemente und Kriterien einer nationalen Strategie zusammentrug und diese Anfang 1994 in einem Bericht (sog. GIESC-Bericht) veröffentlichte. Die Ausarbeitung bzw. Weiterentwicklung von Massnahmen erfolgt auf Basis regelmässiger bilateraler Kontakte zwischen dem BUWAL und den meistbetroffenen Fachstellen des Bundes. Als Informations- und Koordinationsorgan dient überdies die Interdepartementale Arbeitsgruppe IDA-Rio Klima, welche auch den Informationsfluss gegenüber Nichtregierungsorganisationen sicherstellt. Eine erste, umfassende Bestandesaufnahme der klimapolitischen Aktivitäten in der Schweiz wurde mit der Publikation der ersten nationalen Mitteilung zuhanden des Sekretariates der Klimakonvention ("Bericht der Schweiz 1994") dokumentiert.

Die wichtigsten Bestandteile der Klimapolitik der Schweiz sind

- die laufende Beobachtung der Politikprogramme in den Bereichen Umweltschutz, Energie, Verkehr, Land- und Forstwirtschaft sowie Entwicklungszusammenarbeit hinsichtlich ihrer Klimarelevanz,
- die Sensibilisierung der betroffenen Verwaltungsstellen für die klimawirksamen Aspekte ihrer Tätigkeit,

- die Eruierung und Quantifizierung der vorhandenen Potentiale für Emissionsreduktionen und die Ableitung von Zielwerten für Emissionsreduktionen,
- die Entwicklung geeigneter Reduktionsmassnahmen,
- die Information und Sensibilisierung der Öffentlichkeit im Hinblick auf die Massnahmenrealisierung und -umsetzung,

die Verbesserung der wissenschaftlichen Grundlagen und die Organisation des Monitoring im Hinblick auf die Abschätzung potentieller Auswirkungen und die Entwicklung geeigneter Anpassungsstrategien.

Zu diesen Ansatzpunkten auf der nationalen Ebene kommen die Bestrebungen der Schweiz im internationalen Kontext. Seit Beginn des Verhandlungsprozesses hat die Schweiz eine sehr aktive und engagierte Rolle wahrgenommen. An der ersten Vertragsparteienkonferenz 1995 in Berlin musste allerdings zur Kenntnis genommen werden, dass die Stimme der Schweiz aufgrund der zunehmenden aussenpolitischen Isolation an Gewicht verliert.

Ein Schwerpunkt des internationalen Engagements der Schweiz ist der Einsatz für die international koordinierte Einführung von klimawirksamen Massnahmen. Es geht dabei darum, dass technische Normen, Zulassungskriterien, Verbrauchs- und Emissionsvorschriften, aber auch die Einführung und Gestaltung von Umwelt- und Verkehrsabgaben oder die Förderung erneuerbarer Energien international besser aufeinander abgestimmt werden. Damit würden die Befürchtungen, dass neue Massnahmen zu Konkurrenznachteilen im internationalen Wettbewerb führen oder die Schaffung aufwendiger Kompensationsverfahren im grenzüberschreitenden Verkehr notwendig machen, gegenstandslos.

Was die gemeinsame, grenzüberschreitende Emissionsreduktion (sog. Joint Implementation) betrifft, entsprechen die Resultate des Berliner Klimagipfels sehr weitgehend den Vorstellungen der Schweiz. Diese legt Wert darauf, dass mit diesem Instrument echte, messbare und langfristige Effekte erzielt werden. Eine Pilotphase, an welcher sich auch die Schweiz zu beteiligen gedenkt, wird Aufschluss über die Praktikabilität und das Potential der gemeinsamen Umsetzung geben.

Schliesslich beteiligt sich die Schweiz an der "Climate Technology Initiative", welche von 21 OECD-Ländern getragen wird.

Auf nationaler Ebene bestanden im Bereich der Energie- und der Umweltpolitik im Zeitpunkt der Verabschiedung der Klimakonvention im Jahr 1992 bereits zwei bedeutende Programme, welche zu einer Stabilisierung der Treibhausgas-Emissionen beitragen. Es sind dies
das Programms "Energie 2000" und das Luftreinhaltekonzept von 1986. Mit der Umsetzung dieser Massnahmenpakete lassen sich die CO_2-Emissionen bis ins Jahr 2000 auf dem Stand von 1990 stabilisieren.

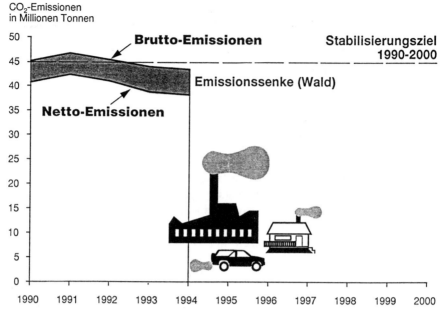

Abb. 3 CO_2-Emissionsentwicklung 1990-1994

Dass wir auf dem richtigen Weg sind, zeigt Abbildung 3. Von nicht zu unterschätzender Bedeutung ist dabei der Einfluss der Wirtschaftsentwicklung. Die schwache Konjunktur zu Beginn der 1990er Jahre hat sich dämpfend auf den Energieverbrauch ausgewirkt, was wiederum zu entsprechend geringeren CO_2-Emissionen führte. Der Tatbeweis, dass wir die Emissionsentwicklung auch bei stärkerem Wirtschaftswachstum im Griff haben, wird noch zu erbringen sein.

Selbst bei solchen "günstigen" wirtschaftlichen Rahmenbedingungen wird auch die vollumfängliche Umsetzung aller bisher beschlossenen Massnahmen bestenfalls zur Stagnation der CO_2-Emissionsmenge nach dem Jahr 2000 führen. Wir wissen jedoch, dass eine Stabilisierung der CO_2-*Emissionen* auf dem gegenwärtigen Niveau für die Stabilisierung der CO_2-*Konzentration* in der Atmosphäre nicht ausreicht. Vielmehr bedarf es selbst zur Plafonierung der CO_2-Konzentration auf dem *doppelten* Niveau von heute einer markanten Reduktion der Emissionen unter das Niveau von 1990. Daher steht bereits heute fest, dass weitergehende Massnahmen notwendig sind, wenn "die Stabilisierung der Treibhausgaskonzentration in der Atmosphäre auf einem Niveau, auf dem eine gefährliche anthropogene Störung des Klimasystems verhindert wird" (Klimakonvention, Art. 2), erreicht werden soll.

4. Geplante klimawirksame Massnahmen

Da das traditionelle umweltpolitische Instrumentarium - polizeirechtliche Verbote und Gebote - schon weitgehend ausgereizt ist, treten auch für die klimawirksamen Massnahmen neue Strategien in den Vordergrund. Besonders angesprochen sind hier die marktwirtschaftlichen Massnahmen, ohne welche das erklärte Ziel der Emissionsreduktion realistischerweise nicht zu erreichen sein wird.

Ein erster Schritt in diese Richtung wurde mit der 1995 vom Parlament gutgeheissenen Lenkungsabgabe auf flüchtigen organischen Verbindungen, der sog. VOC-Abgabe, getan. Diese wird unter anderem spürbare Auswirkungen auf die Emission der Treibhausgas-Vorläufersubstanzen in der Schweiz haben.

Die derzeit wichtigsten in Vorbereitung stehenden Vorlagen sind das CO_2-Gesetz, das Energiegesetz und die Massnahmen im Verkehrsbereich.

Im Herbst 1995 hat der Bundesrat dem Eidgenössischen Departement des Innern den Auftrag erteilt, ein *Gesetz zur Reduktion der CO_2-Emissionen* auszuarbeiten. Dieses Gesetz soll CO_2-Reduktionsziele für die Zeit nach 2000 festlegen sowie die CO_2-Abgabe als Instrument zur Reduktion der CO_2-Emissionen rechtlich verankern. Die CO_2-Abgabe hat dabei subsidiären Charakter, d.h. sie kommt nur zur Anwendung, wenn die Reduktionsziele mit anderen Massnahmen und Instrumenten (z.B. Selbstverpflichtungen bzw. freiwillige Massnahmen) nicht fristgerecht erreicht werden können.

Die zweite, klimapolitisch bedeutsame Vorlage ist das geplante *Energiegesetz*. Dieses soll den seit 1991 geltenden Energienutzungsbeschluss ablösen. Die Hauptstossrichtung des Energiegesetzes zielt auf eine sparsame und effiziente Energienutzung sowie auf die Förderung erneuerbarer Energien. Wie beim CO_2-Gesetz gilt auch hier der Grundsatz, dass private Initiativen den Vorrang vor weiteren Detailregulierungen erhalten sollen. Ein weiteres wichtiges Element im Energiebereich ist die geplante Verlängerung des Programms "Energie 2000" über das Jahr 2000 hinaus (*"Energie 2000 plus"*).

Neben diesen Instrumenten sind weiter alle Massnahmen von erhöhter Bedeutung, die bei der Reduktion der Emissionen aus dem *Verkehrsbereich* ansetzen. Das prognostizierte, dynamische Wachstum des Verkehrsvolumens auf der Strasse und in der Luft verdeutlicht die Dringlichkeit der Einführung wirksamer Instrumente. Die wichtigsten in diesem Bereich verfolgten Strategien sind die Realisierung der Kostenwahrheit im Strassenverkehr (leistungsabhängige Schwerverkehrsabgabe, Umsetzung Alpeninitiative), die Schaffung von attraktiven Gütertransportangeboten im Bahnverkehr (NEAT, Bahn 2000) sowie die generelle Steigerung der Attraktivität der Bahn (Bahnreform, Umsetzung Alpeninitiative).

Der kombinierte Effekt der oben genannten Massnahmen CO_2-Gesetz, Energiegesetz/Energie 2000 plus und Verkehrsumlagerung auf die Schiene dürfte, zusammen mit den bereits beschlossenen Massnahmen, für nächsten 10 bis 15 Jahre bei einer Emissionsverminderung von rund 10% gegenüber 1990 liegen. Damit wird deutlich, dass wir von einer Halbierung der Emissionen, wie sie die Veröffentlichungen des IPCC nahelegen, noch weit entfernt sind.

Wir stehen bei der politischen und gesellschaftlichen Herausforderung "Klimaänderung" erst am Anfang. Nur ein grundlegender Wandel im Umgang mit den fossilen Ressourcen, ein Umschwenken auf nachhaltige Formen der Energienutzung auf breiter Front und ein Mobilitätssystem, das ökologische Rahmenbedingungen respektiert werden es erlauben, substanzielle und dauerhafte Fortschritte bei der Reduktion der CO_2-Emissionen zu erzielen.

Dieser Wandel lässt sich aber nicht "von Bern aus" verordnen. Szenariorechnungen im Zusammenhang mit der Vorbereitung des CO_2-Gesetzes zeigen zwar, dass erhebliche technische Potentiale für die angestrebte Trendwende bei den CO_2-Emissionen bestehen. Die Realisierung einer Reduktionsstrategie wird aber zweifellos noch vieler Überzeugungsarbeit in Politik, Verwaltung und Öffentlichkeit bedürfen, wenn die notwendigen strukturellen Anpassungen, die zur Erfüllung dieser gemeinsamen Aufgabe nötig sind, umgesetzt werden sollen.

5. Ausblick

Eine an den wirtschaftlichen und sozialen Realitäten sowie am internationalen Umfeld orientierte Diskussion lässt für die Emissionsentwicklung der Schweiz in den nächsten Jahren keine Quantensprünge erahnen. Eine Wirtschaft, die sich - nicht nur aus klimapolitischen Gründen - um ihre Konkurrenzfähigkeit im internationalen Umfeld sorgt, aber auch eine Öffentlichkeit, bei welcher die unumgängliche Erhöhung der Energiepreise, z.B. im Treibstoffbereich, auf wenig Gegenliebe stösst, gehören zu den Randbedingungen, unter welchen Klimapolitik in der Schweiz gegenwärtig stattfindet.

Der globale Charakter der Treibhausproblematik macht es schwierig, der Bevölkerung den Handlungsbedarf im nationalen Kontext zu vermitteln und tragfähige Allianzen für klimapolitische Fortschritte zu schmieden. Dem Beitrag der Wissenschaft beim Aufzeigen der potentiellen Konsequenzen von Klimaänderungen für den Lebens- und Wirtschaftsraum Schweiz wird daher erhebliche Bedeutung zukommen.

Die schweizerische Klimapolitik findet aber, wie bereits früher erwähnt, nicht nur innerhalb der Landesgrenzen statt. Die Klimakonvention spricht wiederholt von der "gemeinsamen, aber unterschiedlichen Verantwortung" der Vertragsparteien bei der Bekämpfung der Klimaänderungen. Diese Formulierung besagt, dass der Schweiz zusammen mit den übrigen wirtschaftlich und technisch hochentwickelten Ländern eine erhöhte Verantwortung gegenüber den Entwicklungsländern, die von den potentiellen Folgen einer Klimaänderung ganz besonders betroffen sind, zukommt. Die Schweiz ist gehalten, auch vor diesem Hintergrund ihren Beitrag zur Emissionsreduktion und zur Unterstützung der weniger bemittelten Länder bei der Verfolgung der Ziele der Klimakonvention zu leisten. Es gilt folglich ein Gleichgewicht zu finden zwischen der Erfüllung unserer Verpflichtungen gegenüber Drittländern und dem "vor der eigenen Tür Kehren". Die unbequeme Einsicht, dass die Erde eine Globalisierung unseres gegenwärtigen, ressourcenintensiven Lebensstils auf längere Sicht nicht erträgt, wird dabei zu beherzigen sein.

6. Literatur

Publikationen und Materialien des Bundesamts für Umwelt, Wald und Landschaft (BUWAL) zum Thema:

BUWAL (1994): Die globale Erwärmung und die Schweiz, Grundlagen einer nationalen Strategie (Bericht der Interdepartementalen Arbeitsgruppe über die Änderung des Klimasystems, GIESC), Bern 1994

BUWAL (1994):Rahmenübereinkommen der vereinten Nationen über Klimaänderungen, Bericht der Schweiz 1994, Bern

BUWAL (1996): Swiss Greenhouse Gas Inventory 1990 - 1994, Manuskript, Bern

Klimapolitik in der Schweiz:
Nationaler Alleingang oder Warten auf internationale Kooperation?[1]

Gunter Stephan

Volkswirtschaftliches Institut, Universität Bern, CH-3012 Bern

1. Einführung

Viele sind vom Ausgang des Klimagipfels von Berlin enttäuscht. Natürlich hätte man sich gewünscht, dass weitreichende Klimaschutzmassnahmen verbindlich festgelegt werden. Dennoch stimmen mich die Ergebnisse des Berliner Gipfels in doppelter Hinsicht optimistisch. Erstens haben sich die Industrienationen, darunter auch die USA, zu ihrer Verantwortung dem Weltklima gegenüber bekannt. Zweitens ist ein Verhandlungsprozess in Gang gesetzt worden, dessen Ziel eine international koordinierte Politik zum Schutz des Weltklimas ist.

Vor diesem Hintergrund gewinnt die Frage nach einem schweizerischen Alleingang in der Klimapolitik neue Bedeutung. Soll die Schweiz bereits heute international nicht abgestimmte Massnahmen ergreifen, um die nationalen Kohlendioxid- (CO_2)-Emissionen zu senken? Oder wäre es aus ökonomischer und ökologischer Sicht nicht besser, auf einen solchen Alleingang zu verzichten, gerade weil sich eine international verbindliche Klimakonvention am Verhandlungshorizont abzeichnet?

---

[1] Der vorliegende Beitrag basiert auf Stephan und Imboden (1995). Er wurde im Rahmen des Projekts "Das 1950er Syndrom" durch die Akademische Kommission der Universität Bern finanziell unterstützt.

2. Effekte und Argumente

Die Argumente, die in der öffentlichen Diskussion für eine international abgestimmte Klimapolitik und gegen den nationalen Alleingang ins Feld geführt werden, sind wohlbekannt. Im wesentlichen sind es vier (für eine ausführliche Diskussion siehe Stephan et al. 1992): Erstens sei eine unkoordinierte, ausschliesslich auf die Schweiz abgestellte Klimapolitik ökologisch ineffizient, da weniger als 0,2% der globalen Kohlendioxidemissionen aus schweizerischen Quellen stammen. Zweitens sei sie ökonomisch ineffizient, weil sich in anderen Ländern zu geringeren Kosten grössere Vermeidungspotentiale nutzen lassen. Drittens verschlechtere ein nationaler Alleingang die Wettbewerbsfähigkeit der schweizerischen Produkte und Dienstleistungen. Insbesondere werde energieintensive Produktion ins Ausland verlagert und würden Arbeitsplätze abgebaut. Schliesslich rentierten sich in der Schweiz Investitionen in diesen Sektoren wegen schlechter Ertragsaussichten nicht mehr. Viertens sei mit der zu erwartenden Standort- und Produktionsverlagerung auch das sogenannte Leakage-Problem verbunden (siehe dazu Felder und Rutherford 1993). Zwar senke die Schweiz ihre eigenen, nationalen CO_2-Emissionen, exportiere aber indirekt CO_2-Emissionen, weil sie verstärkt energieintensiv produzierte Inputs aus Ländern importieren müsse, die selbst keine CO_2-Reduktion betreiben. Deshalb könnte der schweizerische Alleingang global sogar einen ökologisch negativen Effekt ausweisen.

Diese Argumente lassen sich nicht von der Hand weisen. Nationale Emissionen und deren Entwicklung können nicht Massstab für den globalen Erfolg einer umweltpolitischen Massnahme sein. Und für ein kleines Land ist es nicht effizient, globale Umweltprobleme im Alleingang lösen zu wollen. Dennoch sollte nicht übersehen werden, dass die Argumente gegen eine nationale Klimapolitik einer kurzfristigen, rein kostenorientierten Denkweise entspringen und durch Status-quo-Denken geprägt sind. Wechselt man hingegen auf eine Betrachtungsebene, die den Prinzipien Flexibilität, Langfristigkeit und Anpassungsfähigkeit Vorrang gibt, dann finden sich sehr schnell Argumente, die auch unter einer ausschliesslich nationalen Perspektive für einen befristeten Alleingang in der Klimapolitik sprechen.

Massnahmen zum Schutz des Weltklimas bewirken insbesondere, dass der Verbrauch an fossilen Energieträgern reduziert wird. Damit fördert Klimapolitik indirekt eine Wirtschaftsweise, die mit weniger Rohstoffen bei weniger Abfall und effizienterem Energieeinsatz umweltverträglichere Produkte herstellt. Voraussetzung dafür, dass der Übergang vom energie- und ressourcenintensivem Wirtschaften zum energieeffizienten und weniger die umweltbelastenden Produzieren und Konsumieren gelingt, ist ein tiefgreifender Wandel im Verhalten der Menschen einerseits und den bestehenden Konsum- und Produktionsstrukturen andererseits.

Strukturelle Veränderungen und Anpassungen fallen aber nicht vom Himmel, sondern müssen durch Anreize und Signale ausgelöst werden (für eine Diskussion ökonomischer Anreizinstrumente siehe etwa Frey und Busenhart 1995). Die monetäre Belastung des Gebrauchs von fossilen Energieträgern durch eine CO_2-Abgabe wäre ein erster Schritt hierzu. Denn durch die Verteuerung der CO_2-intensiven Produktions- und Konsumweise werden Anreize geschaffen, kohlenstoffreiche durch kohlenstoffarme beziehungsweise -freie Energieträger zu substituieren.

Der Umbau der bestehenden Energiesysteme, die Innovation und Invention neuer, effizienterer Produktions- und Konsumstrukturen benötigen Zeit und Geld. Eine Gesellschaft wird diese Umgestaltung um so leichter bewältigen können, je mehr Zeit und je mehr Investitionsmittel diesem Prozess zur Verfügung stehen. Dieses Argument hat für die Schweiz nach meinem Dafürhalten besondere Bedeutung. Da sich eine verbindliche Klimakonvention am internationalen Verhandlungshimmel abzeichnet, muss sich die Schweiz darauf einstellen, in der Zukunft Massnahmen zur Minderung ihres CO_2-Ausstosses zu ergreifen. Angesicht der starren und wenig flexiblen Wirtschaftsstruktur, eingedenk der zeitraubenden politischen Entscheidungsprozeduren wäre die Schweiz daher gut beraten, heute schon mit einer moderaten Klimapolitik zu beginnen. So könnten die Voraussetzungen für eine kostengünstige und möglichst reibungslose Anpassung an internationale Klimaschutzprogramme geschaffen werden. Und es ist nach unseren Berechnungen (siehe Abschnitt 4) zu vermuten, dass sich zumindest in der Umstrukturierungsphase ein Alleingang als vorteilhaft für die Schweiz erweist. Denn dann kommt es zu einem Innovationsschub, der dem eigenen Land direkt Standortvorteile sichert und über Wissenstransfer auch anderen indirekt zu Nutzen kommt.

3. Methodische Betrachtungen

Wissenschaft vermag schwerlich Politik zu ersetzen oder in einer verfahrenen Situation zum Durchbruch zu verhelfen. Sie kann aber guter Politik gute Argumente liefern, sofern die wissenschaftlichen Ergebnisse transparent, logisch konsistent und nachvollziehbar sind, und die Analysen methodisch dem Stand des Wissens entsprechen.

Zur Beantwortung der Frage, wie die verschiedenen Optionen der Klimapolitik die wirtschaftliche Entwicklung der Schweiz beeinflussen, haben wir ein dynamisches berechenbares allgemeines Gleichgewichtsmodell der Schweiz verwendet (siehe hierzu Stephan et al. 1992, Stephan und Imboden 1995). Berechenbare allgemeine Gleichgewichtsmodelle erlauben es, systematisch, vollständig und logisch konsistent die Auswirkungen von Eingriffen in ein wirtschaftliches System zu verfolgen. Diese Analyse bleibt dabei nicht nur auf direkte und indirekte Allokationseffekte beschränkt, sondern erfasst auch die Auswirkungen von umweltpolitischen Massnahmen auf die Entstehung und Verteilung von Einkommen und Vermögen. Letzteres zu beachten ist aus polit-ökonomischer Sicht von besonderer Bedeutung. Denn Widerstände gegen Umweltpolitik bedeuten häufig nicht, dass die Mitglieder einer Gesellschaft prinzipiell gegen Umweltschutz sind. Vielmehr drücken sie aus, dass die Wirtschaftssubjekte mit dem daraus resultierenden Verlusten an Arbeits- und Einkommensmöglichkeiten nicht einverstanden sind, wie die Argumente gegen einen schweizerischen Alleingang in der Klimapolitik belegen (siehe dazu auch Faber und Stephan 1987).

Methodisch basieren allgemeine Gleichgewichtsmodelle auf drei zentralen Prinzipien der ökonomischen Theorie (siehe Stephan und Ahlheim 1996).

Das erste ist das Rationalitätsprinzip. Es unterstellt, Wirtschaftssubjekte seien in der Lage, Entscheidungen zu fällen, und unter gleichen Bedingungen auch immer zur gleichen Entscheidung zu kommen. Das zweite ist das Stetigkeitsprinzip, das aussagt, dass kleine Änderungen nur relativ kleine Auswirkungen haben. Mit dieser Annahme wird chaotisches Verhalten von ökonomischen Systemen ausgeschlossen, was eine wesentliche Voraussetzung für umweltpolitische Empfehlungen ist. Würden nämlich geringe Eingriffe in eine Volkswirtschaft massive und nicht prognostizierbare Auswirkungen zeitigen, wäre Umwelt- und Wirtschaftspolitik reines Glücksspiel. Das dritte schliesslich ist das Substitutionsprinzip: Bei konstantem Lebensstandard führt die Erhöhung des Preises eines Gutes relativ zu allen anderen dazu, dass von diesem Gut weniger, von anderen dagegen mehr nachgefragt wird.

Um die Bedeutung dieser Annahmen zu illustrieren, sei unterstellt, die Produktionsfaktoren einer Volkswirtschaft können zu zwei Gruppen zusammengefasst werden. Fossile Energieressourcen, deren Verbrauch Kohlendioxidemissionen auslöst, einerseits und die übrigen Produktionsfaktoren andererseits. Zwischen diesen Faktorgruppen bestehen technisch bedingte Substitutionsmöglichkeiten, so dass es möglich ist, ein bestimmtes Bruttosozialprodukt mit unterschiedlichen Faktorkombinationen herzustellen. Der Energieeinsatz in die volkswirtschaftliche Produktion hängt dabei entscheidend von den relativen Energiepreisen ab: Je geringer diese sind, desto mehr Energie wird eingesetzt. Je teurer Energie im Vergleich zu anderen Faktoren ist, desto weniger Energie wird verbraucht. Dies zeichnet aus ökonomischer Sicht die prinzipiellen Handlungsmöglichkeiten für energie- und umweltpolitische Eingriffe vor. Entscheidet sich eine Gesellschaft dafür, den historisch eingeschlagenen Weg einer auf fossilen Energieträgern und kostenloser Umweltnutzung basierenden Wirtschaftsweise zu verlassen, so kann dies über eine entsprechende Korrektur der Preise geschehen, sofern in einer Ökonomie die drei oben genannten Prinzipien erfüllt sind (siehe dazu Frey, Staehelin-Witt und Blöchlinger 1993).

Potentiale, CO_2-Emissionen aus der Produktion zu reduzieren, haben wir in doppelter Hinsicht erfasst: einerseits durch Ersatz von fossilen Brennstoffen durch Strom und/oder Substitution zwischen fossilen Energieträgern, andererseits durch eine Erhöhung der Energieeffizienz. So kann in unserem Modell zwischen Energieträgern Strom, Raffinerieprodukte (Öl) und Gas substituiert werden, um so den CO_2-Ausstoss zu verringern. Zusätzlich ist es möglich, die Energieeffizienz der Produktion dadurch zu steigen, dass Inputs aus dem Energieaggregat durch Kapital und/oder Arbeit ersetzt werden.

Während die Substitution zwischen Energieträgern technisch meist einfach und daher bereits kurzfristig realisierbar ist, fällt es in der Regel schwerer, CO_2-Emissionen durch eine höhere Energieeffizienz zu vermeiden. Der Energieeinsatz hängt entscheidend von der Art und Ausstattung an Kapitalgütern ab. Änderungen im outputspezifischen Energieverbrauch setzen daher Umrüstungen in der Produktion und den Kapitalgüterbeständen voraus, was Zeit beansprucht. Kurzfristig müssen Kapital und Energie somit als komplementär betrachtet werden. Langfristig können aber durch neue, energieeffizientere Kapitalbestände Effizienzsteigerungen realisiert werden.

Auch auf der Nachfrageseite gibt es Möglichkeiten, CO_2-Emissionen zu reduzieren: Konventionelle Heizungssysteme sind durch die effizientere und kohlendioxidfreie Widerstandsheizung ersetzbar und Private können auf öffentliche Verkehrsträger umsteigen.

4. Numerische Simulation

Meine Mitarbeiter und ich haben versucht, mit numerischen Simulationsstudien die Auswirkungen verschiedener schweizerischer Optionen in der Klimapolitik auf die Volkswirtschaft der Schweiz zu ermitteln (siehe dazu Stephan und Imboden 1995). Im Rahmen eines dynamischen Berechenbaren Allgemeinen Gleichgewichtsmodells für die Schweiz haben wir drei hypothetische Politikszenarien verglichen: (1) den base-case, auch business-as-usual Szenario genannt, (2) den schweizerischen Alleingang, sowie (3) die international koordinierte Klimapolitik.

Unter dem business-as-usual oder base-case Szenario verstehen wir den Fall, dass keine klimapolitischen Eingriffe im von uns gewählten Betrachtungszeitraum 1995 bis 2010 erfolgen. Im Alleingangsszenario ist dagegen unterstellt, die Schweiz führe ab 1995 autonom eine CO_2-Abgabe ein mit dem Ziel, die schweizerischen Emissionen bis 2010 auf 80% des Emissionsniveaus von 1990 zu drücken. Das Kooperationsszenario schliesslich basiert auf der Annahme, Klimapolitik werde durch die Einführung einer globalen CO_2-Abgabe international koordiniert.

Über die Annahmen, die wir in den einzelnen Fällen gewählt haben, kann man diskutieren. Wir sind nicht der Meinung, damit alle und vor allem die realistischen Alternativen berücksichtigt zu haben. Wovon wir aber überzeugt sind, ist, dass wir die volkswirtschaftlichen Aspekte der klimapolitischen Optionen der Schweiz systematisch richtig erfasst und in einer numerischen Simulationsanalyse umgesetzt haben.

4.1 Die gesamtwirtschaftliche Entwicklung, der Energie- und Ölverbrauch

Wie entwickelt sich die schweizerische Volkswirtschaft unter den verschiedenen klimapolitischen Regimen? Eine international koordinierte Klimapolitik, die ab 1995 durch eine internationale CO_2-Abgabe etabliert wird, führt in der Schweiz zu einem sofortigen und markanten Einbruch des Bruttoinlandprodukts (BIP), wie Abbildung 1 verdeutlicht.

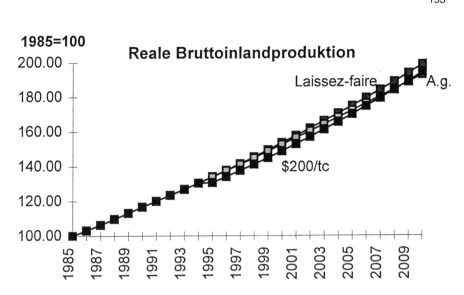

Abb. 1 Entwicklung des Bruttoinlandprodukts (BIP)

Dort haben wir, wie in allen weiteren Abbildungen das business-as-usual Szenario mit Laissez-faire ▨, den Alleingang mit A.g ▨ und den Fall international koordinierte Klimapolitik mit $200/tc ■ bezeichnet. Die letzte Abkürzung stammt übrigen daher, dass Manne und Richels (1992) eine Kohlenstoffabgabe von $200 berechnen, wenn international das Ziel einer 20% CO_2-Reduktion erreicht werden soll.

Aber auch bei einem schweizerischen Alleingang in der Klimapolitik entstehen Kosten in Form eines verringerten BIP-Wachstums, jedoch mit zunächst geringeren Auswirkungen auf die Wirtschaftsentwicklung. Erst am Ende des Zeithorizonts drehen sich diese Zusammenhänge um, was als Signal dafür gedeutet werden muss, dass ein schweizerischer Alleingang in der Klimapolitik mittelfristig eine bessere, langfristig hingegen die schlechtere Option ist.

Ein wesentlicher Grund für dieses unerwartete Resultat liegt darin, dass es bei international koordiniertem Klimaschutz bereits kurzfristig zu massiven Kapitalabflüssen aus der Schweiz kommt, was sich negativ auf ihr Wirtschaftswachstum auswirkt. Der Kapitalabflusseffekt bleibt bei einem Alleingang der Schweiz zwar aus, dafür verschlechtern sich aber die Exportchancen der schweizerischen Volkswirtschaft, was deren wirtschaftliche Entwicklung langfristig ebenfalls negativ beeinflusst.

Egal in welcher Form Klimaschutz in der Schweiz durchgeführt wird, in jedem Fall verringert sich dadurch der Gesamtenergieverbrauch. Zu einer Trendwende kommt es aber nur beim Alleingang (Abb. 2). Dann nämlich findet eine langfristig anhaltende Entkopplung zwischen wirtschaftlicher Entwicklung einerseits und dem gesamten Energieverbrauch andererseits statt, was auf einen Innovationsschub und den Übergang zu einer energieeffizienteren Wirtschaftsweise hindeutet.

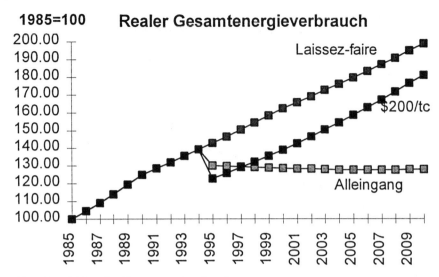

Abb. 2 Entwicklung des Gesamtenergieverbrauchs

Für die CO_2-Emissionen ist natürlich nicht der Gesamtenergieverbrauch, sondern der Konsum an fossilen Energieträgern von Bedeutung. Wie nicht anders zu erwarten, löst eine CO_2-Abgabe über die Veränderungen der relativen Preise eine deutliche Reaktion der Nachfrage nach dem fossilen Energieträger Öl aus. Wird eine internationale CO_2-Abgabe erhoben, werden die Ölimporte massiv reduziert.

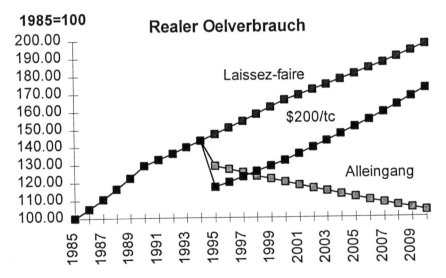

Abb. 3 Entwicklung des Ölverbrauchs

Allerdings beobachten wir bei international koordiniertem Klimaschutz nur einen Niveaueffekt beim schweizerischen Konsum von fossilen Energieträgern (siehe Abbildung 3) ohne Einfluss auf den langfristigen Wachstumstrend. Anders sieht die Situation im Alleingang aus. Trotz Wirtschaftswachstum sinkt der Ölverbrauch ständig und macht am Ende des Zeithorizontes nur noch knapp die Hälfte desjenigen im business-as-usual Szenario aus. Dies ist allerdings keine Überraschung. Wie wir oben bereits erwähnt haben, muss die Schweiz bei einem Alleingang in wesentlich grösseren Umfang CO_2-Emissionen reduzieren als bei internationaler Kooperation.

4.2 CO_2 - Abgaben und Stromverbrauch

Gelegentlich hört man als weiteres Argument gegen eine reine CO_2-Abgabe, die Verteuerung des Konsums von fossilen Energieträgern durch eine CO_2-Abgabe führe zu einer Erhöhung des Verbrauchs an elektrischer Energie. Diese Aussage entspringt einer einfachen, partialanalytischen Betrachtung: Fossile und elektrische Energie sind, wenn auch in beschränktem Umfang, Substitute. Erhöht sich der relative Preis eines der beiden Energieträger, steigt die Nachfrage nach dem anderen, in diesem Fall nach Strom (siehe auch Abschnitt 3).

Partialanalysen haben den Vorteil der Einfachheit und suggestiven Überzeugungskraft, kombinieren dies aber mit dem Nachteil, Rückkopplungseffekte und somit die indirekten Effekte von politischen Massnahmen zu vernachlässigen. So kann man sich vorstellen, dass bei einer CO_2-Abgabe langfristig nicht nur zwischen verschiedenen Energieträgern substituiert wird, sondern über den Ersatz bestehender Technologien und Kapitalgüter eine Innovation von weniger energieintensiven Produktionsverfahren und Konsumweisen ausgelöst wird. Deshalb könnte bereits eine CO_2-Abgabe allein bewirken, dass die Energieeffizienz der schweizerischen Volkswirtschaft insgesamt steigt, wie Abbildung 2 suggeriert.

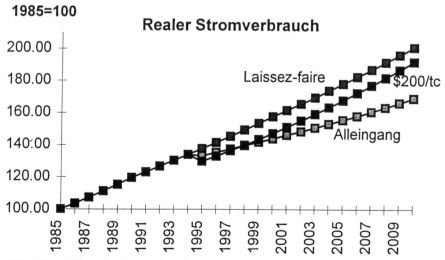

Abb. 4 Entwicklung des Stromverbrauchs

Tatsächlich kommt es entgegen partialanalytischer Erwartung nicht zu einem Mehrverbrauch an elektrischer Energie als Folge einer alleinigen Besteuerung der fossilen Energieträger (siehe Abbildung 4). CO_2-Abgaben bedingen auch im Alleingang eine Entkopplung zwischen Produktion und Stromverbrauch. Ein ähnliches Ergebnis beobachtet übrigens auch Bergman (1991) für Schweden. Allerdings ist der Einsparungseffekt beim Strom nicht so stark wie beim Öl. Während der Ölverbrauch stetig abnimmt, steigt der Stromkonsum über die Zeit leicht weiter. Aber das Verhältnis zwischen Gesamtenergieverbrauch und BIP sinkt, was eine Abnahme der Energieintensität, hiermit eine Zunahme der Energieeffizienz ausdrückt.

4.3 Entwicklung ausgewählter Sektoren

Berechenbare Allgemeine Gleichgewichtsmodelle erlauben, gesamtwirtschaftliche Analysen auf der Basis einer mikroökonomischen Modellierung durchzuführen und das Konzept einer preisgesteuerten Ökonomie vollständig in empirische Untersuchungen umzusetzen. Deshalb ist es möglich, simultan Verteilungs- und Effizienzeffekte von umweltpolitischen Massnahmen zu analysieren.

Stephan et al. (1992) haben die Verteilungs- und Wohlfahrtseffekte verschiedener Alleingangspolitiken untersucht. Ein wesentliches Ergebnis dieser Studie ist, dass es sowohl unter den Haushalten als auch den Unternehmungen Gewinner- und Verlierergruppen gibt, und dass die einzelwirtschaftlichen Auswirkungen von der Art und Weise geprägt werden, wie das Aufkommen aus einer CO_2-Abgabe verwendet beziehungsweise verteilt wird.

Nicht überraschend schneidet dabei die vollständige Rückverteilung nach dem Ökobonus-Konzept am besten, das Einbehalten der CO_2-Abgabe im Staatshaushalt am schlechtesten ab, während Mischformen dazwischen liegen.

Wie Abbildung 1 gezeigt hat, wirkt Klimaschutz unabhängig davon, ob im Alleingang oder international koordiniert, negativ auf die Entwicklung des schweizerischen Bruttoinlandproduktes. Das heisst aber nicht, dass es allen schlechter geht. Es gibt vielmehr Sektoren, die von einer solchen Politik profitieren. Dazu gehört beispielsweise der Sektor Nahrung (siehe Abbildung 5), aber auch die Banken und die unteren Einkommensklassen. Bei einer international koordinierten Klimapolitik verschlechtert sich deren wirtschaftliche Position zwar ebenfalls, doch vom Alleingang können sie profitieren.

Voraussetzung ist aber, dass das Abgabenaufkommen aus einer nationalen CO_2-Politik nach dem Ökobonusprinzip an die Haushalte zurückverteilt werden. Dies führt zu einer Einkommensumverteilung zugunsten der niedrigen Einkommensklassen und äussert sich unter anderem in einer steigenden Nachfrage nach Gütern aus dem Sektor Nahrung (siehe auch Stephan et al. 1992).

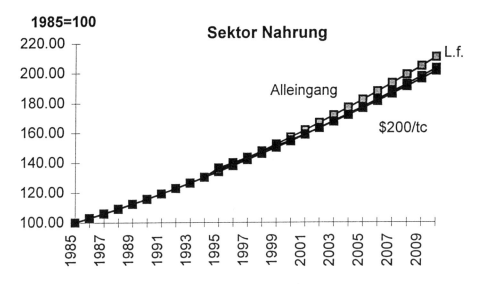

Abb. 5 Entwicklung des Sektors Nahrung

5. Schluss

Der Treibhauseffekt und seine Auswirkungen sind ein globales Problem. Im nationalen Alleingang die CO_2-Emissionen verringern zu wollen, kann daher nur von beschränkter Wirkung sein. Obendrein befinden wir uns in einer Situation, die Züge eines Dilemmas trägt: Wer im eigenen Land den CO_2-Ausstoss reduziert, trägt die Kosten, während alle von den allfälligen Vorteilen profitieren. Wem nützt es also, wenn die Schweiz ihre Kohlendioxidemissionen senkt?

Natürlich sind wir uns bewusst, dass auch Wissenschaftler die Realität selektiv und subjektiv wahrnehmen (siehe dazu Stephan 1995). Ökologisch Bewusste schätzen die ökonomischen Kosten von Klimaschutzprogrammen systematisch niedrig, die volkswirtschaftlichen Kosten einer Klimaänderung hingegen hoch ein. Bei den meisten Ökonomen dürfte dies eher umgekehrt sein (siehe Manne und Richels 1992). Trotzdem behaupten wir auf der Basis unserer Berechnungen, dass in einer Anfangsphase die volkswirtschaftlichen Kosten eines schweizerischen Alleingangs nicht grösser als bei internationaler Kooperation sind. Zusätzlich löst nur der Alleingang einen hinreichend starken Anreiz aus, CO_2-sparende und freie Techniken zu entwickeln und auch einzusetzen. Und die Befürchtung, eine reine CO_2-Abgabe führe zu einer drastischen Erhöhung des Verbrauchs an elektrischer Energie, wird nicht bestätigt. Im Gegenteil, eine schweizerische CO_2-Abgabe bewirkt eine allgemeine Steigerung der Energieeffizienz in der schweizerischen Volkswirtschaft.

Dennoch ist unter einer sehr langfristigen Perspektive der klimapolitische Alleingang der Schweiz nicht effizient. Sind aber eindeutige Anzeichen vorhanden, dass in absehbarer Zukunft eine Mehrzahl von Nationen die Verantwortung für das Weltklima übernehmen will, dann ist es auch unter einer nationalen Perspektive ökonomisch rational, heute schon in der Schweiz mit einer moderaten Klimapolitik zu beginnen. Denn je höher eine Wirtschaft entwickelt ist, desto wichtiger ist es, rechtzeitig und verlässlich richtungsweisende Signale zu setzen, um die notwendige Anpassung mit möglichst geringen Friktionen zu ermöglichen.

6. Literatur

BERGMAN, L. (1991): General Equilibrium Effects of Environmental Policy. *Environmental and Resource Economics* 1: 67-85.

FABER, M UND G. STEPHAN (1987): Umweltschutz und Technologiewandel. In R. Henn (Hrsg.): Technologie, Wachstum und Beschäftigung. Springer-Verlag, Heidelberg.

FELDER, S. UND T. RUTHERFORD (1993): Unilateral CO2 Reductions and Carbon Leakage. *Journal of Environmental Economics and Management* 25: 162-176.

FREY, R.L., E. STAEHELIN-WITT UND H. BLÖCHLINGER (1993): Mit Ökonomie zur Ökologie (2te Auflage). Schäfer/Poeschel, Stuttgart.

FREY, B.S. UND I. BUSENHART (1995): Umweltpolitik: Ökonomie oder Moral. In A. Diekmann und A. Franzen (Hrsg.): Kooperatives Umwelthandeln: Modelle, Erfahrungen, Massnahmen. Verlag Rüegger, Chur/Zürich.

MANNE, A.S. UND R RICHELS (1992). Buying Greenhouse Insurance. MIT Press, Cambridge, MA.

STEPHAN, G. (1995): Das 1950er Syndrom und Handlungsspielräume. In: Ch. Pfister (Hrsg.): Das 1950er Syndrom: Der Weg in die Konsumgesellschaft. Haupt-Verlag, Bern.

STEPHAN, G., R. VAN NIEUWKOOP, T. WIEDMER (1992): Social Incidence and Economic Costs of Carbon Limits. *Environmental and Resource Economics* 2: 569-591.

STEPHAN, G. UND D. IMBODEN (1995): Laissez-faire, Kooperation oder Alleingang: Klimapolitik in der Schweiz. *Schweizerische Zeitschrift für Volkswirtschaft und Statistik* 131: 203-226.

STEPHAN, G. UND M. AHLHEIM (1996): Ökonomische Ökologie. Springer-Verlag, Heidelberg.

Die CO_2-Steuer im politischen Umfeld

Kurt Schüle,

Ständerat, CH-8200 Schaffhausen

1. Bisherige Stationen in der schweizerischen Umweltpolitik

Die schweizerische Umweltpolitik hat sich über die Jahrzehnte hinweg entwickelt, zum Schutze des Menschen und seiner immer umfassender verstandenen Umwelt.

Vorerst wurden wichtige Einzelbereiche geregelt: Im Arbeits- und Fabrikgesetz von 1864 und 1877 wurden Regelungen zum Schutz der Gesundheit aufgestellt, das Forstpolizeigesetz brachte 1902 einen zukunftsweisenden, integralen Schutz des Waldes. Es folgten 1955 das Gewässerschutz- und 1966 das Natur- und Heimatschutzgesetz, später unter anderem das Raumplanungsgesetz (Tab. 1).

Tab. 1 Gesetze zur Umwelt vor dem Umweltschutzgesetz

1877/64	Fabrikgesetz/Arbeitsgesetz (Schutz der Gesundheit)
1902	Forstpolizeigesetz (integraler Schutz des Waldes)
1955/71	Gewässerschutzgesetz
1966	Natur- und Heimatschutzgesetz
1973	Fischereigesetz
1979	Raumplanungsgesetz

Mitte der 60-er Jahre wurde der Umweltschutz als gesamtheitliche Aufgabe erkannt und aufgrund eines parlamentarischen Auftrages im Rahmen einer Expertenkommission an die Hand genommen. Doch es war noch ein langer Weg bis zum Umweltschutz-Gesetz (Tab. 2).

Tab. 2 Der lange Weg zum Umweltschutzgesetz:

Die Entstehung von Verfassungsartikel und Gesetz	
1965	Motion im Parlament
1969	Expertenkommission
1970	Ja des Parlamentes
1971	Umweltschutz-Verfassungsartikel (über 90 % Ja beim Volk)
Die Umsetzung des Verfassungsartikels	
1973	Vorentwurf der Experten
1975	Negative Vernehmlassung (zu progressiv)
1976	Neubeginn mit Thesen
1978	2., grundsätzlich positive Vernehmlassung
1979	Botschaft USG des Bundesrates
1980/83	Beratung USG im Parlament
1983	einstimmige Gutheissung im Parlament - kein Referendum
1985	in Kraft seit 1.1.1985 (14 Jahre nach Erlass Verfassungsartikels)

Der 1971 in der Volksabstimmung mit über 90 % Ja-Stimmen gutgeheissene Verfassungsartikel über den Umweltschutz-Artikel ist erst 14 Jahre später im Umweltschutzgesetz konkretisiert worden. In ihm wurde verankert, dass der

Umweltschutz nach dem Verursacher- und Vorsorgeprinzip zu erfolgen hat und dass die Belastungen an der Quelle angegangen werden müssen.

In seiner Grundtendenz verfolgt das Umweltschutzgesetz eine klare Auflagenstrategie mit einem polizeirechtlichen Ansatz von Verboten und Geboten, geeignet, um rasch den Umweltschutz punktuell mit klaren Zielsetzungen durchzusetzen.

Ein eigentlicher Regulierungsschub erfolgte, in der Öffentlichkeit wenig beachtet, in der zweiten Hälfte der 80-er Jahre, als acht Verordnungen zum Umweltschutzgesetz erlassen worden sind (Tab. 3).

Tab. 3 Die acht Verordnungen zum USG 1985/91

- Luftreinhalte-Verordnung
- Lärmschutz-Verordnung
- VO über umweltgefährdende Stoffe
- VO über Schadstoffe im Boden
- VO über den Verkehr mit Sonderabfällen
- Abfallverordnung
- VO über die Umweltverträglichkeitsprüfung
- Störfall-Verordnung

Trotz beachtlichen Resultaten in der schweizerischen Umweltpolitik sind wir aber immer noch von einer gesamthaft umweltverträglichen Entwicklung weit entfernt, vor allem auch deshalb, weil erreichte ökologische Verbesserungen vielfach über den Mehrkonsum von Wohnraum, über eine steigene Mobilität und durch die ungebrochen wachsende Nachfrage nach Konsumgütern überkompensiert werden.

2. Lösungsansätze für eine langfristige Umweltstrategie

Eine langfristige Umweltstrategie kann nur erfolgreich sein, wenn sie nicht nur gesetzlich verankert, sondern möglichst breit abgestützt ist.

Dazu braucht es die Bewusstseinsbildung, Erziehung und Motivation aller Generationen wie auch der gesamten Wirtschaft. Der Umweltschutz ist als zentrale Gemeinschaftsaufgabe zu sehen und anzugehen.

Die Erhaltung der natürlichen Lebensgrundlagen ist eine unerlässliche Aufgabe, auch unter veränderten wirtschaftlichen Rahmenbedingungen. Es dürfen keine Abstriche an den Schutzzielen vorgenommen werden aus rein finanzpolitischen Erwägungen oder aus einer konjunkturpolitischen Optik. In Zeiten knapper Mittel ist es aber besonders wichtig, dass wir die Kräfte auf die zentralen Anliegen konzentrieren, dass die öffentliche Aufgaben eben auch im Umweltbereich möglichst effizient erfüllt werden.

Die nötige und dringliche Revitalisierung unserer Wirtschaft darf uns also nicht ins ökologische Abseits führen. Sie soll aber möglichst verbunden werden mit einer Effizienzsteigerung auch im Umweltbereich. Gegen die Ueberprüfung von Verwaltungs- und Verfahrensabläufen ist nichts einzuwenden, im Gegenteil. Dies soll uns ermöglichen, den Umweltschutz in seiner Substanz zu erhalten und zu vertiefen. Die Umweltpolitik darf dabei aber nicht unter die Räder der Finanzpolitik geraten!

In diesem Sinne müssen wir ein Drei-Säulen-Konzept (mit Auflagen, mit Anreizen, mit einer Stärkung der Eigenverantwortung) entwickeln: Die ökologischen Ziele sind mit einem Minimum an Freiheitsbeschränkung, an Kosten und Bürokratie zu erreichen, nur das ist effiziente Umweltpolitik! In der bisherigen Auflagenstrategie (mit Verbote und Geboten) stossen wir immer mehr an Grenzen. Wir müssen eine Anreizstrategie entwickeln und verstärkt über den Markt Einfluss nehmen. Schliesslich ist die Eigenverantwortlichkeit zu betonen: jeder ist selbst verantwortlich für sein persönliches Tun und Lassen. Ein Mit- und Umdenken tut not. Und Denken kann bekanntlich auch der Staat nicht dekretieren.

Auf diese Weise ist eine Neuorientierung in der staatlichen Umweltpolitik anzustreben

- mit einer Integration des Umweltschutzes in unser marktwirtschaftliches System,
- durch der Einbezug der externen Kosten,
- durch den Einsatz marktwirtschaftlicher Instrumente (die beim Preis oder der Menge ansetzen und die auf ein definiertes Ziel ausgerichtet sein müssen).

Die Kriterien sind klar: die Instrumente müssen ökologisch wirksam, ordnungspolitisch vertretbar sowie administrativ einfach sein. Schliesslich ist eine verbrauchsorientierte und ressourcenschonende Neuausrichtung unseres Steuersystems anzustreben: nicht primär der Arbeitseinsatz, sondern der Ressourcenverbrauch soll belastet werden.

3. Die umweltpolitischen Hürden

Dass der Umweltschutz erst sehr spät als eine zentrale Herausforderung anerkannt und zielstrebig an die Hand genommen worden ist, hat verschiedene Gründe. Vorweg ist auf die lange Zeit ungenügende Umweltsensibilität hinzuweisen, auf das späte Problembewusstsein des einzelnen, der Wirtschaft wie auch der Behörden.

Ökologie wurde oftmals als Gegensatz oder gar Feind der Ökonomie verstanden; in Verkennung der Tatsache, dass die Umweltschäden zu einem guten Teil nicht die Folge von zuviel, sondern von zuwenig Ökonomie sind.

Die aktuelle Wirtschaftslage und die hohe Arbeitslosigkeit lassen die Ökologie primär als Unkostenfaktor erscheinen, eine allzu kurze, aber eben stark verbreitete Denkweise.
- Die Umweltprobleme sind in aller Regel sehr komplex. Die Wissenschaft ist im Rückstand mit ihrer gesamtheitlichen Erforschung.
- Die Hürden der direkten Demokratie erschweren die rasche Umsetzung. Sie ermöglichen keinen "Umweltschutz subito". Aber dafür garantiert die direkte Demokratie wohldurchdachte und langfristig akzeptierte Lösungen.

Die gravierendsten Umweltprobleme haben meist eine internationale oder gar globale Dimension; sie machen eine intensive grenzüberschreitende Zusammenarbeit notwendig. Auch das ist schwierig zu verwirklichen.

4. Eine umweltpolitische Zwischenbilanz

Trotz beachtlichen Resultaten der schweizerischen Umweltpolitik sind wir aber noch heute von einer gesamthaft umweltverträglichen Entwicklung weit entfernt, vor allem auch deshalb, weil erreichte ökologische Verbesserungen vielfach über den Mehrkonsum von Wohnraum, über eine steigende Mobilität und durch die ungebrochen wachsende Nachfrage nach Konsumgütern überkompensiert werden. Die Erhaltung der natürlichen Lebensgrundlagen bleibt jedoch eine unerlässliche Aufgabe, auch unter veränderten wirtschaftlichen Rahmenbedingungen. Die nötige und dringliche Revitalisierung unserer Wirtschaft soll verbunden werden mit einer Effizienzsteigerung auch im Umweltbereich, um den Umweltschutz in seiner Substanz zu erhalten und zu vertiefen.

Grundsätzlich sind die ökologischen Ziele mit einem Minimum an Freiheitsbeschränkung, an Kosten und an Bürokratie zu erreichen. In der bisherigen Auflagenstrategie (mit Verboten und Geboten) stossen wir immer mehr an Grenzen. Wir müssen eine Anreizstrategie entwickeln und verstärkt über den Markt Einfluss nehmen. Schliesslich ist die Eigenverantwortlichkeit zu betonen: jeder ist selbst verantwortlich für sein persönliches Tun und Lassen. Ein Mit- und Umdenken tut not. Und Denken kann bekanntlich auch der Staat nicht dekretieren. Auf diese Weise ist eine Neuorientierung in der staatlichen Umweltpolitik anzustreben mit einer Integration des Umweltschutzes in unser marktwirtschaftliches System, durch den Einbezug der externen Kosten, durch den Einsatz marktwirtschaftlicher Instrumente (die beim Preis oder der Menge ansetzen und die auf ein definiertes Ziel ausgerichtet sein müssen). Die Kriterien sind klar: die Instrumente müssen ökologisch wirksam, ordnungspolitisch vertretbar sowie administrativ einfach sein.

Es stellt sich nun die Frage, wieweit die 1995 abgeschlossene Gesetzesrevision diesen Anforderungen Rechnung trägt.

5. Revisionsvorlage zum USG: Marktinstrumente, aber (noch) keine Deregulierung

Am 7. Juni 1993 hat der Bundesrat seine Botschaft an das Parlament verabschiedet zur erstmaligen *Revision des Umweltschutzgesetzes*. Nach rund zehn Jahren wird dieses am 1. Januar 1985 in Kraft getretene Gesetz damit erstmals überarbeitet. Eigentlich geht es dabei aber weniger um Abänderungen, sondern vielmehr um punktuelle Ergänzungen, die jedoch von erheblicher Tragweite sind:

1. Umweltinformation

2. Umweltgefährdende Stoffe, Europakompatibilität

3. Gentechnisch veränderte und pathogene Organismen

4. Abfälle

5. Bodenschutz

6. Lenkungsabgaben

7. Umwelttechnologie-Förderung

8. Gefährdungs-Haftpflicht

Die Inkraftsetzung wird auf den 1. Juli 1997 erfolgen.

Eine Zäsur bringt die Revision mit der erstmaligen und stufenweisen Einführung von *Lenkungsabgaben*. Damit wird mit dem marktwirtschaftlichen Umweltschutz ernst gemacht, ohne dass aber eben gleichzeitig die Normendichte verringert würde.

Die vorgeschlagenen Lenkungsabgaben sind allerdings sehr punktuell. Sie sollen erhoben werden

- auf den flüchtigen organischen Verbindungen,

- und auf dem Schwefelgehalt von Heizöl extraleicht von über 0,1 %.

Diesen beiden Lenkungsabgaben hat das Parlament - auch im Sinne von Pilotprojekten im Bereiche der marktwirtschaftlichen Instrumente - zugestimmt. Allerdings soll die konkrete Ausgestaltung der Abgaben und v.a. auch die Frage ihrer Rückerstattung nicht einfach dem Bundesrat überlassen bleiben.

Die Höhe der Lenkungsabgaben soll durch den Bundesrat vor dem Hintergrund der Luftreinhalteziele und der effektiven Umweltbelastung festgelegt werden. Ebenso sind die Kosten zu berücksichtigen, die bei der Begrenzung dieser Stoffe anfallen. Auch ist im Falle der VOC-Lenkungsabgaben Rücksicht zu nehmen auf die Preise von allfälligen Ersatzstoffen, welche die Umwelt weniger belasten. Wo in der Wirtschaft die VOC-Emissionen erheblich unter die gesetzlichen Grenzwerte zurückgeführt werden, sollen die dafür erforderlichen Investitionen mit der Lenkungsabgabe verrechnet werden können.

Mit Blick auf die nötige Akzeptanz der Lenkungsabgaben beschloss das Parlament, die maximale Höhe der Abgabe im Gesetz - im Falle der VOC-Abgabe auf 5 Fr. je Kilogramm - zu begrenzen. Auch soll der Bundesrat im Gesetz auf eine stufenweise Einführung der Abgabe verpflichtet werden. Der Bundesrat hat diese Satzabstufung im voraus festzulegen, damit die Lenkungsabgabe für die Wirtschaft planbar und kalkulierbar wird. Vorgesehen ist eine dreistufige Einführung der VOC-Abgabe mit den Stufen 1, 2 und 5 Franken je Kilogramm. Die Abgabelast würde - im Falle der hauptbetroffenen Farben- und Lackindustrie - rund 6 Umsatzprozente pro Abgaben-Franken betragen. Es wird auf der Basis der zweiten Stufe (Abgabe: 2 Fr./kg) mit einem Nettoertrag von 250 Mio. Fr. gerechnet. Die Wettbewerbsfähigkeit der Branche bliebe nach Ueberzeugung des Bundesrates gewahrt, weil Importe gleichermassen belastet und Exporte entlastet werden.

Der Ertrag der Abgabe (und zwar samt Zinsen) soll gleichmässig an die Bevölkerung zurückerstattet werden. Die konkrete Form dieser Rückerstattung ist durch den Bundesrat möglichst effizient zu regeln. Der Bundesrat hatte eine Rückerstattung über den Kanal der Krankenkassen vorgesehen, allerdings nicht im Sinne einer Prämienverbilligung, sondern der blossen Rückverteilung. Endgültige Klarheit über diesen Mechanismus besteht indessen noch nicht.

Die Eidgenössischen Räte sehen in den beiden Lenkungsabgaben auf VOC-Emissionen und Heizöl extra-leicht zwei mögliche Pilotversuche im Bereiche der marktwirtschaftlichen Instrumente im Umweltschutz mit guten Erfolgsaussichten.

Die VOC-Lenkungsabgabe soll - nach dem Konzept des Bundesrates - bezüglich der Emissionen die bis zum Jahr 2000 bestehende Ziellücke von knapp 100'000 Tonnen zu drei Vierteln schliessen und damit einen gewichtigen umweltpolitischen Beitrag im Kampf gegen das Ozon leisten.

Im Falle der Lenkungsabgabe auf Heizöl extra-leicht stellt sich die Umweltproblematik anders. Was die SO_2-Emissionen anbetrifft, konnten die Zielsetzungen des Luftreinhalte-Konzeptes bereits mit den bisherigen Massnahmen, u.a. durch eine Begrenzung des Schwefelgehaltes beim Heizöl extra-leicht auf 0,2 %, praktisch erreicht werden. Auf der andern Seite lassen sich die SO_2-Emissionen mit einer Lenkungsabgabe technisch problemlos und ohne wesentliche Mehrkosten um weitere 6'000 Tonnen reduzieren - im Sinne des Vorsorgeprinzipes des USG. Auch ist der Erhebungsmechanismus der Abgabe sehr einfach. Die Abgabe kann durch einen einfachen Preis-Zuschlag beim Import bzw. bei den inländischen Raffinerien erhoben werden. Die vorgesehene Abgabe von 20 Fr. je Tonne entspricht einer Energiepreiserhöhung von rund 5 %. Ihr Ertrag wird auf 50 Mio. Franken geschätzt, abhängig vom künftigen, verbleibenden Anteil der Qualität 0,2 Prozent. Weniger der umweltpolitische Beitrag als vielmehr die einfache Erhebungsart und völlig problemlose Ausgestaltung der Abgabe haben das Parlament veranlasst, dieser Abgabe zuzustimmen.

Der Bundesrat wollte ferner die Kompetenz erhalten, *Lenkungsabgaben auf Mineraldünger, Hofdünger und Pflanzenbehandlungsmitteln* einzuführen. Ueber das Landwirtschaftsgesetz (Direktzahlungen, v.a. gem. Art. 31b) und das Gewässerschutzgesetz (Bindung der erlaubten Grossvieheinheiten an die Fläche) sind indessen bereits griffige Massnahmen beschlossen worden. Auch befindet sich die Landwirtschaft in einem eigentlichen Umbruch. Eine zusätzliche Verunsicherung ist nach Meinung des Parlamentes zu vermeiden. Denn der Bundesrat selbst hat in seiner Botschaft unterstrichen, dass er die von ihm neu anbegehrte Kompetenz - in der heutigen Zeit des Umbruchs und der Neuorientierung - gar nicht nutzen will. Erst nach Ablauf von fünf Jahren will er nämlich die Situation überprüfen. Damit hat er selbst diese neue Regelung zu ungeliebten "Kompetenzen auf Vorrat" degradiert. Das Parlament hat die Lenkungsabgabe auf Düngemittel darum gestrichen. Sie hat dem Bundesrat dagegen - auf dem Weg einer Kommissionsmotion - einen Auftrag erteilt, die Wirkung der neuen umwelt- und agrarpolitischen Instrumente für eine umweltverträgliche Landwirtschaft vertieft zu untersuchen und innert fünf Jahren darüber zu berichten, allenfalls verbunden mit einer konkreten Gesetzesvorlage zur Einführung einer solchen Lenkungsabgabe.

6. Vernehmlassung über CO2-Abgabe

Vom Bundesrat wird die CO_2-Abgabe seit 1990 konkret diskutiert. Der Bundesrat hat die mehrfach angekündigte Vernehmlassung zu einer solchen umfassenden Lenkungsabgabe immer wieder verschoben, ursprünglich bis nach der Abstimmung über die Mehrwertsteuer vom November 1993. Dann hat er auf die Abstimmung über die Verkehrsabgaben vom Februar 1994 Rücksicht genommen. Die Verwaltung konnte in dieser Zwischenzeit neben der bereits früher favorisierten CO_2-Abgabe auch eine Energielenkungsabgabe sowie eine kombinierte Abgabe nach EG-Muster auszuarbeiten und auf einen vergleichbaren Stand bringen, sodass der Bundesrat im Frühjahr 1994 die verschiedenen Modelle beurteilen konnte. Er hat dann - wie seitens der Wirtschaft gefordert - einer reinen CO_2-Abgabe den Vorzug gegeben und eine entsprechende Gesetzesvorlage bis zum 30. September 1994 in die Vernehmlassung gegeben.

Dieser Vorschlag ist seitens der Öffentlichkeit allerdings recht kritisch aufgenommen worden. Die Vernehmlassungsvorlage widersprach in manchen Punkten jenen Kriterien, die nicht nur von den Parteien, sondern auch von der Wissenschaft und der Wirtschaft gefordert worden sind als Anforderungsprofil an ein solches Lenkungsinstrument.

Auch die Kommission Umwelt, Raumplanung und Energie des Ständerates hat sich bereits am 1. Juni 1993 exponiert geäussert (vgl. Abb. 1) und dem Bundesrat ihre grundsätzliche Zustimmung unter ganz klaren Prämissen signalisiert: Lenkungsabgaben haben ausschliesslich dem Umweltschutz (und nicht der Staatsfinanzierung) zu dienen.

"Unbestrittenes Ziel der Energie- und Umweltpolitik ist die langfristige Stabilisierung und Reduktion des Energieverbrauchs und der CO2-Emissionen. Dies ist in erster Linie durch den verstärkten Einsatz marktwirtschaftlicher Lenkungsinstrumente anzustreben, namentlich durch die Einführung einer Energielenkungsabgabe.

Anreize zu energie- und umweltgerechtem Verhalten sollen Verhaltensvorschriften ergänzen und womöglich ersetzen. Die Lenkungsabgabe soll den Energieverbrauch belasten, aber an die Konsumenten und die Wirtschaft zurückerstattet werden. Eine umfassende, unbürokratische Rückerstattung trägt einerseits den wirtschaftlichen Erfordernissen Rechnung und kann gleichzeitig den Einsatz menschlicher Arbeitskraft finanziell entlasten; andrerseits soll die Rückerstattung einen sozialen Ausgleich sicherstellen.

Der raschen Vorbereitung der Energielenkungsabgabe kommt mit Blick auf die internationalen Bestrebungen eine grosse Bedeutung zu. Es ist vordringlich, durch eine umfassende Vernehmlassung eine breitangelegte öffentliche Diskussion auszulösen. Darauf abgestützt sind zeitgerecht die gesetzlichen Grundlagen zu schaffen, damit sich die Schweiz ohne Verzug an einer harmonisierten europäischen Lösung beteiligen kann.

Dem Bundesrat wird seitens der Kommission empfohlen, eine Vorlage auszuarbeiten zur Einführung einer rückerstattbaren Lenkungsabgabe auf den CO_2.-Emissionen oder auf dem Energieverbrauch (ausgenommen die neuen erneuerbaren Energien) oder vorzugsweise in einer kombinierten Form, wie sie zurzeit auch international im Vordergrund steht.

Sie hat den folgenden Anforderungen Rechnung zu tragen:

Zielkonformität;

1. *langfristig orientierte Konzeption mit geringer Anfangsbelastung und voraussehbarem und damit kalkulierbarem Anstieg der Belastung;*
2. *wirtschaftliche Tragbarkeit (auch für energieintensive Betriebe und Branchen), Wettbewerbsneutralität (auch zwischen den Energieträgern) und aussenwirtschaftliche Verträglichkeit, sowie internationale Koordination;*
3. *soziale und regionale Verträglichkeit;*
4. *Staatsaufkommens-Neutralität (durch volle Rückgabe der Erträge pro Kopf bzw. pro Arbeitsplatz);*
5. *Ausweis der Abgabe und ihrer Rückerstattung im Lebenskostenindex;*
6. *unbürokratische Form der Abgabe und Rückerstattung.*

Die UREK ist überzeugt, dass eine diesen Anforderungen genügende Energielenkungsabgabe einen wirksamen Beitrag leisten kann zur Erreichung der zentralen energie- und umweltpolitischen Ziele."

Abb. 1 CO_2-Abgabe, Haltung UREK Ständerat

5. Wie weiter mit der CO_2-Abgabe ?

Bei der Vorbereitung der definitiven Vorlage müssen verschiedene Randbedingungen eingehalten werden: vorab diese strikte Trennung von Umwelt- und Finanzpolitik.

Die fatalen Haushaltsperspektiven müssen eine neue Finanzpolitik auslösen nach dem Grundsatz zurück zum Mass, was auch umweltpolitisch sinnvoll ist.

Die Lenkungsabgaben wiederum sind definitionsgemäss kein Mittel zur Haushaltsanierung. Ihre Zweckentfremdung wäre wohl ihr vorschneller Tod.

Die Umwelt-Lenkungsabgabe ist als strategisches, langfristiges Instrument zu planen und verlangt eine sorgfältige Vorbereitung der Vorlage. Alle ihre Wirkungen sind dabei transparent machen, auch ist die Chance zu nutzen zur Klärung der ooft missverstandenen Begriffe. Eine weitere Klärung ist nötig mit Blick auf die diversen Steuern- und Abgabenprojekte des Bundesrates. Der Bundesrat selbst hat die Konsequenzen aus der Vernehmlassung gezogen und will nun die Frage einer CO_2-Abgabe im Rahmen eines umfassenden Konzeptes zur Verminderung CO_2-Emissionen neu beurteilen. Ohne eine entsprechende Lenkungsabgabe, ist mit guten Gründen zu vermuten, wird ein solches Konzept aber kaum wirksam sein.

Eine international koordinierte, umfassende Lenkungsabgabe dürfte politisch durchaus eine Chance haben. Unter bestimmten Prämissen haben sich seitens der Wirtschaft - und unterlegt durch sehr interessante Schriften - die Basler Handelskammer und die Wirtschaftsförderung ausdrücklich für Lenkungsabgaben ausgesprochen. Dabei verlangt die Wirtschaft zwingend eine Ausgestaltung als Emissionsabgabe. Persönlich bin ich überzeugt, dass wir damit eine grundlegende Weichenstellung vornehmen müssen zugunsten eines klar marktwirtschaftlich orientierten Umweltschutzes. Wir müssen indessen die Bürgerinnen und Bürger für eine solche langfristig ausgelegte Umweltpolitik erst noch gewinnen.

Gleichzeitig müssen wir allerdings auch die Bereitschaft zum Verzicht fördern. Denn auch mit mehr Marktwirtschaft wird Umweltschutz natürlich auch in der Zukunft nicht zum Null-Tarif zu haben sein!

Steuern zur CO_2-Minderung in der Europäischen Union

Heinz Welsch

Energiewirtschaftliches Institut, Universität Köln, D-50923 Köln

1. Einführung

Die erwartete anthropogene Klimaänderung wird inzwischen als das wichtigste energiebedingte Umweltproblem angesehen. Sie beruht zu etwa der Hälfte auf der Freisetzung von Kohlendioxid (CO_2), das wiederum zu drei Vierteln durch die Verbrennung fossiler Brennstoffe entsteht. Das CO_2-Problem ist gegenüber vielen anderen Umweltproblemen durch seinen globalen Charakter sowie durch das Fehlen von Rückhaltetechniken, die in großem Maßstab einsetzbar wären, gekennzeichnet. Der globale Charakter des CO_2-Problems bedeutet, daß seine Lösung nur auf internationaler Ebene möglich ist, da einzelne Länder wenig zur weltweiten CO_2-Minderung beitragen können. Das Fehlen von Rückhaltemöglichkeiten bedeutet, daß eine Rückführung der Emissionen eine erhebliche Umstrukturierung der Energieversorgungssysteme mit möglicherweise umfangreichen gesamtwirtschaftlichen Auswirkungen voraussetzt.

In Anbetracht des geringen Beitrages einzelner Länder und der befürchteten wirtschaftlichen Auswirkungen ist die Bereitschaft sich, zur CO_2-Minderung zu verpflichten, gering. Die Europäische Union bzw. ihre Mitgliedsstaaten gehören weltweit zu den wenigen, die Zielwerte für ihre CO_2-Emissionen festgelegt haben. Diese sind in Tabelle 1 zusammengestellt. Bekanntlich hat sich die EU insgesamt das Ziel gesetzt, die Emissionen auf dem Niveau des Jahres 1990 zu stabilisieren. Einzelne Mitgliedsländer haben weitergehende Minderungsziele, während andere nur zu einer Begrenzung des *Anstiegs* ihrer Emissionen bereit sind.

Als Instrumente zur Begrenzung der CO_2-Emissionen spielen CO_2- oder Energiesteuern eine besondere Rolle. Dies gilt insbesondere für die EU, aber beispielsweise auch für die Schweiz. Im folgenden sollen zunächst verschiedene grundsätzliche Fragen der Ausgestaltung von Klimaschutzsteuern diskutiert und einige konkrete Varianten erläutert werden. Anschließend werden die Wirksamkeit und die wirtschaftlichen Auswirkungen des CO_2/Energiesteuervorschlages der Europäischen Kommission beleuchtet.

Tab. 1 CO_2-Minderungsziele in der Europäischen Union

	Bezugsjahr	Zieljahr	Minderungsziel (%)
EU12	1990	2000	0
Belgien	1990	2000	-5
Dänemark	1988	2005	-20
Deutschland	1987	2005	-25 bis -30*
Frankreich	-	2000	0**
Griechenland	-	-	-
Irland	1990	2000	+20
Italien	1990	2000	0
Luxemburg	1990	2000	0
Niederlande	1990	2000	-3 to -5
Portugal	-	-	-
Spanien	1990	2000	+25
UK	1990	2000	0

* Inzwischen verändert zu -25 % bezogen auf 1990
** Stabilisierung bei 7,3 Tonnen pro Kopf
Quelle: IEA 1994

2. Ausgestaltung von Klimaschutzsteuern

Steuern gehören - im Gegensatz zu ordnungsrechtlichen Auflagen - zu den marktwirtschaftlichen Instrumenten des Umweltschutzes. Die Vorzüge marktwirtschaftlicher Umweltinstrumente bestehen darin, Emissionsminderungsmaßnahmen dorthin zu lenken, wo sie am kostengünstigsten durchzuführen sind (Kosteneffizienz).

Dies ist beim Klimaschutz in Anbetracht des Ausmaßes der erforderlichen Umstrukturierung von besonderer Bedeutung.

Der Einsatz marktwirtschaftlicher Lenkungsinstrumente ist bei vielen Umweltproblemen durch Schwierigkeiten bei der Messung der Emissionen und der von ihnen ausgehenden Wirkungen erschwert (Welsch 1994). Diese Probleme bestehen im vorliegenden Fall nicht: Wegen des Fehlens praktikabler Rückhaltetechniken können die CO_2-Emissionen anhand des Kohlenstoffgehaltes der eingesetzten Brennstoffe berechnet werden, und wegen der langen atmosphärischen Verweildauer hat jede Emissionseinheit unabhängig vom Ursprungsort die selbe Wirkung auf das Klima. Wegen der letzteren Eigenschaft entfällt die sogenannte *hot spot*-Problematik. Aus diesen Gründen können Lenkungssteuern zur Minderung energiebedingter CO_2-Emissionen unmittelbar am Brennstoffeinsatz ansetzen, und sie brauchen nicht räumlich differenziert zu werden.

Bei der Ausgestaltung von Klimaschutzsteuern stellen sich eine Reihe von Fragen.

- *CO_2- oder Energiesteuer*. Beide Varianten stehen in der Diskussion. Durch eine CO_2-Steuer werden im Gegensatz zur Energiesteuer Anreize zur Substitution CO_2-intensiver durch CO_2-arme oder CO_2-freie Energieträger gegeben. Dies ist eine kostengünstige Möglichkeit der CO_2-Minderung, die aber unter anderem deshalb als problematisch angesehen wird, weil sie einen Ausbau der Kernenergie fördert.

- *Verwendung des Steueraufkommens*. Im Hinblick auf die Aufkommensverwendung wird vielfach postuliert, daß zum Ausgleich für die Klimaschutzsteuer andere Steuern oder Abgaben gesenkt werden sollen (Aufkommensneutralität). Diese Forderung wird mitunter zum Konzept einer 'ökologischen Steuerreform' erweitert, durch welche erwünschte Gegenstände (Einkommen, Beschäftigung etc.) als Steuersubstrat durch unerwünschte Gegenstände (Umweltbelastung) ersetzt werden sollen (siehe etwa Mauch et al. 1992). Hiervon wird eine 'doppelte Dividende' erwartet, indem nicht nur die Umweltbelastung, sondern auch die Verzerrungswirkungen des traditionellen Steuersystems vermindert werden. Beispielsweise erwartet man von einer Klimaschutzsteuer mit kompensierender Senkung der Lohnnebenkosten nicht nur einen Rückgang der CO_2-Emissionen, sondern auch eine Zunahme der Beschäftigung.

- *Gemeinsame oder einseitige Einführung der Steuer*. Die Frage der internationalen Harmonisierung der CO_2/Energiebesteuerung wird insbesondere in Hinblick auf die internationale Wettbewerbsfähigkeit einzelner Sektoren oder ganzer Volkswirtschaften betrachtet. Da das Projekt einer EU-weiten CO_2/Energiesteuer von der Europäischen Kommission derzeit nicht weiter verfolgt wird, stellt sich die Frage nach den möglichen Folgen eines nationalen Alleinganges besonders dringlich.

3. Klimaschutzsteuern in Europa

In der Tat wurden in einer Reihe europäischer Länder bereits einseitig Steuern zum Zweck des Klimaschutzes eingeführt, und zwar in Skandinavien und in den Niederlanden. Diese sind in Tabelle 2 zusammengefaßt. Es handelt sich zum Teil um eine reine CO_2-Steuer (Dänemark, Schweden), zum Teil um eine Kombinationssteuer auf den CO_2- und den Energiegehalt. In Dänemark und in Schweden findet sich eine Differenzierung des Steuersatzes zwischen Haushalten und Industrie bzw. Gewerbe, wobei die Haushalte erheblich stärker belastet werden. Diese Differenzierung gründet sich auf Besorgnisse hinsichtlich der internationalen Wettbewerbsfähigkeit.

Tab. 2 Bestehende Klimaschutzsteuern in Europa

	Steuersatz	Einführungsdatum
Dänemark		
Haushalte	14.88\$/tCO_2	15/5/92
Industrie/Gewerbe	7.44\$/tCO_2	1/1/93
Finnland	3.93\$/tCO_2 + 0.11\$/GJ	1/1/90
Niederlande	2.44\$/tCO_2 + 0.20\$/GJ	1/7/92
Schweden		1/1/91
Haushalte	40.30\$/tCO_2	
Industrie	10.39\$/tCO_2	

Quelle: IEA 1994

Für die EU insgesamt hatte die Europäische Kommission 1992 einen Vorschlag für eine kombinierte CO_2/Energiesteuer vorgelegt. Auch wenn der Vorstoß für eine EU-weite Einführung dieser Steuer inzwischen gescheitert ist, ist ihre vorgeschlagene Ausgestaltung auch weiterhin der Orientierungsmaßstab für eine mögliche einseitige Einführung.

Die Steuerhöhe soll sich je zur Hälfte am Energie- und am Kohlenstoffgehalt der verschiedenen Brennstoffe orientieren. Eine reine CO_2-Steuer wurde vermieden, um eine übermäßige Belastung der besonders kohlenstoffintensiven Volkswirtschaften zu vermeiden. Im Fall des Mineralöls entspricht die Steuer einer anfänglichen Verteuerung eines Barrels Rohöl um 3 US-\$, die innerhalb von 7 Jahren auf 10 US-\$ ansteigen soll. Dies entspricht einer Anfangsbelastung von 2,81 Ecu pro Tonne CO_2 und 0,21 ECU pro Gigajoule Energiegehalt.

Aufgrund der CO_2-Komponente werden die einzelnen fossilen Energieträger insgesamt unterschiedlich belastet, wobei Braunkohle die stärkste und Gas die geringste Belastung aufweist.

4. Methodischer Ansatz

Als quantitatives Instrument zur Analyse der wirtschaftlichen Auswirkungen von Klimaschutzsteuern wurde ein am Energiewirtschaftlichen Institut entwikkeltes Allgemeines Gleichgewichtsmodell für die Europäische Union eingesetzt (Welsch und Hoster 1995, Welsch 1996a). Allgemeine Gleichgewichtsmodelle bieten die Möglichkeit, die wesentlichen Interdependenzen zwischen den Mengen-, Preis- und Einkommensvariablen in einer Volkswirtschaft in einem konsistenten und theoretisch fundierten Rahmen zu erfassen. Im vorliegenden Fall wurde Wert darauf gelegt, daß das Modell in der Lage ist, sowohl unterschiedliche Formen der Steueraufkommensverwendung als auch unterschiedliche räumliche Geltungsbereiche der Steuer (europaweit oder nationaler Alleingang) abzubilden.

Das Modell LEAN (*L*ow *E*mission *A*ssessment e*N*gine) erlaubt, Beziehungen zwischen energie- und umweltpolitischen Maßnahmen, Energiepreisen, Energieeinsatz und Gesamtwirtschaft nachzuzeichnen und die resultierenden CO_2-Emissionen differenziert nach Brennstoffen und Herkunftssektoren auszuweisen. Die Mehr-Länder-Struktur des Modells ermöglicht die Analyse außenwirtschaftlicher Rückkoppelungen klimapolitischer Maßnahmen sowohl hinsichtlich der Emissionen als auch der wirtschaftlichen Auswirkungen.

In LEAN sind für (West-)Deutschland und die übrige EU jeweils 14 Sektoren modelliert, von denen fünf mit Energieträgern identifiziert werden (4 fossile Brennstoffe sowie Elektrizität). Deutschland und die übrige EU sind sowohl untereinander als auch mit der übrigen Welt durch Handels- und Finanzströme verbunden. Der Zeithorizont reicht derzeit bis 2020. Besondere Merkmale des Modells sind die Erfassung investitionsabhängigen technischen Fortschritts sowie die endogene Bestimmung des Realzinses und des Wechselkurses zwischen EU und übriger Welt.

Bei den Modellrechnungen wurde von folgender Entwicklung der Weltenergiepreise ausgegangen.

- Kohle: Zunahme um jährlich 0,1 Prozent (real)
- Rohöl: Zunahme um jährlich 1,5 Prozent (real)
- Erdgas: Zunahme um jährlich 2,1 Prozent (real)

Für die Energieproduktivität (Energieeffizienz) wurde eine jährliche Verbesserung um zwei Prozent angenommen.

Aufgrund dieser Annahmen wurde ein Basislauf ohne klimapolitische Maßnahmen durchgeführt. In diesem 'business-as-usual'-Fall steigen die CO_2-Emissionen Deutschlands um jährlich 0,9 Prozent und diejenigen der übrigen

EU um 1,2 Prozent. In Simulationsexperimenten wurde dann berechnet, wie sich die wirtschaftliche Entwicklung und die Entwicklung der CO_2-Emissionen ändern würde, wenn 1996 eine CO_2/Energiesteuer in Anlehnung an den Vorschlag der Europäischen Kommission eingeführt würde. Dabei wurde angenommen, daß das Einsatzniveau der Kernenergie gegenüber dem Basislauf unverändert bleibt. Es wurde der Fall der EU-weiten Einführung mit dem des deutschen Alleinganges verglichen, sowie der Fall, in dem das Steueraufkommen pauschal an die Haushalte transferiert wird, mit dem einer Verwendung zur Senkung der Lohnkosten.[1]

5. Auswirkungen einer CO_2/Energiesteuer

Die betrachtete Klimaschutzsteuer ist an den Vorschlag der Europäischen Kommission angelehnt, aber nicht mit diesem identisch. Konkret wurde von einer Steuer ausgegangen, die von einem Niveau von 3 US-$ pro Barrel Rohöl im Jahre 1996 auf 12 US-$ im Jahre 2005 und dann weiter auf 20 US-$ in 2020 ansteigt. Diese Entwicklung wurde als nominaler Anstieg aufgefaßt und mit einer Preisniveausteigerung von jährlich 3 Prozent deflationiert. Dies führt zu einer annähernden Konstanz des realen Steuersatzes ab etwa 2005.

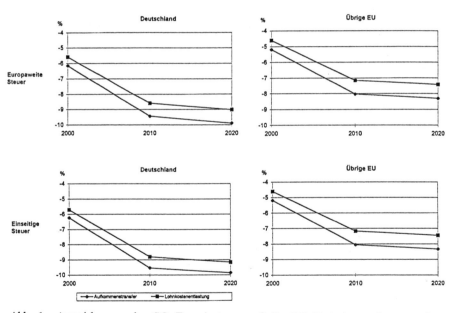

Abb. 1 Auswirkungen der CO_2-Energiesteuer auf die CO_2-Emissionen (prozentuale Abweichung vom Basislauf)

---

[1] Weitere Steuerverwendungsformen (Abbau der Staatsschulden, Erhöhung der Staatsausgaben) werden in Welsch (1996a) betrachtet.

Abbildung 1 zeigt, daß durch eine solche Steuer die Emissionen des Jahres 2020 gegenüber dem Basislauf um 7-10 Prozent reduziert werden können. Da die Emissionen im Basisfall ansteigen, genügt dies nicht für eine Stabilisierung auf dem Niveau von 1990. Allerdings wird der ohne die Steuer eintretende Anstieg der Emissionen in Deutschland um rund ein Drittel und in der übrigen EU um rund ein Viertel vermindert. Die Lenkungswirkung ist also in Deutschland etwas stärker als in der übrigen EU, was an der höheren CO_2-Intensität der deutschen Volkswirtschaft liegt[2]. Ob die Steuer europaweit oder im Alleingang in Deutschland bzw. der übrigen EU eingeführt wird, hat keinen Einfluß auf die Emissionsminderung im betreffenden Gebiet (wohl aber auf die Emissionen der *gesamten* EU). Interessant ist, daß die Art der Steueraufkommensverwendung nur einen geringen Einfluß auf die Lenkungswirkung hat. Sie ist lediglich im Fall der Lohnkostensenkung etwas geringer als im Fall des Steueraufkommenstransfers an die Haushalte.

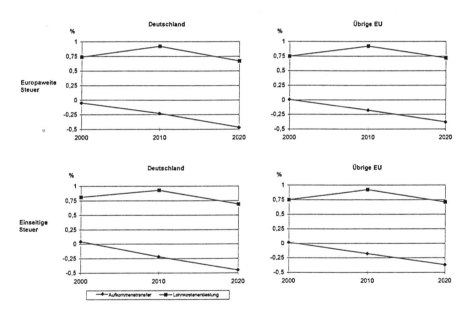

Abb. 2 Auswirkungen der CO2-Energiesteuer auf das Bruttoinlandprodukt (prozentuale Abweichung vom Basislauf)

---

[2] Technisch ausgedrückt ist für die Lenkungswirkung der Steuersatz in Relation zum Grenzprodukt der Emissionen im Basislauf ausschlaggebend. Eine hohe Emissionsintensität im Basislauf bedeutet ein geringes Grenzprodukt, so daß die Steuer einen großen Mengeneffekt hat. Inhaltlich bedeutet die hohe Emissionsintensität, daß es große kostengünstige Emissionsminderungspotentiale gibt.

Der Grund hierfür liegt im Bereich der gesamtwirtschaftlichen Auswirkungen. Abbildung 2 zeigt die durch die Steuer hervorgerufene Veränderung des Bruttoinlandsprodukts (BIP). Während sich im Fall des Transfers ein Rückgang des BIP bis um etwa ein halbes Prozent ergibt, führt der Einsatz des Steueraufkommens zur Lohnkostensenkung zu einer Zunahme in etwa gleichem Umfang. Letzteres liegt daran, daß in diesem Fall Energie verstärkt durch Arbeit ersetzt wird.

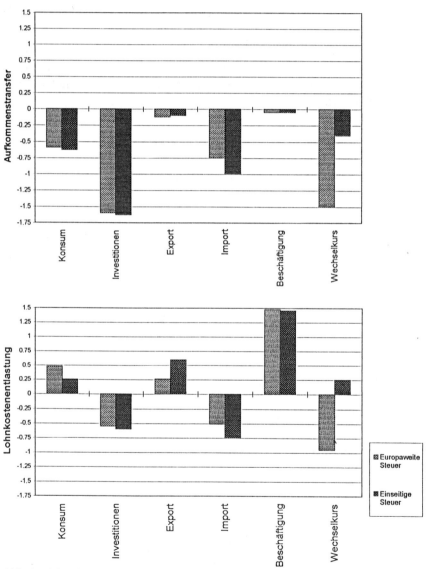

Abb. 3 Makroökonomische Auswirkungen, Deutschland 2020 (prozentuale Abweichung vom Basislauf)

Die Auswirkungen auf das BIP in Deutschland und in der übrigen EU unterscheiden sich wenig voneinander. Ebenso sind die Auswirkungen im Fall eines Alleinganges nahezu identisch mit denen bei europaweitem Vorgehen. Allerdings betrifft dies nur das BIP als zusammenfassenden Indikator der wirtschaftlichen Auswirkungen. Betrachtet man detailliertere makroökonomische Indikatoren, so zeigt sich eine unterschiedliche Wirkungsweise der beiden Steuerverwendungsvarianten.

Die Wirkung auf die makroökonomischen Indikatoren ist in Abbildung 3 exemplarisch für Deutschland im Stichjahr 2020 dargestellt. Es ist festzustellen, daß im Fall des Aufkommenstransfers die Exporte kaum verändert werden, während die Importe erheblich zurückgehen. Letzteres liegt daran, daß ein großer Teil des deutschen Energieeinsatzes importiert wird und somit die deutschen Importe eine hohe Energieintensität aufweisen (rund 20 Prozent Energieanteil). Aus dieser Situation folgt unmittelbar, daß sich die deutsche Handelsbilanz durch eine CO_2-Minderung verbessert. Der Konsum sinkt in diesem Fall erheblich weniger als die Investitionen, da die Konsumnachfrage durch die unterstellte Form der Steuerverwendung gestützt wird. Die Beschäftigung wird kaum tangiert. Betrachtet man den Wechselkurs (im Sinne des Preises der Auslandswährung), so stellt man einen deutlichen Rückgang fest. Dies beruht auf der sinkenden Nachfrage nach Energieimporten. Es tritt also eine Aufwertung der Inlandswährung ein. Da von einer einheitlichen europäischen Währung ausgegangen wird, ist diese Aufwertung naturgemäß bei gemeinsamer CO_2-Minderung stärker als bei einseitiger. Dies bedeutet, daß bei gemeinsamem Vorgehen die Exporte stärker verteuert und die Importe stärker verbilligt werden als bei einseitigem Vorgehen, woraus sich die leicht unterschiedliche Entwicklung der Exporte bzw. Importe in den beiden Fällen erklärt.

Betrachtet man den Fall der Lohnkostensenkung, so ergibt sich zunächst, daß die Beschäftigung um rund 1,5 Prozent steigt. Hierbei ist allerdings vorausgesetzt, daß die Lohnforderungen nicht zu stark auf die Beschäftigungszunahme reagieren und diese dadurch bremsen.[3] Auch in diesem Fall stellt man einen Rückgang der Importe fest, der aber wegen der höheren gesamtwirtschaftlichen Nachfrage geringer ist als zuvor. Besonders fällt auf, daß die Exporte nunmehr zunehmen, was daran liegt, daß die Kosten der exportorientierten Wirtschaftszweige durch die Lohnkostensenkung abnehmen. Der Konsum nimmt aufgrund der höheren Gesamtnachfrage nunmehr zu, und der Rückgang der Investitionen ist wesentlich geringer als im Fall des Steueraufkommenstransfers.

---

[3] Die Bedeutung der Lohnforderungen wird genauer beleuchtet in Welsch (1996b). Eine beschäftigungssteigernde Wirkung sowie ein (wenn auch geringer) Anstieg des Sozialprodukts ergibt sich auch aus den Simulationsrechnungen von Bossier und Brechet (1995).

6. Zusammenfassung

Steuern oder Abgaben als Lenkungsinstrumente weisen gerade beim Klimaschutz eine Reihe von Vorteilen auf. Sie bewirken, daß kostengünstige Emissionsminderungsmaßnahmen bevorzugt ergriffen werden und somit der Klimaschutz auch gesamtwirtschaftlich auf kostengünstige Weise zustande kommt. Dies ist gerade in Anbetracht des Umfangs der erforderlichen Umstrukturierung von entscheidender Bedeutung. Darüber hinaus sind Lenkungssteuern gerade im Fall des energiebedingten CO_2-Ausstoßes leicht implementierbar. Deshalb stehen Klimaschutzsteuern auch weiterhin in der Europäischen Union im Zentrum der klimapolitischen Diskussion und sind auch bereits in einzelnen Mitgliedsländern eingeführt worden.

Aus den dargestellten Simulationsrechnungen ergibt sich, daß eine Steuer in der Größenordnung des 1992 von der Europäischen Kommission vorgelegten Vorschlags nicht für eine Stabilisierung der Emissionen auf dem Niveau von 1990 ausreicht. Gleichwohl kann sie einen erheblichen Beitrag zur Minderung des ansonsten eintretenden Emissionsanstiegs leisten. Hinsichtlich der wirtschaftlichen Auswirkungen ergibt sich, daß die Art und Weise, in der das Steueraufkommen eingesetzt wird, wichtiger ist als die Frage der international abgestimmten Einführung. Wenn das Steueraufkommen zur Senkung der Lohnkosten eingesetzt wird und dies nicht durch höhere Bruttolohnforderungen konterkariert wird, ist eine Minderung der CO_2-Emissionen durchaus mit einem Anstieg der Beschäftigung und möglicherweise des BIP vereinbar. Darüber hinaus können insbesondere auch die Exportindustrien durch eine Senkung der Lohnkosten mehr gewinnen als sie durch höhere Energiekosten verlieren.

7. Literatur

IEA (1994): Climate Change Policy Initiatives, 1994 Update, Paris: International Energy Agency.

BOSSIER, F., BRECHET, T. (1995): A Fiscal Reform for Increasing Employment and Mitigating CO_2 Emissions in Europe, *Energy Policy* 23.

MAUCH, S.P., ITEN, R., VON WEIZSÄCKER, E.-U., JESINGHAUS, J. (1992): Ökologische Steuerreform: Europäische Ebene und Fallbeispiel Schweiz, Chur, Zürich.

WELSCH, H. (1994): Meßtechnik und Umweltpolitik: Ein Beitrag zur Instrumentendiskussion, *Zeitschrift für Umweltpolitik und Umweltrecht* 17.

WELSCH, H. (1996a): Klimaschutz, Energiepolitik und Gesamtwirtschaft: Eine Allgemeine Gleichgewichtsanalyse für die Europäische Union, München: Oldenbourg-Verlag.

WELSCH, H. (1996b): Recycling of Carbon/Energy Taxes and the Labor Market: A General Equilibrium Analysis for the European Community, *Environmental and Resource Economics*, im Druck.

WELSCH, H., HOSTER, F. (1995): A General Equilibrium Analysis of European Carbon/Energy Taxation: Model Structure and Macroeconomic Results, *Zeitschrift für Wirtschafts- und Sozialwissenschaften* 115.

Ökonomisch-energietechnische Aspekte aus industrieller Sicht

Edwin Somm

Vorsitzender der Geschäftsleitung, ABB Schweiz, CH- 8093 Zürich

In den vorangegangenen Artikeln standen die Auswirkungen von CO_2 auf das Klima, die Pflanzen und die Menschen sowie die Handlungsstrategien zur Lösung der CO_2-Problematik im Mittelpunkt. Ich möchte nun als Vertreter eines auf den Gebieten der Stromerzeugung, -übertragung und -anwendung international tätigen Unternehmens darlegen, welche Aufgaben die Unternehmen, die Kunden und die Staatengemeinschaft bei der Stabilisierung bzw. Senkung des weltweiten CO_2-Ausstosses zu erfüllen haben.

1. Situationsanalyse

Man handelt nur richtig, wenn man die Ausgangslage kennt. Hinsichtlich der aktuellen CO_2-Situation möchte ich drei Punkte hervorheben:

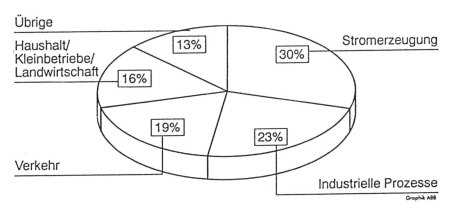

Abb. 1 Die Verursacher der CO_2-Emissionen (weltweit)

a) Der Hauptverursacher für die CO_2-Emissionen ist sektoriell gesehen die Stromerzeugung. Ihr Anteil am weltweiten CO_2-Ausstoss liegt bei 30%. Industrielle Prozesse tragen zu 23%, Verkehr zu 19% und Haushalte/Kleinbetriebe/Landwirtschaft zu 16% bei.

b) Hinsichtlich der geographischen Verteilung der CO_2-Emissionen befinden wir uns in einer Phase des fundamentalen Wandels. Galt die CO_2-Problematik bisher als "ökologische Schuld des Nordens", wie es "Die Zeit" noch Mitte Januar dieses Jahres bezeichnet hat (13.1.95), so werden wir in Zukunft die CO_2-Verursacher hauptsächlich in den Entwicklungs- und Schwellenländern finden - aus naheliegenden Gründen, wenn wir uns überlegen, welche Faktoren die Höhe der CO_2-Emissionen eines Staates bestimmen. Es sind dies:
- die "verfügbare Technologie"
- die "Energieintensität einer Volkswirtschaft"
- der "Lebensstandard"
- die "Bevölkerungszahl"

Abb. 2 Die Faktoren für die CO_2-Emissionen

Einige Anmerkungen zu diesen Faktoren: Die dem Land "verfügbare Technologie" weist einen bestimmten Schadstoffausstoss pro nutzbare Energieeinheit auf. Je fortschrittlicher die Technologie, desto geringer ist die CO_2-Emission der Maschine bzw. Anlage.

Die "Energieintensität einer Volkswirtschaft" hängt von der Bevölkerungsanzahl und vom Lebensstandard der Gesellschaft ab.

Der "Lebensstandard" umfasst die gesamte Palette von Gütern und Dienstleistungen (einschliesslich der Vorprodukte), die die Menschen einer Gesellschaft produzieren und konsumieren.

Wie stellt sich nun die heutige Situation dar? Trotz des niedrigen Lebensstandards liegen die CO_2-Emissionen der Nicht-OECD-Staaten bereits heute höher als die der OECD-Staaten, und bei der Energieintensität nähern sich die Nicht-OECD-Staaten den Werten der OECD-Staaten - eine Folge der rasch wachsenden Bevölkerungszahlen sowie der veralteten, emissionsreichen und energievergeudenden Technologie der Entwicklungs- und Schwellenländer.

Hier zeigt sich in aller Schärfe die CO_2-Frage als globales Problem: Welche Grössenordnung wird der CO_2-Ausstoss erst annehmen, wenn sich der Lebensstandard dieser bevölkerungsreichen Länder signifikant verbessert?

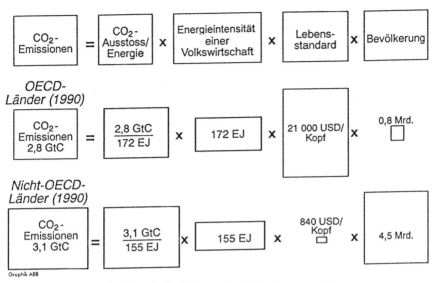

Abb. 3 Die Faktoren für die CO_2-Emissionen (nach Ländergruppen)

Darüber werden verschiedene Prognosen angestellt, ich möchte Ihnen hier ein Zukunftsszenario des Intergovernmental Panel on Climate Change vorstellen.

c) Die geographische Verschiebung der CO_2-Hauptemittenten bedeutet, dass die Bemühungen um die Stabilisierung bzw. Reduktion des CO_2-Ausstosses vorrangig in den Entwicklungs- und Schwellenländern einsetzen müssen. Zudem sind - bei gleicher Investitionssumme - Investitionen in die technologische Erneuerung dieser Länder für die Reduktion des weltweiten CO_2-Ausstosses um ein Vielfaches nützlicher als die Bemühungen der OECD-Länder, ihren CO_2-Ausstoss mit dem selben Betrag um einige Zehntelprozentpunkte zu senken. Wenn Sie in der *Schweiz* die CO_2-Emissionen nochmals um 20% reduzieren wollen, kostet die Einsparung einer Tonne CO_2 bis zu 200 Franken. Wenn Sie den *globalen* CO_2-Ausstoss um 20% reduzieren wollen, kostet die Einsparung einer Tonne CO_2 nur maximal 12 Franken, also sechzehnmal weniger als in der Schweiz.

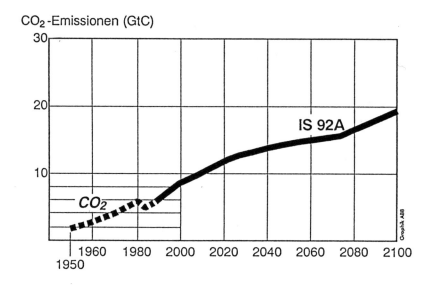

Quelle: IPCC 1992

Abb. 4 CO_2-Emissionen (weltweit-Prognose)

Dieser Anstieg des CO_2-Ausstosses bedeutet eine Temperaturerwärmung der Welt um ca. 2,5 Grad Celsius.

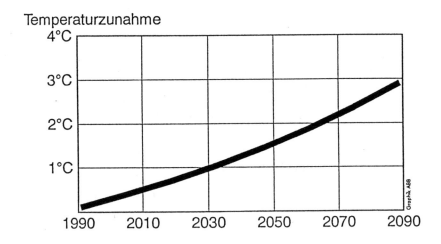

Quelle: IPCC 1992

Abb. 5 Temperaturveränderung durch CO_2-Emissionen

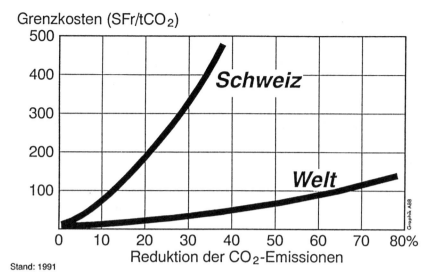

Abb. 6 Kosten für die Reduktion der CO_2-Emissionen

Was müssen wir also tun?

2. Massnahmen

2.1. Unternehmen

Als Unternehmer soll man zuerst bei sich anfangen. Schauen wir uns nochmals die Faktoren an, die für die CO_2-Emissionen eines Landes bestimmend sind: Wir erkennen dadurch, was Unternehmen in diesem Zusammenhang leisten können und was nicht. Unternehmen können die Technologie und damit den ersten Faktor (Grad des Schadstoffausstosses einer Anlage) beeinflussen. Als Unternehmen haben wir aber keine Legitimation, über die Höhe des Lebensstandards oder über die Kinderanzahl zu entscheiden. Die CO_2-Frage ist eine wirtschaftlich-technische Frage, aber nicht nur!

- Bewusstwerden der ökologischen Verantwortung

Grundvoraussetzung für schadstoffarme und ressourcenschonende Technik ist das Bewusstwerden einer ökologischen Verantwortung im Unternehmen. Im ABB-Leitbild "Mission, Values and Policies" lautet der erste Satz: "ABB's Mission is to meet the need for dependable electric energy and thus assure sustainable growth while fully respecting environmental demands." Und das Kapitel "Umweltschutz" ist mit dem Satz überschrieben:

"Environmental Protection management is among our top corporate priorities and we address environmental issues in all our operations and public policies." Diese ökologische Verantwortung muss sich darin niederschlagen, dass die Unternehmen Produkte anbieten, die hinsichtlich ihres gesamten Lebenszyklus - von der Produktion bis zur Entsorgung - umweltverträglich sind. Dazu bedarf es der Spitzentechnologie, gestützt auf intakte und innovative Forschungs- und Entwicklungsabteilungen. Die beste Investition in die Umwelt ist die Investition in die Forschung, in noch bessere Technik!

- Technischer Fortschritt als Beitrag zum Umweltschutz

Im Bereich der Stromerzeugung, dem Hauptverursacher der CO_2-Emissionen, heisst bessere Technik dreierlei (in der Reihenfolge des Realisierungszeitraums):

• Minimierung der Emissionen durch Erhöhung des
  Wirkungsgrads von Kraftwerken mit fossilen Brennstoffen

• zunehmende Substitutierung der fossilen Brennstoffe
  durch Kernenergie und regenerative Energieformen

• Entfernung von CO_2 aus den Rauchgasen

Zum *ersten Punkt*, zur Minimierung der Emissionen durch Erhöhung des Wirkungsgrads von Kraftwerken mit fossilen Brennstoffen:
In den letzten 40 Jahren konnte der Wirkungsgrad der Gas- wie auch der Dampfkraftwerke gewaltig verbessert werden. Erreichten wir Ende der fünfziger Jahre Werte von 21% (Gas-) bzw. 38-39% (Dampfkraftwerke), werden heute 38% (Gas-) und 47% (Dampfkraftwerke) erzielt. Vor allem aber gelang in den letzten vier Jahrzehnten der technologische Durchbruch im Bereich der Kombikraftwerke: Der Wirkungsgrad vor 40 Jahren (30%) konnte praktisch verdoppelt werden (58,5%). Bei diesen technologischen Weiterentwicklungen hat BBC bzw. ABB Geschichte geschrieben, zuletzt Ende 1993 mit unserer GT 24/26, die einen neuen Weltrekord im Wirkungsgrad für Gas- und Kombikraftwerke aufstellte. Und was nebst unserem Stolz noch wichtiger ist: Es nützt der Umwelt, denn ein hoher Wirkungsgrad bedeutet, dass der Elektrizitätsbedarf mit weniger Schadstoff-Emissionen gedeckt werden kann. Verbinden wir ein solches Kombikraftwerk mit der Heizung, wir sprechen dann von einem Kombi-Heizkraftwerk, erreichen wir sogar Wirkungsgrade von über 80%, eine stattliche Ausbeute des eingesetzten Brennstoffes bei frei wählbarer Aufteilung von elektrischer Energie und Heizenergie.

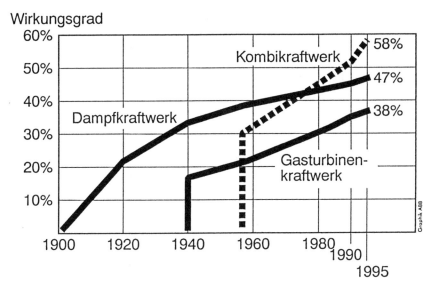

Abb. 7 Wirkungsgrad der Kraftwerke

Noch ein Wort zur Wahl des Brennstoffes: Bei der Verbrennung von Gas entstehen weniger -Emissionen als bei Öl. Bei einem Kombi-Heizkraftwerk erspart man sich zudem die CO_2-Emissionen der zahlreichen ölgefeuerten Einzelheizungen, die mit schlechterem Wirkungsgrad arbeiten. In Verbindung mit dem von ABB entwickelten Gasbrenner erreichen die Kombianlagen Emissionswerte, die alle geltenden Luftreinhaltevorschriften völlig erfüllen.

Zum *zweiten Punkt,* zur Substitution der fossilen Brennstoffe durch Kernenergie und regenerative Energieträger:
Rund 77% der konsumierten Primärenergie entfällt auf fossile Brennstoffe. Sie bei Aufrechterhaltung des gegebenen Lebensstandards zu ersetzen, gelingt aus heutiger Sicht nur der *Kernenergie*. Ihr Beitrag am Primärenergieverbrauch liegt heute bei nur 5%. Die anspruchsvolle Technik und der hohe erforderliche Ausbildungsstand liessen die Kernenergie bis vor kurzem als wenig geeignet erscheinen für die Entwicklungs- und Schwellenländer. Doch in den USA ist man daran (u.a. ABB Combustion Engineering), einen neuen Reaktortyp mit "neuer Sicherheitsqualität" zu entwickeln. Verbesserungen in der Konstruktion, Bedienung und im Unterhalt sollen das Ziel, den inhärent sicheren Reaktor, ein gutes Stück näherbringen. Ähnliche Überlegungen gibt es in Europa. Reaktoren dieser neuen Generation sind nach einer erfolgreichen Testphase in den OECD-Ländern auch für den Einsatz in den Entwicklungsländern geeignet.

Von den erneuerbaren Energieträgern ist heutzutage nur die Wasserkraft weiterverbreitet. Ihr Anteil an der Primärenergie ist so gross wie der der Kernenergie, nämlich 5%. Ihr Anteil wird weiter zunehmen, obwohl auch diese

Form der Elektrizitätsgewinnung aufgrund der Landschaftseingriffe und der Bevölkerungsdislozierung nicht unumstritten ist.

Von den übrigen erneuerbaren Energieträgern (Wind-, Solarkraftwerke, Photovoltaik, Biomasse, Geothermie) kommt der *Windenergie* die grösste Bedeutung zu. Sie hat an bestimmten Orten bereits die Strom-Gestehungskosten fossil betriebener Kraftwerke erreicht.

Zum *dritten Punkt*, zur Entfernung von CO_2 aus den Rauchgasen:
Diese Strategie zielt darauf ab, die noch bestehenden CO_2-Emissionen aus den Rauchgasen der Kraftwerke zu entfernen und an einem sicheren Ort (Tiefe des Meeres, Salzstock) zu deponieren bzw. als reines, flüssiges CO_2 für industrielle Zwecke, möglicherweise auch als Rohstoff für die Erzeugung von neuen Brennstoffen (Methanol) zu verwenden.

Auch auf diesem Gebiet ist ABB ein Pionierunternehmen. In Oklahoma/USA hat ABB ein 300 MW-Kohlekraftwerk gebaut, das jeden Tag 200 Tonnen absolut reines, flüssiges CO_2 aus den Abgasen produziert. Abnehmer ist ein Nahrungsmittelkonzern.

Zusammenfassend lautet meine Empfehlung zur CO_2-Reduktion auf dem Gebiet der Stromerzeugung so:

- *Grundsätzlich:* Alle drei Strategien weiterverfolgen, nämlich Erhöhung des Wirkungsgrads von Kraftwerken mit fossilen Brennstoffen, Substitution der fossilen Brennstoffe durch Kernenergie und regenerative Energieformen sowie Entfernung von CO_2 aus den Rauchgasen.

- *kurzfristig:* Die CO_2-Emissionen reduzieren durch Schliessung veralteter und Inbetriebnahme von modernen (gasbefeuerten Kombi-)Kraftwerken.

- *mittelfristig:* Fossile Brennstoffe durch Kernenergie ersetzen.

- *langfristig:* Kernfusion oder erneuerbare Energieträger einsetzen, wenn ein Technik-Stand erreicht worden ist, der den Einsatz solcher Kraftwerke mit vergleichbar hohen Wirkungsgraden wie heute ermöglicht.

2.2 Kunde

Nicht nur die Unternehmen sind ökologisch gefordert, auch die Kunden! Auch sie müssen für Umweltfragen sensibilisiert sein. Umweltverträgliche Technologie soll für den Kunden ein wirkliches Bedürfnis sein. Dann verschafft ihm ein entsprechendes High-Tech-Produkt einen Extranutzen, für den der Kunde auch bereit ist, einen höheren Preis zu zahlen. Billigere, aber umweltschädlichere Lösungen werden dann gar nicht mehr nachgefragt.

2.3 Staat

- Rahmenordnung

Wenn die Unternehmen und Kunden sich ökologiegerecht verhalten würden, wären die Rufe nach staatlicher Regelung überflüssig. Wenn aber ökologieverträgliche Produkte wegen ihrer höheren Preise - trotz aller Kostensenkungsbemühungen der Unternehmen - auf keine Abnehmer stossen, dann muss die Rahmenordnung den ökologischen Erfordernissen entsprechend umgestaltet werden. Stephan Schmidheiny hat in seinem Buch "Kurswechsel" klar zum Ausdruck gebracht, wo das Problem liegt: "Bisher signalisieren die Märkte die Kosten von Umweltschäden nicht richtig. Diese Kosten werden vielmehr externalisiert und damit nicht oder zumindest nicht dort verrechnet, wo sie verursacht werden. Umweltkosten müssen in Zukunft schrittweise in die Investitions- und Betriebskosten eingeschlossen werden." Dieser Meinung schliesse ich mich voll und ganz an: Marktwirtschaftlichen Steuermechanismen ist der Vorzug zu geben vor Ge- und Verboten! Beachten wir aber auch den nächsten Satz von Schmidheiny: "Das Prinzip sollte international harmonisiert werden, um Chancengleichheit für alle Beteiligten zu gewährleisten." Die Zeit nationaler Alleingänge ist in einer sich globalisierenden Wirtschaft vorbei. Wenn Lenkungsabgaben erforderlich sind, dann müssen sie für alle, also weltweit gelten! Dies ist keine Ausrede, um notwendige ökologische Regelungen auf den St. Nimmerleinstag zu verschieben, sondern ein Plädoyer für ein proaktives Handeln der internationalen Unternehmen: Sie sollen die Mitwirkungsverantwortung bei der Ausgestaltung des internationalen Regelwerks offensiv wahrnehmen, durch kreative Lösungen, die der Umwelt sowie dem Allgemeinwohl dienen und gleichzeitig den Unternehmen nicht Schaden zufügen.

- Finanzhilfe

Der Einsatz modernster Technologie kostet viel Geld, gerade im Kraftwerksbereich. Die Länder, die auf solche Technologie schnellstens umstellen sollten, die Entwicklungsländer, haben aber kein Geld. Muss somit alles beim alten bleiben? Keineswegs. Auch hier gilt es, innovative Lösungen zu finden.

Ein Beispiel dafür ist die *Globale Umweltfazilität* (Global Environment Facility, GEF), ein Finanzierungsmechanismus mit einem Volumen von 2 Milliarden Dollar, der von der Weltbank geführt wird. Er ist im Anschluss an den Erdgipfel von Rio entstanden und unterstützt Umweltprojekte von weltweiter Bedeutung in den Entwicklungsländern. Die Schweiz hat sich mit 64 Millionen beteiligt. Ich plädiere für eine Fortführung und den weiteren Ausbau dieser Fazilität.

Die *Entwicklungshilfe* der OECD-Länder, insbesondere der Schweiz, könnte vermehrt die von mir angesprochenen Investitionsprojekte unterstützen. Die effizienteste Form der Solidarität sind Investitionen! Sie nützen der Welt, weil sie den Schadstoffausstoss reduzieren und die Ressourcen schonen; sie nützen dem betreffenden Land in Form des know-how-Transfers, durch die Schaffung von Arbeitsplätzen und durch die Verbesserung der Infrastruktur; schliesslich nützen sie auch dem Entwicklungshilfe leistenden Land in Form von Aufträgen für noble parts und durch die Erhaltung von Arbeitsplätzen. Die Aufstockung der Entwicklungshilfe wurde von den Industriestaaten zugesagt, aber noch nicht verwirklicht. Im Falle einer Anhebung wäre es wünschenswert, wenn der zusätzliche Betrag voll solchen Investitionsprojekten zugute käme. Für die Schweiz ergäbe das bei einer Steigerung der Entwicklungshilfe von 0,35% auf die anvisierten 0,7% des BSP einen Betrag von 1000 Millionen USD pro Jahr (Quelle: PSI).

Diese Finanzhilfen müssen als *Joint Implementation* gelten, d.h. die Schweiz finanziert einem Entwicklungsland bessere, schadstoffärmere Technologie und erhält diesen Betrag als ihren nationalen Beitrag zur CO_2-Senkung gutgeschrieben. Mit diesem im Ausland investierten Geld kann mehr für die weltweite CO_2-Reduktion getan werden als mit dem gleichen Investitionsbetrag im Inland!

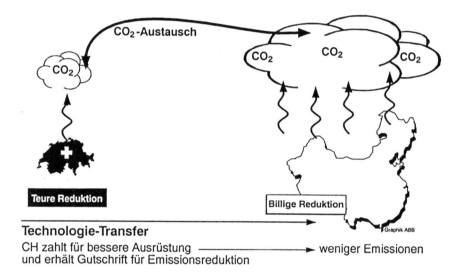

Abb. 8 Joint Implementation

A propos Technologietransfer in diese Länder: Internationale Konzerne können hierzu einen entscheidenden Beitrag leisten. Nehmen wir ein Beispiel aus unserer Firma: Indien hat über dreissig elektrische Lokomotiven unseres Typs "Lok 2000" bestellt. Vierzehn davon werden bei ABB in Indien gefertigt. So erhalten unsere Kolleginnen und Kollegen in Indien modernstes ressourcenschonendes know how auf dem Gebiet der Traktion.

3. Zusammenfassung

Die CO_2-Problematik ist keine exklusive Angelegenheit der Industrieländer mehr. Sie verlagert sich mehr und mehr in die Schwellen- und Entwicklungsländer. Deshalb braucht es eine *globale Sichtweise*.

In der Technik: Es genügt nicht mehr, wenn die OECD-Länder über modernste, ökologieverträgliche Technologie verfügen; diese muss vielmehr unbedingt auf der ganzen Welt implementiert werden.

In der Rahmenordnung: Statt nationaler Alleingänge müssen wir uns um ein international gültiges Regelwerk kümmern, das ökologisches Handeln der Unternehmen nicht bestraft.

In der Finanzierung: Statt Gelder für teure, aber geringfügige Verbesserungen zur Senkung des CO_2-Ausstosses im Inland zur Verfügung zu stellen, sollten die OECD-Länder solche Investitionen in den Entwicklungsländern fördern.

Nicht der Ausstieg aus der Technik, sondern der Einstieg in eine verbesserte Technik - und das weltweit - ist der Königsweg zur Lösung der CO_2-Problematik.

No Regrets Strategien in der Klimadiplomatie

Ernst Ulrich von Weizsäcker

Wuppertal Institut für Klima, Umwelt, Energie, D-42103 Wuppertal

1. Magerer Erfolg von Berlin

Die Berliner Klimaschutzkonferenz vom März/April 1995 endete mit einem mageren Ergebnis, dem "Berliner Mandat". Der Hauptgrund für die Zähigkeit der Klimadiplomatie liegt darin, daß alle Beteiligten glauben oder behaupten zu glauben, daß der Klimaschutz so teuer ist, so daß ihn sich nur die reichsten Länder leisten können, und auch die nur bei gemeinsamem Vorgehen. Jeder nationale Alleingang, so nimmt man an, führt zu schwerwiegenden Wettbewerbsnachteilen.

Die eigentliche Chance der Klimadiplomatie liegt darin, diese Annahme zu widerlegen. Ich behaupte, daß der Klimaschutz ein wirtschaftliches Gewinnspiel werden kann. Es geht darum, die wirtschaftlichen Prozesse, bei welchen Treibhausgase freigesetzt werden, doppelt, dreifach, vierfach so effizient zu machen wie heute. Wenn es gelänge, aus einer Tonne Kohle viermal so viel Wohlstand herauszuholen als heute, dann könnte man etwa den Wohlstand verdoppeln und *gleichzeitig* den Kohleverbrauch halbieren.

2. Warum ein Faktor vier?

Was ist der Grund dafür, daß wir beim Klimaschutz gerade über einen Faktor vier sprechen?

Das Intergovernmental Panel on Climate Change (IPCC), in welchem die führenden Klimaforscher der Erde mit Vertretern der Politik und der Wirtschaft zusammenarbeiten, hält eine globale Erwärmung um rund 2 °C im nächsten Jahrhundert für wahrscheinlich und damit vermutlich eine weitere dramatische Zunahme von Temperaturdifferenzen und Extremwetterlagen. Dazu müssen wir mit dem Austrocknen ganzer Landstriche rechnen und an anderen Stellen mit riesigen Überschwemmungen. Es kann eine nennenswerte Erhöhung des Meeresspiegels dazukommen.

Die Klima-Rahmenkonvention verlangt mit Recht eine Stabilisierung der Treibhausgas*konzentrationen* auf einem Niveau, das eine gefährliche anthropogene Klimaveränderung *verhindert*. Und die Klimaexperten sagen, daß das mindestens eine Reduktion von 60% weltweit gegenüber den heutigen Emissionen bedeutet. Zugleich hört man von der Weltenergiekonferenz, daß eine selbst deutlich abgeschwächte Trendfortschreibung noch zu einer Verdoppelung des Energiebedarfs führt. Da tut sich eine gewaltige Schere auf. Das ist die Lücke von einem Faktor vier, die ich als die Größenordnung der ökologischen Herausforderung bezeichne.

Die große Frage ist, wie wir diese Lücke wieder schließen können. Das ist die eigentliche Herausforderung der "nachhaltigen Entwicklung".

3. Die Antwort: Ein Faktor vier, um die Lücke zu schliessen

Wie schließen wir die Lücke wieder?

Die Schere zwischen dem Nötigen und dem Wahrscheinlichen kann mit den Mitteln der Energieträgersubstitution nicht geschlossen werden. Selbst ein extrem kernenergiefreundliches Szenario kann allenfalls annehmen, daß wir eine Verdreifachung der Kernenergie in den nächsten 3 - 4 Jahrzehnten hinbekommen. Das würde eine Vermehrung des Kernenergiebeitrags von vielleicht 5% auf 15 % des Weltenergieangebots bringen, — unter der Annahme gleichbleibenden Energiebedarfs. Bekommen wir aber die projektierte Verdoppelung des Energiebedarfs, dann schrumpft der Kernenergiebeitrag in jenem Szenario schon wieder auf 7,5% zusammen, und die CO_2-Emissionen steigen fast ungebremst weiter. Da sage mir keiner, das sei die Lösung des Klimaproblems. Im übrigen ist das Kernenergieszenario auch völlig unrealistisch. In den meisten Ländern ist im übrigen die Bereitschaft, neue Kernkraftwerke zu bauen, ziemlich zum Erliegen gekommen.

Auch die erneuerbaren Energiequellen, die mir ökologisch viel sympathischer sind, können beim besten Willen die ausgemachte Lücke nicht schließen.

Damit bleibt als Hauptchance für das Schließen der Lücke die dramatische Erhöhung der Energieproduktivität. Der technische Fortschritt in den letzten 150 Jahren bestand fast ausschließlich in der Erhöhung der Arbeitsproduktivität. Wir haben wohl eine Verzwanzigfachung erreicht. Eine großartige Leistung. Aber sie ging auch auf Kosten der Natur. Der Energie- und Ressourcenverbrauch stieg in der genannten Periode auch etwa um einen Faktor 20. Auch die vielbesungene Abkoppelung des Energieverbrauchs vom wirtschaftlichen Wachstum nach 1973 blieb doch eher bescheiden. Und selbst dieser bescheidene Erfolg ist an den Entwicklungsländern bislang völlig vorbeigegangen.

Ich meine, daß es jetzt an der Zeit ist, uns prioritär um eine Erhöhung der Ressourcenproduktivität zu kümmern. Ich sehe keinen naturwissenschaftlichen oder technischen Grund, der uns hindern könnte, ähnlich wie bei der Arbeitsproduktivität auch bei den natürlichen Ressourcen eine Verzwanzigfachung der Produktivität zu erreichen, wenn wir wieder rund 150 Jahre Zeit dafür haben. Als eher realpolitische, mittelfristige Zielmarke können wir zunächst eine Vervierfachung anpeilen. Schon damit ließe sich die genannte Schere wieder einigermaßen schließen.

Mit den Amerikanern Amory und Hunter Lovins habe ich ein Buch mit dem Titel "Faktor Vier. Doppelter Wohlstand, halbierter Naturverbrauch" (Droemer Knaur, München, 1995) geschrieben, welches anhand von 50 Beispielen belegt, daß wir schon mit heutiger Technik in der Lage sind, in den meisten Lebensbereichen eine Erhöhung der Ressourcenproduktivität um einen Faktor 4 zu erreichen.

In dem Buch geht es also um eine wahre "Effizienzrevolution", um eine neue industriell-zivilisatorische Revolution. Bei Beginn der ersten industriellen Revolution war die Arbeitsproduktivität sehr niedrig, und natürliche Ressourcen waren im Überfluß vorhanden. Heute ist die Arbeitsproduktivität hoch, und die Natur ist zum eigentlich knappen Gut geworden. Wenn hohe Arbeitslosigkeit die Wirtschaft und die soziale Kohärenz schwer belastet, und wenn gleichzeitig der überflüssige Ressourcenverbrauch hohe Kosten und große Umweltschäden verursacht, ist eine Verlagerung des Innovationsschwergewichts von der Arbeitsrationalisierung zur Ressourcenrationalisierung eine volkswirtschaftliche no regrets- oder Gewinnstrategie.

Auf jeden Fall soll man die billigsten Maßnahmen zuerst durchführen. Diese sind, nicht nur billig, sondern sogar profitabel.

Mit großer Anstrengung kann auf diese Weise die Lücke geschlossen werden. Und die Politik kann sich nicht aus der Verantwortung herausstehlen. Sie muß mit dafür sorgen, daß diejenigen, die ihre Kreativität und ihr Kapital für die Effizienzrevolution einsetzen, hierfür nicht bestraft werden (wie das heute zumeist der Fall ist), sondern belohnt.

4. Politik der Umsteuerung

Wie stellt man es politisch an, daß die volkswirtschaftliche gute Botschaft von der Effizienzrevolution auch betriebswirtschaftlich ankommt? Im Betrieb lohnt sich heute die Arbeitsrationalisierung allemal mehr als die Ressourcenrationalisierung. Wir haben prinzipiell zwei verschiedene Möglichkeiten: den Verordnungsweg und den marktwirtschaftlichen. Der Verordnungsweg heißt etwa, daß man zur Novelle der Wärmeschutzverordnung noch eine Wärmenutzungsverordnung hinzufügt, dann eine Mittelklassewagentreibstoffeffizienzverordnung, dann eine Erdbeerjoghurttransportintensitätsbegrenzungsverordnung, einen Rindfleischmaximalfremdenergiegrenzwert und Tausende ähnlicher Vorschriften.

Natürlich wäre es viel effizienter, die Sprache der Preise als Regulativ einzusetzen. Wir sollten die Preise die ökologische Wahrheit und die volkswirtschaftliche Wahrheit sagen lassen, soweit wir in der Lage sind, diese wenigstens grob abzuschätzen.

Als Einstieg in eine solche Strategie könnte ein "ökologischer Subventionsabbau" dienen, bei welchem im Agrarbereich, im Verkehrswesen und bei der Energie schrittweise diejenigen Subventionen abgebaut werden, die offenkundig zu allem volkswirtschaftlichen Schaden auch noch ökologischen Schaden stiften.

Ein weiterer Schritt ist das von Amory Lovins erfundene und in den USA schon breit erprobte "Least cost planning", bei welchem neue Kraftwerkskapazität nur noch dann zugelassen wird, wenn es keinen billigeren Weg zum Schließen der Energiebedarfslücke gibt. Und siehe da, - das Einsparen erweist sich in sehr vielen Fällen als das Billigste.

Dann muß es weiter gehen. Die nächsten Jahrzehnte sollten wir uns auf eine *ökologische Steuerreform* einrichten. Bei ihr wird die fiskalische Belastung schrittweise vom Produktionsfaktor Arbeit abgezogen und dem Faktor Umweltverbrauch aufgebürdet.

Wie der Förderverein Ökologische Steuerreform gehe ich dabei von einer strikt aufkommensneutralen Rückgabe des Aufkommens aus. Das Modell kann so gemacht werden, daß es nicht zu irgendwelcher Kapitalvernichtung kommt, vor allem durch eine langsames, schrittweises Vorgehen, evtl. auch, wie in Dänemark praktiziert, durch eine Ausnahme der industriellen Prozeßenergie aus der Steuer. Dann wird es keinen Grund geben wird, bestehende Anlagen stillzulegen oder auswandern zu lassen. Allerdings sollte man kein neues Kapital in die Erweiterung oder Erneuerung der energieintensiven Grundstoffindustrie investieren. Wirtschaftspolitisch gesehen ist anzunehmen, daß, wenn die komparativen Kosten des Faktors Arbeit im gleichen Maße abnehmen, wie der Faktor Energie und Primärrohstoffe teurer wird, daß dann das Land, welches die Steuerreform durchführt, für arbeits- und intelligenzintensive Betriebe entsprechend attraktiver wird.

Der Hauptadressat des von mir vorgeschlagenen Steuerpfades ist letztlich unsere ganze Zivilisation und Technologie. Es geht mir um die generelle Verminderung der Energie- und Rohstoffintensität der Wertschöpfung. Es geht um einen langfristigen technologischen und kulturellen Wandel. Und dieser ist im Gegensatz zu landläufigen Vorurteilen sehr wohl preisabhängig, aber eben nur langfristig.

Wie Rudolf Rechsteiner (1993) zeigt, sind die Länder mit hohen Energiepreisen technologisch und außenhandelsmäßig besser gefahren sind als die mit niedrigen.

Ein technologisch geführter Strukturwandel findet natürlich statt. Aber er wird nicht schneller ablaufen als der durch die Weltmarktkonkurrenz ohnehin ausgelöste. Und er geht nicht wie bisher mit immer mehr Arbeitslosen einher. Das Investitionskapital, welches immer einen guten Riecher für die Sonnenaufgangsseite hat, wird sich langsam aus Anlagen und Betrieben mit hohem Umweltverbrauch zurückziehen und in die intelligenzintensiveren Betriebe und Branchen wandern. Auch innerbetrieblich gibt es entsprechende Umstellungen. Keine einzige Firma braucht insgesamt zu verlieren, wenn sie nur frühzeitig und intelligent reagiert. Die Basler Chemieindustrie hat den entsprechenden Strukturwandel schon hinter sich und hat vor einer ökologischen Steuerreform, wie sie auch in der Schweiz diskutiert wird, viel weniger Angst als die deutsche Chemieindustrie.

Gleichgültig, wie man die Effizienzrevolution auslöst, sie enthält eindeutig die Chance, die gegenwärtige Lähmung der technischen Kreativität zu überwinden und für einen von Ressourcenknappheit geplagten asiatischen Wachstumsmarkt attraktive Produkte und Dienstleistungen herzustellen. Die Schonung des Klimas fiele einem dabei beinahe in den Schoß. Das ist die eigentliche no-regrets-Strategie.

5. Literatur

LOVINS, A., LOVINS, H., WEIZSÄCKER, E.U. (1995): Faktor Vier: Doppelter Wohlstand, halbierter Naturverbrauch. Droemer Knaur, München.

RECHSTEINER, R. (1993): Sind hohe Energiepreise volkswirtschaftlich ungesund?.- *Gaia* 6: 310-327.

Literatur

ACOCK, B. & ACOCK, M.C. (1993): Modeling approaches for predicting crop ecoystem responses to climate change. In: International Crop Science I (D.R. Buxton *et al.*, Eds.), Crops Science Society of America, pp. 299-306.

ADAMS, R.M. ET AL. (1990): Global climate change and US agriculture. *Nature* 345: 219-224.

AMS, (1991): On global climate change (Policy statement of the American Meteorological Society). *Bull. Amer. Meteor. Soc.*, 72: 57-59.

AMTHOR, J. (1995): Terrestrial higher-plant response to increasing atmsopheric (CO_2) in relation to the global carbon cycle. *Global Change Biology 1:* 243-274.

ARCHER, D. AND E. MAIER-REIMER (1994): Effect of deep-sea sedimentary calcite preservation on atmospheric CO_2 concentration. *Nature* 367: 260-263.

AUSTIN, M.P., CUNNINGHAM, R. B. u. FLEMING, P.M. (1984): New approaches to direct gradient analysis using environmental scalars and statistical curve-fitting procedures. *Vegetatio* 55: 11-27.

BACH, W., (1982): Gefahr für unser Klima. Karlsruhe: C.F. Müller.

BALDERJAHN, I. (1988): Personality Variables and Environmental Attitudes as Predictors of Ecological Responsible Consumption Patterns. *Journal of Business Research* 17: 51-56.

BARNOLA J. M., M. ANKLIN, J. PORCHERON, D. RAYNAUD, J. SCHWANDER UND B. STAUFFER, (1995): CO_2 evolution during the last millenium as recorded by Antarctic and Greenland ice. *Tellus.*

BARATTA, VON M. (HG.) (1993): Der Fischer Weltalmanach '94. Frankfurt am Main: Fischer Taschenbuch Verlag.

BARATTA, VON M. (HG.) (1994): Der Fischer Weltalmanach '95. Frankfurt am Main: Fischer Taschenbuch Verlag.

BARROW, E.M. (1993): Scenarios of climate change for the European Community. *Eur. J. Agron.* 2: 247-260.

BENISTON, M. ET AL. (1992): Establishment of climatological scenarios for the alpine regions (EPICH/FUTURALP EUROPROJECT), In: Programmleitung NFP 31, Schweizerischer Nationalfonds: Bern (Interner Bericht)

BENISTON, M., OHMURA, A., WILD, M., TSCHUCK, P., MARINUCCI, M., BENGTSSON, L., SCHLESE, U., ESCH, M., GIORGI, F. UND BERNASCONI, A., (1993): Coupled simulations of global and regional climate in Switzerland. *Supercomputing Switzerland*, 80 - 86.

BENISTON, M. (Ed.), (1994): Mountain Environments in Changing Climates. Routledge Publishing Co., London und New York. 492 pp.

BENISTON, M., REBETEZ, M., GIORGI, F. UND MARINUCCI, M.R., (1994): An analysis of regional climate change in Switzerland. *Theor. Appl. Clim.*, 49: 135 - 159.

BENISTON, M., UND REBETEZ, M., (1995): Regional behavior of minimum temperatures in Switzerland for the period 1979 - 1993. *Theor. Appl. Clim.*, im Druck.

BENISTON, M., OHMURA, A., ROTACH, M., TSCHUCK, P., WILD, M., UND MARINUCCI, M. R., (1995): Simulation of climate trends over the Alpine Region: Development of a physically-based modeling system for application to regional studies of current and future climate. Final Scientific Report Nr. 4031 - 33250 to the Swiss National Science Foundation, Bern, Switzerland, 197 pp.

BERGER, A., M.-F. LOUTRE, AND C. TRICOT (1993): Insolation and Earth's orbital periods. *J. Geophys. Res.* 98: 10341-10362.

BERGMAN, L. (1991): General Equilibrium Effects of Environmental Policy. *Environmental and Resource Economics* 1: 67-85.

BERZ, G., 1995: Jahresrückblick Naturkatastrophen (1994): München: Münchener Rückversicherung (Broschüre in der Reihe Topics).

BOSSIER, F., BRECHET, T. (1995): A Fiscal Reform for Increasing Employment and Mitigating CO_2 Emissions in Europe, *Energy Policy* 23.

BOTKIN, D.B., JANAK, J.F. u. WALLIS, J.R. (1972): Some ecological consequences of a computer model of forest growth. - *J. Ecol.* 60: 849 - 872.

BROECKER, W.S. (1995): Chaotic climate. *Scientific American* 267 (11): 44-50.

BROECKER, W.S. AND G.H. DENTON (1989): The role of ocean-atmosphere reorganizations in glacial cycles. *Geochim. Cosmochim. Acta* 53: 2465-2501.

BROUWER, F. (1988): Determination of broad-scale landuse changes by climate and soils. Working paper Wp-88-007, International Institute for Applied Systems Analysis, Laxenburg, Austria, 21pp.

BRZEZIECKI, B., KIENAST, F. u. WILDI, O. (1993): A simulated map of the potential natural forest vegetation of Switzerland. - *Journal of Vegetation Science* 4: 499-508.

BRZEZIECKI, B., KIENAST, F. u. WILDI, O. (1994): Potential impacts of a changing climate on the vegetation cover of Switzerland: a simulation experiment using GIS technology. In PRICE, M.F. u. HEYWOOD, D.I.: Mountain environments & Geographic Information Systems. London & Bristol: Taylor & Francis, S. 263 - 279.

BUGMANN, H., (1994): On the ecology of mountainous forests in a changing climate: a simulation study. Diss. ETHZ Nr. 10638. Zürich.

BUGMANN, H. u. FISCHLIN, A., (1992): Ecological processes in forest gap models - analysis and improvement. In: TELLER, A., MATHY, P.u. JEFFERS, J.N.R. (eds): Responses of forest ecosystems to environmental changees. Elsevier Applied Science, London, New York, pp. 953 - 954.

BUNDESAMT FÜR LANDWIRTSCHAFT (BLW) (1985): Zonengrenzen der Schweiz, 1:400'000, Bern.

BURNAND, J., HASSPACHER, B. u. STOCKER, R., (1990): Waldgesellschaften und Waldstandorte im Kanton Basel-Landschaft. Verlag Kanton Basel, Liestal.

BUWAL (1994): Rahmenübereinkommen der vereinten Nationen über Klimaänderungen, Bericht der Schweiz 1994, Bern.

BUWAL (1994): Die globale Erwärmung und die Schweiz, Grundlagen einer nationalen Strategie (Bericht der Interdepartementalen Arbeitsgruppe über die Änderung des Klimasystems, GIESC), Bern.

BUWAL (1996): Swiss Greenhouse Gas Inventory 1990 - 1994, Manuskript, Bern

CARTER, T.R., PORTER, J.H. & PARRY, M.L. (1992): Some implications of climate change for agriculture in Europe. *J. Exp. Bot.* 43: 1159-1167.

CESS, R.D., ET AL., (1990): Intercomparison of climate feedback processes in 19 atmospheric general circulation models. *J. Geophys. Res.*, 95: 601 - 616.

COHEN, S.J., (1990): Bringing the global warming issue closer to home: the challenge of regional impact studies. *Bull. Amer. Meteor. Soc.*, 71: 520-526.

CUBASCH, U., HASSELMANN, K.H.H., MAIER-REIMER, E., MIKOLAJEWICZ, U., SANTER, B.D. UND SAUSEN, R. (1992). Time-dependent greenhouse warming computations with a coupled ocean-atmosphere model. *Clim. Dyn.*, 8: 55-69.

CUBASCH, U., ET AL., (1995): A climate simulation starting in 1935. *Clim. Dyn.*, 11: 71 - 84; pers. Mitt.

CURTIS, P.S. (1996): A meta-analysis of leaf gas exchange and nitrogen in trees grown under elevated carbon dioxide. *Plant, Cell and Environment* 19: 127-137

DENHARD, M., WALTER, A., SCHÖNWIESE, C.-D., (1996): Simulation globaler Klimaänderungen mit Hilfe neuronaler Netze. In Vorber.

DIEKMANN, A. UND PREISENDÖRFER, P. (1992): Persönliches Umweltverhalten. Diskrepanzen zwischen Anspruch und Wirklichkeit. In: *Kölner Zeitschrift für Soziologie und Sozialpsychologie.* Bd. 44. S. 226-251.

DIEKMANN, A. UND FRANZEN, A. (HRSG.) (1995a): Kooperatives Umwelthandeln. Modelle, Erfahrungen, Massnahmen. Zürich: Verlag Rüegger.

DIEKMANN, A. UND FRANZEN, A. (1995b): Umwelthandeln zwischen Moral und Ökonomie. In: Unipress. Nr. 85. S. 7-10.

DIEKMANN, A. UND FRANZEN, A. (1995c): Der Schweizer Umweltsurvey 1994: Codebuch. Universität Bern: Mimeo.

DIEKMANN, A., FRANZEN, A. UND PREISENDÖRFER, P. (1995): Explaining and Promoting Ecological Behavior. Universität Bern: Mimeo.

DOBSON, A., JOLLY, A. u. RUBENSTEIN, D., (1989): The greenhouse effect and biological diversity. *Tree* 4: 64 - 68.

EGGER, U., RIEDER, P., CLEMENZ, D. (1992):. Internationale Agrarmärkte, Verlag der Fachvereine, Zürich.

EIDGENÖSSISCHE FORSCHUNGSANSTALT FÜR AGRARWIRTSCHAFT UND LANDTECHNIK (FAT) (1985): Hauptbericht über die Testbetriebe FAT: Tänikon.

EIDG. ANSTALT FÜR DAS FORSTLICHE VERSUCHSWESEN (EAFV), (1988): Schweiz. Landesforstinventar. Ergebnisse der Erstaufnahme 1982 - 1986. Eidg. Anst. forstl. Versuchswes., Ber. 305.

ELLENBERG, H. u. KLÖTZLI, F., (1972): Waldgesellschaften und Waldstandorte der Schweiz. *Mitt. Schweiz. Anst. Forstl. Versuchsw.* 48: 388-930.

ENQUETE-KOMMISSION (1992): Klimaveränderung gefährdet globale Entwicklung. Bericht der Enquete-Kommission des Deutschen Bundestages (Hrsg.). Economica Verlag, Bonn.

EUROPEAN COMMISSION (1992): Europeans and the Environment in 1992. European Coordination Office.

FABER, M UND G. STEPHAN (1987): Umweltschutz und Technologiewandel. In R. Henn (Hrsg.): Technologie, Wachstum und Beschäftigung. Springer-Verlag, Heidelberg.

FAT (1985): Hauptbericht über die Testbetriebe. Eidg. Forschungsanstalt für Agrarwirtschaft und Landtechnik (FAT), Tänikon.

FEDERICI, F. u. PIGNATTI, S. (1991): The warmth index of Kira for the interpretation of vegetation belts in Italy and southwest Australia: two regions with Mediterranean type bioclimates. *Vegetatio* 93: 91-99.

FELDER, S. UND T. RUTHERFORD (1993): Unilateral CO2 Reductions and Carbon Leakage. *Journal of Environmental Economics and Management* 25: 162-176.

FISCHER, H.S., (1990a): Simulating the distribution of plant communities in an alpine landscape. Coenoses 5: 37-43.

FISCHER, H.S., (1990b): Simulation der räumlichen Verteilung von Pflanzengesellschaften auf der Basis von Standortskarten. Dargestellt am Beispiel des MaB Testgebietes Davos. Diss. ETH Nr. 9202.

FLAIG, H., MOHR, H. (EDS) (1993): Energie aus Biomasse - eine Chance für die Landwirtschaft. Springer, Berlin, Heidelberg, New York

FLIRI, F., (1984): Synoptische Klimatographie der Alpen zwischen Mont Blanc und Hohen Tauern (Schweiz-Tirol-Oberitalien). Wissenschaftl. Alpenvereinshefte, 29, 686 pp.

FLOHN, H., (1979): Notre avenir climatique: Un ocean arctique libre de glace? *La Météorologie VI*, 16: 35-51.

FLÜCKIGER, S. D. (1995): Klimaänderungen: Ökonomische Implikationen innerhalb der Landwirtschaft und ihrem Umfeld aus globaler, nationaler und regionaler Sicht, Diss. ETH Nr. 11276, Zürich.

FRANZEN, A. (1996): Umweltbewusstsein, Verkehrsmittelwahl und die Akzeptanz verkehrspolitischer Massnahmen. Eine empirische Analyse. Universität Bern: Mimeo.

FREY, R.L., E. STAEHELIN-WITT UND H. BLÖCHLINGER (1993): Mit Ökonomie zur Ökologie (2te Auflage). Schäfer/Poeschel, Stuttgart.

FREY-BUNESS, A., (1993): Ein statistisch-dynamisches Verfahren zur Regionalisierung globaler Klimasimulationen. DLR-Forschungsbericht, 93-47, 149 pp.

FREY, B.S. UND I. BUSENHART (1995): Umweltpolitik: Ökonomie oder Moral. In A. Diekmann und A. Franzen (Hrsg.): Kooperatives Umwelthandeln: Modelle, Erfahrungen, Massnahmen. Verlag Rüegger, Chur/Zürich.

FREY, B.S. UND BUSENHART, I. (1995): Kooperatives Umwelthandeln. Modelle, Erfahrungen, Massnahmen. Zürich: Verlag Rüegger.

GIORGI, F. UND MEARNS, L.O., (1991): Approaches to the simulation of regional climate change: a review. *Rev. of Geophys.*, 29: 191 - 216.

GIORGI, F., (1990): Simulation of regional climate using a limited area model nested in a General Circulation Model. *J.Clim.*, 3: 941-963.

GOUDRIAAN, J. & ZADOKS, J.C. (1995): Global climate change: modelling the potential responses of agr-ecosystems with special reference to crop protection. *Environ. Pollut.* 87: 215-224.

GRABHERR, G., GOTTFRIED, M. u. PAULI, H., (1994): Climate effects on mountain plants. *Nature* 369: 448.

GRAHAM, R.L., HUNSAKER, C.T. u. O'NEILL, R.V., (1991): Ecological risk assessment at the regional scale. *Ecological Applications* 1: 196-206.

GRAHAM, R.W. u. GRIMM, E.C., (1990): Effects of global climate change on the patterns of terrestrial biological communities. *Trends Ecol. Evol.* 5: 289 - 292.

GRUB, A. & FUHRER, J. (1995): Treibhausgasemissionen der schweizerischen Landwirtschaft. *Agrarforschung* 2: 217-220.

GUIOT, J., HARRISON, S.P. UND PRENTICE, I.C., (1993): Reconstruction of Holocene precipitation patterns in Europe using pollen and lake-level data. *Quaternary Res.*, 40: 139 - 149.

GYALISTRAS, D., VONSTORCH, H., FISCHLIN, A. u. BENISTON, M., (1993): Linking GCM-simulated climate changes to ecosystem models: case studies of statistical downscaling in the Alps. Swiss Federal Institute of Technology, Department of Environmental Sciences, Institute of Terrestrial Ecology. Report 17.

GYALISTRAS, D. & FISCHLIN, A. (1994): Derivation of Climatic Change Scenarios for Mountainous Ecosystems: A GCM-based Method and the Case Study of Valais, Switzerland, Systems Ecology ETHZ Report 20, Zürich.

GYALISTRAS, D., VON STORCH, H., FISCHLIN, A., UND BENISTON, M., (1994): Linking GCM-simulated climatic changes to ecosystem models: case studies of statistical downscaling in the Alps. *Clim. Res.*, 4: 167 - 189.

GYALISTRAS, D., RIEDO, M. & FISCHLIN, A. (1996): Herleitung stündlicher Wetterszenarien unter künftigen Klimabedingungen. In: Fuhrer, J. (Hrsg.) Klimaänderung und Grünland. In Vorbereitung.

GYALISTRAS, D., C. SCHÄR, H.C. DAVIES UND H. WANNER, (1997): Future Alpine climate. Contribution to „Climate and environment in Alpine regions" CLEAR-book, MIT Press, in Vorbereitung.

HANTEL, M. (1989): Climate Modelling. In Fischer, G. (ed): Landolt-Börnstein Numerical Data and Functional Relationships in Science and Technology, Subvol. V/4c2, Climatology (Part 2). Berlin: Springer, 1 - 16.

HALPIN, P.N., (1994): GIS analysis of the potential impacts of climate change on mountain ecosystems and protected areas. In: PRICE, M.F. u. HEYWOOD, D.I.: Mountain environments & Geographic Information Systems. London & Bristol: Taylor & Francis, S. 281 - 301.

HEIMANN, M. AND E. MAIER-REIMER, (1996):. On the relations between the oceanic uptake of carbon dioxide and its carbon isotopes. *Global Biogeochemical Cycles*, 10: 89-110.

HINES, J.M., HUNGERFORD, H.R. UND TOMERA, A.N. (1986): Analysis and Synthesis of Research on Responsible Environmental Behavior: A Meta-Analysis. *Journal of Environmental Education.* 18: 1-8.

HOFFMANN, J. (1995): Einfluss von Klimaveränderungen auf die Vegetation in Kulturlandschaften. *Angew. Landschaftsökologie* 4: 191-211.

HOUGHTON, J.T., G.J. JENKINS UND J.J. EPHRAUMS (EDS.), (1990): Climatic Change: The IPCC Scientific Assessment. Cambridge Univ. Press, 365 pp.

HOUGHTON, J.T., B.A. CALLANDER UND S.K. VARNEY (EDS.), (1992): Climate Change 1992. The Supplementary Report to the IPCC Scientific Assessment. Cambridge Univ. Press, 200 pp.

IDSO, K.E. & IDSO, S.B. (1994): Plant responses to atmospheric CO_2 enrichment in the face of environmental constraints: a review of the past 10 year's research. Agricult. Forest Meteorol. 69: 153-203.

IEA (1994): Climate Change Policy Initiatives, 1994 Update, Paris: International Energy Agency.

IPCC (Hougthon, J.T. et al., eds.), (1990): Climate Change. The IPCC Scientific Assessment. Cambridge: Univ. Press.

IPCC, (1992): Climate Change 1992. The Supplementary Report to the IPCC Scientific Assessment. Cambridge: Univ. Press.

IPCC, (1994): Radiative Forcing of Climate Change. The 1994 Report of the Scientific Assessment Working Group of IPCC. Geneva: WMO/UNEP.

IPCC (1995): Summary for Policymakers - Working Group I. Im Druck.

IPCC (1996):. In J.T. Houghton, G.J. Jenkins and J.J. Ephraums (Eds.), *The Second Scientific Assessment of Climate Change.* Intergovernmental Panel on Climate Change, Cambridge University Press, Cambridge (UK). in press.

ISERMANN, K. (1994): Agriculture's share in the emission of trace gases affecting the climate and some cause-oriented proposals for sufficiently reducing this share. *Environ. Pollut.* 83: 95-111.

KAUPPI, P.E., TOMPPO, E. (1993): Impact of forests on net national emissions of carbon dioxide in Western Europe. *Water, Air, Soil Poll* 70: 187-193.

KELLER, W., (1975): Querco-Carpinetum calcareum Stamm 1938 redivivum? Vegetationskundliche Notizen aus dem Schaffhauser Reiat. - *Schweiz. Z. Forstwes.* 126: 729-749.

KELLER, W., (1982): Die Waldgesellschaften im 2. Aargauer Forstkreis. Waldwirtschaftsverband des 2. Aargauischen Forstkreises. Aarau. (unpubl. Karten 1: 5'000 beim Kreisforstamt 2, Aarau).

KEELING C. D., R. B. BACASTOW, A. F. CARTER, S. C. PIPER, T. P. WHORF, M. HEIMANN, W. G. MOOK, UND H. ROELOFFZEN, (1989): A three dimensional model of atmospheric CO_2 transport based on observed winds: 1. Analysis of observational data. In: Aspects of climate variability in the Pacific and the Western Americas, D.H. Peterson (Ed.), Geophysical Monograph 55, AGU, Washington (USA), 165-236.

KEELING C. D., T. P. WHORF, M. WAHLEN, UND J. VAN DER PLICHT, (1995): Interannual Extremes in the growth of atmospheric CO_2. *Nature,* 375: 666-670.

KEELING R. UND R. SHERTZ, (1992): Seasonal and interannual variations in atmospheric oxygen and implications for the global carbon cycle. *Nature,* 358: 723-727.

KEELING, C.D. AND T.P. WHORF (1994):. Atmospheric CO_2 records from sites in the SIO network. In T. Boden, D. Kaiser, R. Sepanski and F. Stoss (Eds.), *Trends '93: A Compendium of Data on global Change,* pp. 16-26. Carbon Dioxide Information Analysis Center.

KEELING, R. F., S. PIPER, M. HEIMANN, (1996): Global and hemispheric CO_2 sinks deduced from recent atmospheric oxygen measurements. *Nature,* 381: 218-221.

KIENAST, F., (1991): Simulated effects of increasing atmospheric CO_2 and changing climate on the successional characteristics of Alpine forest ecosystems. *Landscape Ecology* 5(4): 225 - 238.

KIENAST, F. u. BRZEZIECKI, B., (1993): Potential temporal and spatial responses of forest communities to climate change: application of two simulation models for ecological risk assessment. IUFRO world series vol. 4: 20 - 21.

KIENAST, F. u. KUHN, N., (1989): Simulating forest succession along ecological gradients in southern Central Europe. *Vegetatio* 79: 7 - 20.

KIENAST, F., BRZEZIECKI, B. u. WILDI, O., (1994): Computergestützte Simulation der räumlichen Verbreitung naturnaher Waldgesellschaften in der Schweiz. *Schweiz. Z. Forstwes.* 145: 293 - 309.

KIM, J.W., J.T. CHANG, N.L. BAKER, D.S. WILKS UND W.L. GATES, (1984): The statistical problem of climate inversion: determination of the relationship between local and large-scale climate. Mon. *Wea. Rev.*, 112: 2069 - 2077.

KLEY, J. UND FIETKAU, H.J. (1979): Verhaltenswirksame Variablen des Umweltbewusstseins. In: Psychologie und Praxis. S. 13-22.

KOCH, G.W., MOONEY, H.A. (1996): Carbon dioxide and terrestrial ecosystem. Physiological Ecology Series, Academic Press, New York.

KÖRNER, CH. (1989): Bedeutung der Wälder im Naturhaushalt einer vom Menschen veränderten Welt. In: Franz H (ed) Die Bedrohung der Wälder. *Veröff Komm Humanökol* 1:7-40. Oesterr Akad Wissensch, Wien.

KÖRNER, CH. (1995): Biodiversity and CO_2: global change is underway. *Gaia* 4: 234-243.
KÖRNER, CH. (1996): The response of complex multispecies systems to elevated CO_2. In: WALKER, B. H, STEFFEN, W.L. (EDS) Global Change and Terrestrial Ecosystems. Cambridge University Press.
KÖRNER, CH., BAZZAZ F. A. (EDS.) (1996): Community, Population, and Evolutionary Responses to Elevated CO_2 Concentration. Physiological Ecology Series, Academic Press, San Diego.
KÖRNER, CH., SCHILCHER, B., PELAEZ-RIEDL, S. (1993): Vegetation und Treibhausproblematik: Eine Beurteilung der Situation in Österreich unter besonderer Berücksichtigung der Kohlenstoff-Bilanz. In: Bestandesaufnahme anthropogener Klimaänderungen: Mögliche Auswirkungen auf Österreich - mögliche Massnahmen in Österreich. Österr. Akademie d. Wissenschaften, Wien, pp 46.
LAMB, P.J., (1987): On the development of regional climatic scenarios for policy-oriented climatic-impact assessment. *Bull. Amer. Meteor. Soc.*, 68: 1116 -1123.
LANGEHEINE, R. UND LEHMANN, J. 1986: Ein neuer Blick auf die soziale Basis des Umweltbewusstseins. *Zeitschrift für Soziologie* 15: 378-384.
LEEMANS, R. u. PRENTICE, I.C., (1989): FORSKA, a general forest succession model. Institute of Ecological Botany, Uppsala, 70 p.
LENIHAN, J.M. u. NEILSON, R.P., (1993): A rule-based vegetation formation model for Canada. *J. of Biogeography* 20: 615 - 628.
LIENERT, L., (ed.) (1982): Die Pflanzenwelt in Obwalden. Ökologie. Kant. Oberforstamt OW, Sarnen.
LOVINS, A., LOVINS, H., WEIZSÄCKER, E.U. (1995): Faktor Vier. Doppelter Wohlstand, halbierter Naturverbrauch. Droemer Knaur, München.
LÜSCHER, A., RÜEGG, K. & NÖSBERGER, J. (1995): CO_2-Reaktion von Wiesenpflanzenarten und Genotypen. *Agrarforschung* 2: 500-503.
LÜTHI, D., A. CRESS, H.C. DAVIES, C. FREI UND C. SCHÄR, (1995): Interannual variability and regional climate simulations. *Theor. Appl. Clim.*, im Druck.
MAIER-REIMER E., U. MIKOLOJEWICZ UND A. WINGUTH, (1996) Interactions between ocean circulation and the biological pumps in the global warming. Report No. 173, Max-Planck-Institut für Meteorologie, Hamburg.
MANABE, S. AND R.J. STOUFFER (1994): Multiple-century response of a coupled ocean-atmosphere model to an increase of atmospheric carbon dioxide. *J. Climate* 7: 5-23.
MANNE, A.S. UND R RICHELS (1992): Buying Greenhouse Insurance. MIT Press, Cambridge, MA.
MARINUCCI, M.R., F. GIORGI, M. BENISTON, M. WILD, P. TSCHUCK UND A. BERNASCONI, (1995): High resolution simulations of January and July climate over the western alpine region with a nested regional modeling system. *Theor. Appl. Climatol.*, 51: 119-138.
MARTIN, P., (1992): EXE-A climatically sensitive model to study climate change and CO_2 enhancement effects on forests. *Aust. J. Bot.* **40**: 717 - 735.
MAUCH, S.P., ITEN, R., VON WEIZSÄCKER, E.-U., JESINGHAUS, J. (1992), Ökologische Steuerreform: Europäische Ebene und Fallbeispiel Schweiz, Chur, Zürich.
MOONEY, H.A. u. KOCH, G.W., (1994): The impact of rising CO_2 concentrations on the terrestrial biosphere. *Ambio* 23: 74 - 76.
MULLER, R.A. AND G.J. MACDONALD (1995): Glacial cycles and orbital inclination. *Nature* 377: 107-108.

NEFTEL A., E. MOOR, H. OESCHGER UND B. STAUFFER, (1985): Evidence from polar ice cores for the increase in atmospheric CO_2 in the past two centuries. *Nature,* 315: 45-47.

NEFTEL, A., H. OESCHGER, T. STAFFELBACH AND B. STAUFFER (1988): CO_2 record in the Byrd ice core 50,000-5,000 years BP. *Nature* 331: 609-611.

NEFTEL, A., H. FRIEDLI, E. MOOR, H. LÖTSCHER, H. OESCHGER, U. SIEGENTHALER AND B. STAUFFER (1994): Historical CO_2 record from the Siple station ice core. In T. Boden, D. Kaiser, R. Sepanski and F. Stoss (Eds.), *Trends '93: A Compendium of Data on Global Change,* pp. 11-14. Carbon Dioxide Information Analysis Center.

NEWTON, P.C.D. (1991): Direct effects of increasing carbon dioxide on pasture plants and communities. *New Zealand J. Agricult. res.* 34: 1-24.

NFP31 (1992): Mögliche Szenarien als Grundlage für die Forschungsarbeiten im Rahmen des NFP31. Internes Arbeitspapier. Programmleitung NFP31, Bern.

NORTH, D.C. (1986): The New Institutional Economics. *Journal of Institutional and Theoretical Economics.* 142: 230-237.

OBERFORSTAMT KT. ZÜRICH/AMT FÜR RAUMPLANUNG DES KT. ZÜRICH, (1984): Kommentar zur Vegetationskundlichen Kartierung der Wälder im Kanton Zürich, Forstkreis 7. 48 S., Anhang.

OESCHGER, H. (1991):. Die Eiszeiten - ein geophysikalisches Experiment. *Nova acta Leopoldina* 277: 177-193.

OESCHGER, H., J. BEER, U. SIEGENTHALER, B. STAUFFER, W. DANSGAARD AND C.C. LANGWAY (1984): Late glacial climate history form ice cores. In J.E. Hansen and T. Takahashi (Eds), *Climate Processes and Climate Sensitivity,* Volume 29 of *Geophysical Monograph,* pp. 299-306. Am. Geophys. Union.

OZENDA, P. u. BOREL, J.L., (1990): The possible responses of vegetation to a global climatic change. Scenarios for Western Europe, with special reference to the Alps. In: BOER, M.M. u. DEGROOT, R.S. (eds.). Proc. Europ. Conf. on Landscape ecological impact of climatic change. pp. 221 - 249. IOS Press, Amsterdam.

OZENDA, P. UND J.-L. BOREL, (1991): Mögliche ökologische Auswirkungen von Klimaveränderungen in den Alpen. CIPRA, Kl. Schriften 8/91, Vaduz, 71 pp.

OZENDA, P. u. BOREL, J.L., (1991): Les conséquences écologiques possibles des changements climatiques dans l'Arc alpin. Rapport FUTURALP No. 1. ICALPE, Le Bourget du Lac cedex, France. 49p.

PALMER, A.R. u. VAN STADEN, J.M. (1992): Predicting the distribution of plant communities using annual rainfall and elevation: an example from southern Africa. Journal of Vegetation Science 3: 261-266.

PAULSEN, J. (1995): Der biologische Kohlenstoffvorrat der Schweiz. Verlag Rüegger AG, Chur, Zürich.

PARRY, M.L., PORTER, J.H. & CARTER, T.R. (1990): Climate change and ist implications for agriculture. *Outlook on Agriculture* 19: 9-15.

PETERS, R.L., (1990): Effects of global warming on forests. *Forest Ecology and Management* 35: 13 - 33.

PETERS, R.L. u. DARLING, J.D., (1985): The greenhouse effect and nature reserves. *Bioscience* 35: 707 - 717.

PETERS, R.L. u. LOVEJOY, T.E., eds. (1992): Global warming and biological diversity. Proc. of the WWF Conference on consequences of the greenhouse effect for biological diversity, 1988. Yale University Press. New York.

PRENTICE, I.C., SYKES, M.T. u. CRAMER, W., (1993): A Simulation Model for the Transient Effects of Climate Change on Forest Landscapes. *Ecol. Model.* 65: 51-70.

PFISTER, C., J. KINGTON, G. KLEINLOGEL, H. SCHÜLE UND E. SIFFERT, (1994): High resolution spatio-temporal reconstructions of past climate spatio-temporal reconstructions of past climate from direct meteorological observations and proxy data. Climatic trends and anomalies in Europe 1675 - 1715. G. Fischer, Stuttgart, 329 - 375.

RAYNAUD, D., J. JOUZEL, J.M. BARNOLA, J. CHAPPELLAZ, R.J. DELMAS AND C. LORIUS (1993): The ice record of greenhouse gases. *Science* 2569: 926-934.

REBETEZ, M., (1995): Spatial distribution of correlations between temperature and precipitation in a mountainous region. *Theor. and Appl. Clim.*, im Druck.

RECHSTEINER, R. (1993): Sind hohe Energiepreise volkswirtschaftlich ungesund?. *Gaia* 6: 310-327

RICHARD, J.-L., (1965): Extraits de la carte phytosociologique des forêts du canton de Neuchâtel. *Beitr. Geobot. Landesaufn. Schweiz* 47: 1-48.

Rieder, P., Rösti, A., Jörin, R. (1994): Auswirkungen der GATT-Uruguay-Runde auf die schweizerische Landwirtschaft, Institut für Agrarwirtschaft der ETH Zürich.

RIEDO, M. (1996) Sensitivität von Dauergrünland auf Wetterszenaien unter künftigen Klimabedingungen. In: Fuhrer, J. (Hrsg.) Klimaänderung und Grünland. In Vorbereitung.

ROBINSON, P.J. UND P.L. FINKELSTEIN, (1991): The development of impact-oriented climate scenarios. *Bull. Amer. Meteor. Soc.*, 72: 481-490.

ROEDEL, W., (1992): Physik unserer Umwelt. Die Atmosphäre. Berlin: Springer.

ROGASIK, J., DÄMMGEN, U., OBENAUF, S. & LÜTTICH, M. (1994): Wirkungen physikalischer und chemischer Klimaparameter auf Bodeneigenschaften und Bodenprozesse. In: H. Brunnert & U. Dämmgen (Hrsg.) Klimaveränderungen und Landbewirtschaftung, Teil II. Landbauforschungs Völkenrode, *SH* 148: S. 107-139.

ROSENZWEIG, C. (1993): Recent global assessments of crop responses to climate change. In: International Crop Science I (D.R. Buxton *et al.*, Eds.), *Crops Science Society of America, pp. 265-272.*

ROSENZWEIG, C. & PARRY, M. L. (1994): Potential impact of climate change on world food supply. *Nature* 367: 133-138.

SAGE, R.F. (1995): Was low atmospheric CO_2 during the Pleistocene a limiting factor for the origin of agriculture? *Global Change Biol* 1: 93-106

SCHÄPPI, B. & KÖRNER, CH. (1996): Growth responses of alpine grassland to elevated CO_2. *Oecologia* 105: 43-52.

SCHIMEL, D., I. ENTING, M. HEIMANN, T. WIGLEY, D. RAYNAUD, D. ALVES, UND U. SIEGENTHALER, (1995): The global carbon cycle. In: Houghton J. et al., (Eds.), Climate Change 1994: Radiative forcing of climate change and an evaluation of the IPCC IS92 emission scenarios, Cambridge University Press, 35-71.

SCHOBER, M. (1992): Extreme Trockensommer in der Schweiz und ihre Folgen für Natur und Wirtschaft. Geographica Bernensis G40.

SCHÖNWIESE, C.-D., (1986) The CO_2 climate response problem. A statistical approach. *Theor. Appl. Climatol.*, 37: 1 - 14.

SCHÖNWIESE, C.-D., (1992): Klima im Wandel. Stuttgart: DVA; überarb. TB-Ausgabe, 1994: Reinbek: Rowohlt.

SCHÖNWIESE, C.-D., (1993): Das Frankfurter statistische Klimamodell. *Naturwiss. Rdsch.* 46: 215 - 222.

SCHÖNWIESE, C.-D., (1995a): Klimaänderungen: Daten, Analysen, Prognosen. Berlin: Springer.

SCHÖNWIESE, C.-D., (1995b): Der anthropogenen Treibhauseffekt in Konkurrenz zu natürlichen Klimaänderungen. *Geowiss.* 13: 207 - 212.

SCHÖNWIESE, C.-D., Bayer, D., (1995): Some statistical aspects of anthropogenic and natural forced global temperature change. *Atmósfera*, 8: 3 - 22.

SCHÖNWIESE, C.-D., DIEKMANN, B., (1987): Der Treibhauseffekt. Stuttgart: DVA; überarb. TB-Ausgabe, 4. Aufl., 1991: Reinbek: Rowohlt.

SCHÖNWIESE, C.-D., DENHARD, M., GRIESER, J., WALTER, A., (1996): Assessments of the global anthropogenic greenhouse and sulfate signal using different types of climate models. Submitted to Theoret. Appl. Clim.

SCHÜEPP, M., (1968): Kalender der Wetter- und Witterungslagen im zentralen Alpengebiet. Veröffentl. Sz. Meteorol. Z.anstalt, 11, 43 pp.

SCHUSTER. F. (1992): Starker Rückgang der Umweltbesorgnis in Ostdeutschland. In: Informationsdienst Sozialer Indikatoren, ZUMA, Mannheim, S. 1-5.

SIEGENTHALER, U. AND H. OESCHGER (1987):. Biospheric CO_2 emissions during the past 200 years reconstructed by convolution of ice core data. *Tellus* 39B: 140-154.

SIEGENTHALER U. UND F. JOOS, (1992): Use of a simple model for studying oceanic tracer distributions and the global carbon cycle. *Tellus*, 44B: 186-207.

SIEGENTHALER, U. AND J.L. SARMIENTO (1993): Atmospheric carbon dioxide and the ocean. *Nature* 365: 119-125.

SMITH, M., (1993): Neural Networks for Statistical Modelling. New York: Van Nostrand Reinhold.

SOMMERHALDER, R., KUHN, N., BILAND, H.-P., VON GUNTEN, U. u. WEIDMANN, D., (1986): Eine vegetationskundliche Datenbank der Schweiz. *Botanica Helvetica* 96: 77-93.

STAFFELBACH, T., B. STAUFFER, A. SIGG AND H. OESCHGER (1991): CO_2 measurements from polar ice cores: more data from different sites. *Tellus* 43B: 91-96.

STEPHAN, G. (1995): Das 1950er Syndrom und Handlungsspielräume. In: Ch. Pfister (Hrsg.): Das 1950er Syndrom: Der Weg in die Konsumgesellschaft. Haupt-Verlag, Bern.

STEPHAN, G., R. VAN NIEUWKOOP, T. WIEDMER (1992): Social Incidence and Economic Costs of Carbon Limits. *Environmental and Resource Economics* 2: 569-591.

STEPHAN, G. UND D. IMBODEN (1995): Laissez-faire, Kooperation oder Alleingang: Klimapolitik in der Schweiz. *Schweizerische Zeitschrift für Volkswirtschaft und Statistik* 131: 203-226.

STEPHAN, G. UND M. AHLHEIM (1996): Ökonomische Ökologie. Springer-Verlag, Heidelberg.

STOCKER, T.F. AND D. WRIGHT (1991): Rapid transitions of the ocean's deep circulation induced by changes in surface water fluxes. *Nature* 351: 729-732.

STORCH, H. VON, E. ZORITA UND U. CUBASCH, (1993): Downscaling of global climate change estimates to regional scales: an application to Iberian rainfall in wintertime. *J.Clim.*, 6: 1161-1171.

TANS, P.P., FUNG, I.Y., TAKAHASHI, T. (1990): Observational constraints on the global atmospheric carbon dioxide budget. *Science* 247: 1431-1438

TRENBERTH, K.E. (ED.) (1992): Climate System Modelling. Cambridge: Univ. Press.

VITOUSEK, P.M. (1991): Can planted forests couteract increasing atmospheric carbon dioxide? *J.Environ. Qual.* 20: 348-354.

VINER, D. UND M. HULME, (1994): The climate impacts LINK project. A report prepared for the UK Department of the Environment, London, 24 pp.

WAGGONER, P.E. (1983): Agriculture and a climate changed by more carbon dioxide. In: NRC, Changing Climate. National Academy Press, Washington DC, pp. 383-418.

WAGGONER, P.E. (1993): Preparing for climate change. In: International Crop Science I (D.R. Buxton et al., Eds.), *Crops Science Society of America, pp. 239-245.*

WANNER, H., (1995): Die Alpen - Klima und Naturraum. Lebensräume. P. Lang, Bern, 71-106.

WANNER, H., (1994): The atlantic-european circulation pattern and its relevance for climate change in the Alps. Report 1/94 to Swiss National Science Foundation, 15 pp.

WALTER, A., (1996): Die Anwendungsmöglichkeiten selbstorganisierender neuronaler Netze in der Klimatologie am Beispiel globaler und hemi-sphärischer Temperaturzeitreihen. Diplomarbeit, Inst. Meteorol. Geophys. Univ. Frankfurt/M.

WARRIK, R.A. (1988): Carbon dioxide, climatic change and agriculture. *Geogr. J.* 154: 221-233.

WENK, T. AND U. SIEGENTHALER (1985): The high-latitude ocean as a control of atmospheric CO_2. In E.T. Sundquist and W.S. Broecker (Eds.), *The Carbon Cycle and Atmospheric CO_2: Natural Variations Archean to Present,* Volume 32 of *Geophysical Monograph,* pp. 185-194. Am. Geophys. Union.

WEIGEL, R. (1977): Ideological and Demographic Correlates of Proecology Behavior. *The Journal of Social Psychology.* 103: 39-47.

WELSCH, H. (1994): Meßtechnik und Umweltpolitik: Ein Beitrag zur Instrumentendiskussion, *Zeitschrift für Umweltpolitik und Umweltrecht* 17

WELSCH, H. (1996a): Klimaschutz, Energiepolitik und Gesamtwirtschaft: Eine Allgemeine Gleichgewichtsanalyse für die Europäische Union, München: Oldenbourg-Verlag

WELSCH, H. (1996b): Recycling of Carbon/Energy Taxes and the Labor Market: A General Equilibrium Analysis for the European Community, *Environmental and Resource Economics,* im Druck

WELSCH, H., HOSTER, F. (1995): A General Equilibrium Analysis of European Carbon/Energy Taxation: Model Structure and Macroeconomic Results, *Zeitschrift für Wirtschafts- und Sozialwissenschaften* 115

WOHLGEMUTH, TH., (1992): Die vegetationskundliche Datenbank. *Schweiz. Z. Forstw.* 143: 22-36.

WOLF, J. (1993) Effects of climate change on wheat production potential in the European Community. *Eur. J. Agron.* 2: 281-292.

WOLF, J. & VAN DIEPEN, C.A. (1995): Effects of climate change on grain maize yield potential in the European Community. *Climatic Change 29, 299-331.*

WRIGLEY, N., (1985): Categorical Data Analysis for Geographers and Environmental Scientists. Longman, New York.

YARNAL, B., (1993): Synoptic climatology in environmental analysis. A primer. Belhaven Press, London, 195 pp.

Autoren und Herausgebende

Martin Beniston
Geographisches Institut, ETH Zürich
Winterthurerstr. 190
CH-8057 Zürich

Hans Christoph Binswanger
Institut für Wirtschaft und Umwelt, Universität St.Gallen
Tigerbergstr. 2
CH-9000 St.Gallen

Bogdan Brzeziecki
Warsaw Agricultural University, Dept. of Silviculture
P-02-528 Warsaw

Andreas Diekmann
Institut für Soziologie, Unitobler
Lerchenweg 36
CH-3000 Bern 9

Stefan Flückiger
Institut für Agrarwirtschaft, ETH Zürich
CH-8032 Zürich

Axel Franzen
Institut für Soziologie, Unitobler
Lerchenweg 36
CH-3000 Bern 9

Peter Gehr
Anatomisches Institut
Bühlstr. 26
CH-3012 Bern

Jürg Fuhrer
Institut für Umweltschutz und Landwirtschaft
Schwarzenburgstr. 155
CH-3097 Liebefeld-Bern

Martin Heimann
Max-Planck-Institut für Meteorologie
Bundesstrasse 55
D-20146 Hamburg

Felix Kienast
Eidg. Forschungsanstalt für Wald Schnee und Landschaft
CH-8903 Birmensdorf

Christian Körner
Botanisches Institut
Schönbeinstr. 6
CH-4056 Basel

Catherine Kost
Geobotanisches Institut
Altenbergrain 21
CH-3013 Bern

Markus Nauser
Bundesamt für Umwelt, Wald und Landschaft
Hallwylstr. 4
CH-3006 Bern

Jens Paulsen
Botanisches Institut
Schönbeinstr. 6
CH-4056 Basel

Christian-Dietrich Schönwiese
Institut für Meteorologie und Geophysik, Postfach 111932
D-60325 Frankfurt am Main

Kurt Schüle
Klausweg 64
CH-8200 Schaffhausen

Edwin Somm
Asea Brown Boveri AG
CH-5401 Baden

Gunter Stephan
Volkswirtschaftliches Institut, Abt. für angew. Mikroökonomie
Gesellschaftsstr. 49
CH-3012 Bern

Thomas Stocker
Physikalisches Institut, Abt. für Klima und Umweltphysik
Sidlerstr. 5
CH-3012 Bern

Gilbert Verdan
Bundesamt für Umwelt, Wald und Landschaft
Hallwylstr. 4
CH-3006 Bern

Heinz Wanner
Geographisches Institut
Hallerstr. 12
CH-3012 Bern

Heinz Welsch
Energiewirtschaftliches Institut an der Universität Köln
Albertus Magnus Platz
D-50923 Köln

Ernst Ulrich von Weizsäcker
Wuppertal Institut für Klima Umwelt Energie
Döppersberg 19
D-42103 Wuppertal

Otto Wildi
Eidg. Forschungsanstalt für Wald Schnee und Landschaft
CH-8903 Birmensdorf